Optimum Design of Experiments

试验优化设计

李庆东 编著

西南师範大學出版社
国家一级出版社 全国百佳图书出版单位

图书在版编目(CIP)数据

试验优化设计 / 李庆东编著. -- 重庆 : 西南师范大学出版社, 2015.9
ISBN 978-7-5621-7634-3

Ⅰ. ①试… Ⅱ. ①李… Ⅲ. ①试验设计 Ⅳ. ①O212.6

中国版本图书馆CIP数据核字(2015)第216167号

试验优化设计

SHIYAN YOUHUA SHEJI

李庆东　编著

责任编辑：张浩宇　张燕妮
封面设计：戴永曦
排　　版：重庆大雅数码印刷有限公司·文明清
出版发行：西南师范大学出版社
地址：重庆市北碚区
网址：www.xscbs.com
印　　刷：重庆升光电力印务有限公司
开　　本：787mm×1092mm 1/16
印　　张：15
字　　数：365千字
版　　次：2016年5月 第1版
印　　次：2016年5月 第1次印刷
书　　号：ISBN 978-7-5621-7634-3

定　　价：30.00元

目录

导 论

在现代社会中,实现过程和目标的最优化已成为解决科学研究、工程设计、生产管理、信息处理等多方面实际问题的一项重要原则。最优化就是高效率地找出问题在一定条件下的最优解。

现代优化技术主要分为三个方面:优化控制、优化设计与优化试验。通常认为试验优化设计方法包括两大类:试验设计和回归设计。

试验设计是在优化思想指导下,通过广义试验(包括实物试验和软试验[1]—非实物试验[2])进行最优设计的一种方法。它从不同优良性(主要指正交性—正交设计和均匀性—均匀设计)出发,科学地、合理地设计试验方案,有效控制试验干扰,科学处理试验数据,全面进行优化分析,直接实现优化目标,已成为应用数学的一个重要分支。具体说来,试验设计不仅使试验设计方案具有一定优良性,同时大大减少了试验点,但少量实施的试验点都具有较强的代表性,能获取丰富的试验信息,得出全面的结论;实施试验方案时,能有效控制试验干扰,提高试验精度;处理试验结果时,通过简便计算及分析,可以获得较多的优化结果。可见,试验设计是全过程的多目标优化;对于多快好省地进行多因素试验,对于科学研究探索新规律,实际生产中探求新工艺,产品开发中进行优化设计,经营管理中寻求最佳决策,试验设计都是一种有效的方法。在试验领域,特别是对于多因素试验,传统试验方法一般只能被动地处理试验数据,试验中大量的信息被浪费;而对试验方案、试验过程及目标的优化,常常显得无能为力。这往往造成盲目增加试验次数,难以提供充分可靠的信息,以致达不到预期的目标,造成人力、物力和时间的浪费。近代创立和发展起来的试验优化设计方法才使试验真正走上科学的道路。

回归设计是现代建模的一种优化方法,主要是从正交性、旋转性和D–最优性出发,利用正交表、中心组合和回归分析等方法,直接寻求线性和非线性回归方程[2-4];根据回归方程可以方便地进行计算机优化计算,进一步寻求更优化目标。常用的回归设计方法有多元线性回归正交设计、二次正交回归设计、二次正交旋转回归设计、二次通用设计和D–最优设计等。

试验设计既是优化试验技术的一个重要基本组成部分,也是相对独立的一门学科。20世纪20年代(1926),英国生物统计学家、数学家、英国洛萨斯台特试验农场工程师费歇尔(R.A.Fisher,1890 ~ 1962)运用均衡排列的拉丁方和随机完全区组法,解决了长期未能解决的试验条件不均匀问题,提出了方差分析方法,创立了试验设计这门新兴学科;1935年Fisher出版了专著《试验设计》(Design of Experiments—DOE)。可见,试验设计的第一个必要性就是控制试验条件的干扰,但是运用均衡排列的拉丁方和随机完全区组法虽然能够控制试验条件,试验次数却成倍增加。

20世纪30 ~ 40年代,英、美、苏开展了试验设计的研究,并逐步推向机电工业、医药等领域。为减少试验次数,英国人首先提出了正交试验设计的概念。第二次世界大战结束后,日本恢复经济建设，从英美等国引进DOE方法，作为质量管理技术之一。1949年以田口玄一(Genichi Tauchi)为首的研究人员在日本电讯研究所采用DOE研究电话通信系统质量，发现DOE存在的问题，并加以改进，在20世纪60年代成功地创立了以田口表(正交表)和极差分析为主要特征、便于推广应用的正交试验设计方法，有效减少了试验次数，对试验设计做出了巨大贡献。在此基础上，田口玄一又创造了SN比正交试验方法和基于正交设计的"三次设计"方法，尤以参数设计备受世界关注。在试验设计的发展道路上，如果把Fisher创立的传统试验设计方法作为第一个里程碑，正交表作为第二个里程碑，那么SN比设计和三次设计就是第三个里程碑[2,6]。它是试验设计的现代发展，为试验设计开拓了更加广阔的应用领域。

20世纪50年代，回归分析与试验设计相结合形成了优化试验的另一分支——回归设计[2,3]。它将方案设计、数据处理与回归方程的精度统一起来进行优化，已成为现代通用的一种试验优化设计方法。试验设计因不能给出连续模型，很难用于系统连续优化；回归设计则提供便于系统连续优化和进一步计算机编程精确选优的条件，使工程技术、自然科学、社会科学等领域的多因素问题，有可能实现建模和低成本定量分析寻优。

我国一些学者自20世纪50年代开始研究试验优化设计方法，在理论研究、方法探索和应用技巧方面都有新的创见。中国科学院数学家方开泰教授20世纪70年代末提出了定量解决不等水平正交试验因子主次的确定方法[7]，但他更大的贡献还在于1978年与数论专家王元教授一道为减少多因素多水平试验次数而创立的均匀设计方法[8]。笔者不会忘记原西南农业大学袁振邦教授在不等水平正交试验因子主次确定方法研究中的奇妙发现[9]。

1982年8月笔者跟随导师师孝权副教授在成都参加四川省农机学会举办的"数理统计班"学习《试验设计》，1988年开始讲授《试验设计》选修课。20世纪90年代，笔者提出软试验设计概念(Design of Soft Experiments—DOSE)[1,7]，使广义试验设计的内涵及分类更加清晰明确，并成功地应用于多因素敏感性分析；在教学中，成功地设计和应用了"纸折飞机"和"吹肥皂泡"两个趣味试验[10]，使学生更容易掌握试验设计方法。

试验设计的推广应用具有明显的经济效益。在日本，试验设计已成为企业界人士、工程技术人员、研究人员和管理人员的必备技术。在日本一个工程师没学会正交设计法，只能算半个工程师。20世纪80年代美国人开始接受田口思想和方法[12]。美国摩托罗拉公司的质量与生产改善顾问Keki R. Bhote在美国杂志《管理评论》(Manaement Review 1988.1)上发表文章，指出"试验设计是日本质量胜过美国质量的秘密武器"[13]。

我国各行业20世纪70～80年代开始普及试验设计，包括电视讲座、培训班、大学开课等，正交试验设计的应用成果超过数万项，经济效益若干亿元以上。

第一章　正交试验设计

§1-1　试验设计概述

首先通过实例来说明试验设计的一些基本概念以及正交试验设计与传统试验方法的异同。

例1-1 水稻栽培试验。试验目的是为了考察用什么品种，采取多大的种植密度，多少施肥量才能使水稻单产最高。表1-1为水稻栽培试验的因子水平表。

表1-1　水稻栽培试验的因子水平表

水平	因子		
	*A*品种	*B*密度/万株·hm^{-2}	*C*施肥量/kg·hm^{-2}
1	珍珠矮	350	35
2	南二矮	300	70
3	窄叶青	250	105

一、基本概念

(一)试验指标

在一项试验中，用来衡量试验效果的指标，称为试验指标，或简称指标，也称试验结果，通常用y表示。试验指标可分为定量指标和定性指标两类。

能够用数量表示的试验指标称为定量指标，包括计量指标、计数指标和成数指标三种。

计量指标：如速度、温度、质量、产量、牵引力，它既可以用整数计量，也可用小数，是一种连续型指标。在实例中，水稻栽培试验的指标为水稻平均单产，kg/hm^2，就是计量指标，计量指标也可用百分数表示，如损失率。

计数指标：仅用整数表示的指标，如雾滴密度为单位面积上的雾粒个数，播种量为每穴播种籽粒数等，实际上是一种离散型指标。

成数指标：计数指标的两者居一现象的资料用成数(百分数)表示，称为成数指标，如一批产品可以分成合格(合格率)或不合格(不合格率)，两者必居其一。通常把研究现象的成数指标记作P，把非研究现象的成数指标记作$Q=1-P$，$P+Q=1$(或$P\%+Q\%=100\%$)。

属性指标：不能直接用数量表示的指标，称为定性指标。产品的外观质量、色泽、气味，例如金属、塑料等镀件的表面色泽、粗糙度，农副产品加工中(茶叶)的色、香、味等，都可作为定性指标。定性指标也称属性指标，在一定的条件下，定性指标可以转化为定量指标。

(二)试验因素

在试验中,凡对试验指标可能产生影响的原因都称为影响因素。需要在试验中考察研究的因素,称为试验因素,也称为试验因子,简称因子,通常用大写字母$A,B,C,\cdots$表示。如在水稻栽培试验中,对水稻产量的影响因素有:水稻品种、土壤状况、施肥量、种植密度、植物保护措施、灌溉情况等。但在水稻栽培试验中,只选择了3个需要重点研究的因素,即试验因子:品种、种植密度和施肥量,以探索它们对试验指标的影响效果和作用,如表1–1所示。在试验中,有些因素能够严格控制,称为可控因素,例如品种、种植密度、施肥量、施药量等;有些因素难以控制,称为不可控因素,如室外试验时的风速、气温;特别需要注意:有些因素看起来可控,实际难以控制,例如,水田耕作试验,试验机行走速度看起来可以通过换挡来调整,而实际上,驱动轮打滑使得行走速度难以准确控制。

试验因素是试验中的已知条件,能严格控制,所以是可控因素,也只能是可控因素。固定因素也是一种可控因素,这些因素可以控制固定在某一适宜水平状态下进行试验,如机型、轮胎气压等。通常把未被选作试验因子的影响因素,包括可控因素和不可控因素统称为条件因素或试验条件。在例1–1水稻栽培试验中,除3个试验因素外,作业和管理质量,土壤水分和坚实度及其他环境条件,对水稻产量均有影响,它们构成了水稻栽培试验的试验条件。条件因素中对试验指标有明显干扰和影响的,称为干扰因素。

在试验设计时,因素与试验指标的关系为不确定性关系,即相关关系。试验结果的分析处理需应用数理统计的原理和方法。

(三)因素水平

在试验中因子所处的各种状态,或所取的不同数值、不同等级、不同规格,称为因素的水平,通常用下标1,2,3,…表示。

若一个因子选取k种状态或取k个数值,就称该因素为k水平因素,如表1–1中,A,B,C三因子都是三水平因素。A_1表示A因子的1水平,即品种为珍珠矮;B_2表示B因子的2水平,即种植密度为300万株/hm^2;C_3表示C因子的3水平,即施肥量为105kg/hm^2。对于因子的水平,根据专业理论知识和生产实践经验可取在适用、合理的范围内。当把握不大时,可把水平范围取大一些,或通过预备试验来确定,以防漏掉有用的水平。有的水平可取具体值,如例1–1,B_1=350万株/hm^2;有的只能取大致范围或某个模糊概念,如软、硬、大、小、好、坏等;有的无法给出数值或范围,如例1–1的品种,还有机器的不同类型、不同操作方式等。

(四)处理组合

所有试验因子的水平组合所形成的试验点,称为处理组合,也称组合。表1–1所示为三因子三水平试验,所有处理组合数为3^3即27种,例如组合$A_2B_1C_3$表示采用南二矮品种、种植密度350万株/hm^{2}和施肥量105kg/hm^{2}进行水稻栽培试验。试验的目的之一就是找出使单位产量最高的处理组合即最优组合。

二、正交试验设计的优点

在多因子试验中,找出最优组合是试验的主要目的。如何用较少的试验次数找出最优组合,并尽可能从试验数据中获取较多的信息,正是试验设计要解决的问题。不同的试验设计方法要达到上述目的，需要的试验次数不同，所获组合的优化程度不同。通常传统试验方法所需试验次数多或者虽然试验次数较少，但试验结果不可靠，从试验数据中所获信息太少。下面仍采用例1-1，对传统试验方法和正交试验设计法进行比较。

(一)全面试验法

对因子水平的全部处理组合都进行试验，即为全面试验。全面试验的试验次数即处理组合数n应等于各因子水平数的乘积。若有k个因子，每个因子的水平数为m，则全面试验的试验次数为$n=m^k$。例如，水稻栽培试验(见表1-1)为三因子三水平试验，全面试验次数为$n=m^k=3^3=27$次。

可见，试验次数随因子数和水平数的增加而迅速增加。对于多因素多水平，当因子数和水平数超过4时，要实施全面试验，实际上有困难。全面试验的特点可归纳如下：

1.可以保证找到最优组合；

2.试验次数多，需要大量人力、物力、财力；

3.试验周期长，耗时多，需用人力和仪器多，干扰因素多，影响试验的准确性；

4.不能分清因子主次与交互作用；

5.不能分析误差和排除误差(重复试验例外)。

(二)因子轮换法(简单对比法)

在多因子试验中，根据经验或其他条件，逐一把某个因子固定在某一理想水平上，再轮换与另一因子的各水平构成处理组合进行试验，从而把多因子试验转化为单因子试验。如例1-1，一般认为种植密度大，施肥量多会提高水稻产量。因此，可以先将B，C两因子分别固定在1，3水平上，变化A因子，构成三种处理组合。在图1-1中，若在第Ⅰ组试验中②号试验结果好，则固定A_2再变化B因子。

在第Ⅱ组试验中，实际上只有两种处理组合，而另一种组合在第Ⅰ组试验中已试验过。类似，若⑤号试验为5次试验中产量最高的一次，则固定B_3，变化C因子，这样总共进行7次试验；若⑥号为7次试验中产量最高的一次试验，则认为$A_2B_3C_1$为优组合。

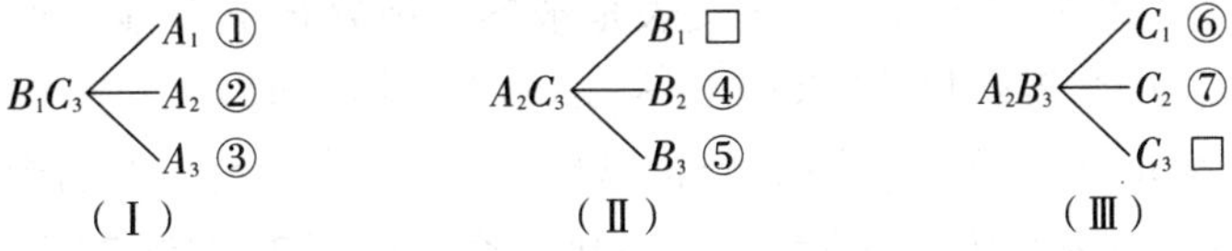

图1-1 因子轮换法示意图

因子轮换法的特点是：

1.试验次数少；

2.有一定效果，但不能保证得到最优组合，人为经验和判断直接影响试验结果；

3.不能分清因子主次和交互作用；

4.为序贯试验，后继试验须依据前面试验结果，则试验周期长；

5.不做重复试验就不能给出误差。

(三)选择组合法

从全部的处理组合中挑选少数组合进行试验,需要较高的专业水平和丰富的经验,不是科学的试验方法,特点是:

1.可以减少试验次数,有时可能得到较好的效果;

2.要事前清楚因子、水平对指标的关系,成败关键在于处理组合的选择,若漏掉最优组合,就无最佳效果;

3.不能分清因子主次;

4.当处理组合较多时,很难选择。

(四)正交试验设计法

根据数学家研究编制的正交表,从全面处理组合中选出最有代表性的组合作试验。对于三因子三水平或四因子三水平的试验,采用正交试验设计只需要试验9次,而做全面试验分别需27次或81次。正交试验设计的优点是:

1.试验次数较少;

2.能找出最优组合;

3.用极差分析方法能分清因子主次和交互作用;

4.能控制试验条件,给出误差,分析和减小误差;

5.可以指出进一步试验的方向;

6.计算表格化,简明,便于推广应用。

正交试验设计法已成为现代试验优化设计的主要方法,因子轮换法和选择组合法已经被淘汰多年,其试验研究结果不会被科研鉴定认可;全面试验虽然能够找到最优组合,但因试验次数多、成本高、信息量少,不能分析误差和排除误差而逐渐弃用。

§1-2 正交表简介

正交表是正交试验设计的基本工具,由日本数学家、质量管理专家田口玄一于20世纪60年代提出,所以,又称"田口表"。正交表是根据均衡分布思想,运用组合数学理论构造的一种数学表格[14]。正交表由拉丁方(Latin Square)发展演变而来,其实质是正交矩阵(Orthogonal Array)。作为正交表核心的均衡分布思想,早在古代就有,但在国际上20世纪60年代才开始应用于科学研究和生产实际,我国应用正交表始于20世纪70年代,目前正交试验设计法已逐渐普及。

一、正交表构造

每一张正交表都有表号,如$L_4(2^3)$,$L_9(3^4)$,每一张正交表代表一个具体的数学表格,表1-2所示为正交表$L_4(2^3)$。通常等水平正交表的通用表号可以写成$L_n(m^k)$,其中"L"是正交表代号,为英文Latin Square的第一个字母;"n"为正交表的行数,或部分试验的处理组合数,也就是用该正交表安排试验时,应实施的试验次数;"m"表示正交表同一列中出现的不同数字个数,即因子的水平数,不同的数字表示因素的不同水平,若一个正交表有m个水平,就称该表

为m水平正交表；"k"表示正交表列数，即正交表最多能安排的因子数。正交表的一列，可以安排1个因子，在试验设计时，安排的因子数可以小于或等于k，但决不能大于k。对于正交表$L_n(m^k)$，括号内的m^k表示k个m水平的因子作全面试验时的处理组合数；而n/m^k为最小部分实施。

表1-2 正交表$L_4(2^3)$

试验号 \ 列号	1 A	2 B	3 C
1	1 A_1	1 B_1	1 C_1
2	1 A_1	2 B_2	2 C_2
3	2 A_2	1 B_1	2 C_2
4	2 A_2	2 B_2	1 C_1

由表1-2可知，$L_4(2^3)$是二水平正交表，有4行3列，最多能安排3个两水平因子做试验，试验次数为4次，而全面试验为8次，所以最小部分实施为1/2。

如表1-2所示，正交表可以分成三个部分：表的第一行叫表头，左边第一列称为试验号列，余下部分称为正交表主体。

不等水平正交表又称混合型正交表或混合表，一般表示为$L_n(m_1^{k_1}\times m_2^{k_2})$，$m_1\neq m_2$，各字母的具体含义与等水平表基本相同。当用混合表安排试验时，m_1水平的因子数应不大于k_1，m_2水平的因子数应不大于k_2。

二、正交表的性质

正交表的性质是指正交表主体的性质。

（一）正交性

正交性是均衡分布的数学思想在正交表中的实际体现，主要包括以下两点：

1.任一列不同数码出现次数相同；

2.任两列、同一横行两数码所组成的有序数对必然是完全有序数对，且各种有序数对出现次数相同。

下面具体分析$L_8(2^7)$的正交性（见附录Ⅰ正交表）。由表知道，每列不同数码1，2都重复出现4次，这种重复称为隐藏重复。再看任两列同一横行两数码组成的完全有序数对为11，12，21，22共4种，且每种数对出现2次。

正交性的两条内容是判断正交表是否具有正交性的必要条件，以上分析可知，$L_8(2^7)$具有正交性。

正交表主体的数码表示因子的水平，因而正交性反映了每个因子各水平出现次数相同，任两个因子各水平相碰次数相同，搭配均匀的特点。由正交表的正交性还可以看出：

（1）正交表主体各列地位是平等的，各列之间可以互换，称为列间置换；

（2）正交表各行之间也可互换，即行间置换；

（3）正交表中同一列的数码即水平数也可以整体置换，称为水平置换。

(二)代表性

正交表的代表性是由正交性决定的,体现了正交表的均衡分布性质。代表性表现在:(1)任一列各水平都出现,使得部分试验中包含所有因子的所有水平;(2)任两列间所有组合都出现,使任意两因素都是全面试验。因此,部分试验中,所有因素的各水平信息和两两因素间的所有组合信息无一遗漏。这样,正交表虽然安排的只是部分试验,但却能了解到全面试验的情况。

另一方面,由于正交表的正交性,部分试验的试验点必然均衡地分布在全面试验的试验点中,图1-2为运用正交表$L_4(2^3)$(表1-2),安排二水平三因子试验时,试验点空间分布的展开示意图。

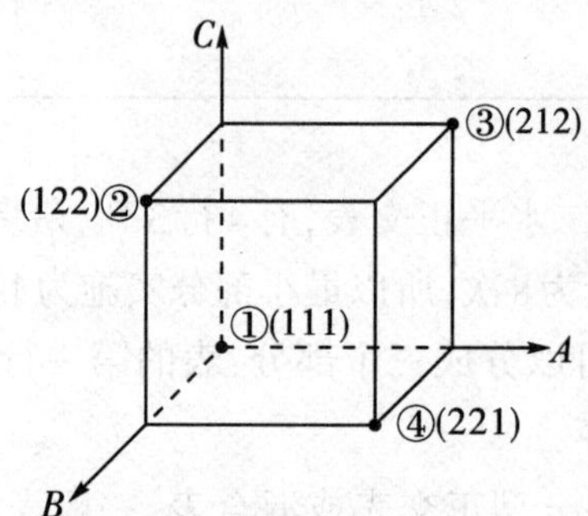

图1-2 $L_4(2^3)$安排二水平三因子试验点分布示意图

图1-2中,三因子各水平面相交所得8个交点即为全面试验的8个试验点;而①②③④为正交表$L_4(2^3)$的4个试验点,括号中的3位数字是试验点的处理组合情况,如③(212)表示第3号试验点是由A_2,B_1,C_2组合形成的。很明显,4个试验点均衡地分布在6个面、12条棱上,具有很强的代表性。因此,部分试验的优化结果与全面试验的结果应有一致的趋势。

(三)综合可比性

可比性是分析试验结果,选取最优组合的必要条件。由表1-2知,正交表单行之间无可比性,例如要比较A因子两个水平A_1,A_2对指标影响的差异,仅用第1行与第3行的试验结果进行比较是不行的,即1,3行之间无可比性,因为试验条件即B,C两因素各水平出现的情况不一致。但是,由于任一列各水平出现次数相同,任两列间所有可能的组合出现次数相同,以及所形成的隐藏重复,使得任一因素各水平的试验条件相同,这就保证了每列各个水平变化对指标的影响效果具有可比性,也就是正交表具有综合可比性。

若用正交表$L_4(2^3)$安排3个二水平因子A,B,C进行正交试验,如表1-2所示。所谓A_1的试验条件是指对应出现A_1的1号和2号试验,因素B和C的各水平出现情况,或者说1,2号试验相加,B,C因子各水平出现的状况。本例中,B_1,B_2和C_1,C_2各出现一次;同样A_2的试验条件指3,4号试验相加,因子B,C各水平出现状况。本例中,B_1,B_2和C_1,C_2也都各出现一次。可见A_1,A_2具有相同的试验条件,因此就可以比较A_1,A_2对试验指标的影响。这种综合可比性是正交试验设计对试验结果进行极差分析的理论基础。

在正交表的三个基本性质中,正交性是核心,而代表性和综合可比性是正交性的必然结果,推广到其他正交表,也具有这三个性质。

三、正交表分类及特点

正交表通常可以分为标准表、非标准表和混合表三类。

(一)标准表

标准表都是等水平表。利用标准表可以考察试验因子之间的交互作用。

例如,二水平表,$L_4(2^3)$,$L_8(2^7)$,$L_{16}(2^{15})$,…

三水平表,$L_9(3^4)$,$L_{27}(3^{13})$,$L_{81}(3^{40})$,…

四水平表,$L_{16}(4^5)$,$L_{64}(4^{21})$,$L_{256}(4^{85})$,…

……

标准表中有序数对的种类和出现次数以及同列相同数码出现次数与试验因子水平m有关,其规律是水平相同的正交表,其有序数对的种类相同,只是出现次数随因子数目不同而异。

(1)任两列有序数对出现次数λ

$$\lambda=n/m^2(\text{试验次数/水平数平方}) \quad (1\text{-}1)$$

(2)有序数对种类b

$$b=m^2 \quad (1\text{-}2)$$

(3)各列相同数码出现次数(即是水平重复数)r

$$r=n/m=\lambda m \quad (1\text{-}3)$$

(4)不同规格的正交表的试验次数n_i

$$n_i=m_2+i \quad (i=0,1,2,\cdots) \quad (1\text{-}4)$$

(5)正交表列数k

$$k_i=(n_i-1)/(m-1) \quad (i=0,1,2,\cdots) \quad (1\text{-}5)$$

对于任何水平的标准表,当$i=0$时,所确定的正交表为最小号的正交表。最小号正交表的试验次数n均为水平数m的平方;列数k均比水平数m大1。

(6)标准表可考察因子间的交互作用。

(二)非标准表

二水平表,$L_{12}(2^{11})$,$L_{20}(2^{19})$,$L_{24}(2^{23})$,…

其他水平表,$L_{18}(3^7)$,$L_{32}(4^9)$,$L_{50}(5^{11})$,…非标准表是为缩小标准表试验号的间隔而提出的。要特别注意:非标准表虽然也是等水平表,但却不能考察因子之间的交互作用。

两水平非标准表的构造特点:

$$n=i\cdot m^2$$

$$k=n-1=i\cdot m^2-1 \quad (1\text{-}6)$$

式中$i\geqslant3$,且为非2的幂次方的自然数。式(1-6)表明,除了二水平标准表的试验号外,所有能被4整除的正整数,都是二水平非标准表的试验号,而非标准二水平表的列数k总比试验号n少1。

(三)混合表即混合型正交表

$L_8(4\times2^4)$;

$L_9(2\times3^3)$,$L_9(2^2\times3^2)$;

$L_{12}(3\times2^4)$,$L_{12}(6\times2^2)$;

$L_{16}(4\times2^{12})$,$L_{16}(4^2\times2^9)$,$L_{16}(4^3\times2^6)$,…

$L_{18}(2\times3^7)$,$L_{18}(6\times3^6)$;

$L_{20}(5\times2^8)$,$L_{20}(10\times2^2)$;

……

编制混合表的目的仍然是为了减少试验次数。混合型正交表大致可分为两种情况:(1)要着重考察的因素须多取水平,如$L_8(4\times2^4)$为着重考察1个因素;(2)某一因素不能多取水平,如$L_{18}(2\times3^7)$。部分混合表可以采用并列法由标准表改造获得,例如,将$L_8(2^7)$并列可改造得到$L_8(4\times2^4)$。

混合表可用于安排多个不同水平的因子做试验,但一般不能考察交互作用。除由并列法改造者外,混合型正交表一般无一定规律可循。

§1-3 正交试验设计的基本方法

对于各因子的水平数相等,因子间的交互作用均可忽略的试验,所采用的试验设计方法称为基本方法,即可以选用标准表和非标准表进行试验设计。这是实际试验问题中最简单、最基本的情况。一般试验过程为设计试验方案,按试验方案进行试验并记录,分析处理试验结果,而方案设计和结果处理是正交试验设计的主要内容。完整的正交试验过程分为三个阶段、八个步骤:

1. 设计试验方案

(1)确定试验目的和试验指标;(2)确定试验因子,合理选择因子水平;(3)正确选择正交表,设计试验方案。

2. 按照方案试验和记录数据

(4)按照试验方案进行试验和记录数据。

3. 试验结果分析

(5)极差计算;(6)确定因子主次;(7)在正交表中选择优组合;(8)确定最优组合。

以下用实例说明这三个阶段和八个步骤。

一、两水平试验

例1-2 轴承圈退火工艺试验。为了寻求一个最佳的退火工艺,使轴承圈硬度下降至合理范围,便于车削加工。

(一)设计试验方案

第一步,确定试验目的和试验指标。

试验设计是为了高效地实现试验目的而对试验方案进行的最优化设计。因此，试验设计是必须首先明确试验目的。试验目的通常有：

(1)探求某设计、配方、工艺和生产等在试验空间内的最优化；

(2)考察试验因素的变化规律或试验因素与试验指标之间的统计规律；

(3)满足某些特殊的要求。

试验指标是由试验目的确定的。一个试验目的，至少需要一个试验指标。因此，试验设计前，必须明确试验目的。单一目的的试验有时不止需要一个试验指标，对于有多个试验目的的试验，相应就需多个试验指标，这要根据专业知识和试验要求，合理确定试验指标。

在例1-2中，轴承圈退火工艺试验的目的是为了寻求一个最佳的退火工艺，使轴承圈硬度下降至便于车削加工的程度。通过退火工艺使轴承圈硬度下降多少合适呢？在生产中常用硬度合格率来衡量硬度的高低。依据车削加工要求，设定轴承圈车削硬度值，经过退火处理后，测定轴承圈的硬度低于设定值，认为合格，否则不合格。硬度合格率的高低反映了退火工艺的好坏，要寻求最佳的退火工艺，使轴承圈的硬度合格率最高。因此，可用轴承圈硬度合格率作为本试验的指标，此指标为成数指标。试验指标一经确定，就应当把衡量和评定试验指标的原则、标准，测定试验指标的方法及所用仪器等确定下来。

第二步，选择试验因子和水平。

选择试验因素时，首先要根据专业知识和以往的试验研究经验，尽可能全面地考察影响试验指标的诸因素，选取对试验指标影响大的因素、尚未完全掌握其规律的因素和未曾被考察研究过的因素。一般情况下，应少选因子，但在用正交表安排初步试验筛选因素而人力、物力和时间又允许的场合下，在增加因子而可以不增加试验号的场合下，在试验目的只是为了寻求最优组合时，都可以多选定一些因子。所选试验因子必须是可控的。

试验因素的水平，一般以2～4为宜，以尽量减少试验次数。在多批试验中，在不增加试验次数的前提下，可以多选因子，少取水平，这意味着每批用小号正交表，做较少次试验，通过各批试验，能找到最优生产条件。

当试验因子要考察的范围较宽时，选择二水平试验，会导致考察范围过窄，得到的试验结果就可能是局部最优；对此试验因子应多选水平(m=3)，以便找到全局最优。需要重点研究的试验因子应当多选择水平。

水平间距要适当。水平间距过小，难以判断因子水平变化对指标的影响趋势；水平间距过大，难以判断因子优水平范围，对设计后续试验不利。对于多水平试验(m=3)，水平间距应该相等，有利于分析因子水平变化对指标的影响程度和影响趋势。

例1-2中，影响轴承圈退火硬度合格率的因素有：加热介质、加热方法、加热温度、加热速度、保温时间、出炉温度、冷却速度、试件材质、试件加工质量等。根据试验要求和生产实际情况，遵循少选因素和水平的一般原则，经全面分析，确定加热温度、保温时间和出炉温度为试验因素，分别用A,B,C表示，并且每个因子都取二水平，以减少试验次数。其余因素，无论可控与否，均作为试验条件处理。于是列出试验的因子水平表1-3，它是选用正交表的依据。

第三步，选用适当正交表，制定试验方案。

根据因子水平表选择正交表。如果选用的正交表既能安排下所有试验因素，又使试验号最小，就认为所选正交表是合适的。一般须与确定因子水平结合起来考虑以下几个原则问题：正交表的水平数与试验因子水平数相等；正交表主体的列数须大于或等于因子数；是否考察交互作用；试验的价值与代价；试验的精度要求。

表1-3　轴承圈退火试验因子水平表

水平＼因子	*A* 加热温度/℃	*B* 保温时间/h	*C* 出炉温度/℃
1	A_1 800	B_1 6	C_1 400
2	A_2 820	B_2 8	C_2 500

对于例1-2，有两张正交表可供选择，$L_4(2^3)$和$L_8(2^7)$。若选择$L_8(2^7)$，安排3个因子后还剩下4列，试验号不是最小，浪费较大，不合适。由于不考察交互作用，只有$L_4(2^3)$既能安排下3个因子，试验号又是最小，故选用$L_4(2^3)$是合适的。

在例1-2中，如果二水平不变，多选择1个因子，使试验因素达到4个，就只好选择$L_8(2^7)$正交表，做8次试验；如果三因子*A*，*B*，*C*不变，各因子取3个水平，那就要选择$L_9(3^4)$正交表，做9次试验。

选好正交表后，需进行表头设计。所谓**表头设计**，就是将试验因子分别安排到所选正交表的各列中去的过程。当不考察因素间的交互作用时，原则上各因子可以任意填排到各列，但通常采用“因子顺序上列”的办法。例1-2中，*A*，*B*，*C*三个因子顺序安排到正交表$L_4(2^3)$的1，2，3列中，如表1-4所示。当考察交互作用时，表头设计要参照交互列表进行，将在§1-6中讲述。

在表头设计的基础上，将所选正交表中各列的不同数码换成对应因子的相应水平，称为编制试验方案。试验方案的编制，即各因子水平的安排方法，采用“水平对号入座”的办法。在例1-2中，将$L_4(2^3)$第1列中的数码“1”换成*A*因子的一水平A_1，即加热温度800℃；第1列数码“2”换成A_2，即加热温度820℃，如此“对号入座”形成试验方案。如表1-4所示，第2号试验的组合为$A_1B_2C_2$，即在进行退火工艺的第2号试验时，采用加热温度800℃、保温时间8 h、出炉温度500 ℃的试验条件，然后测定轴承圈的硬度。如此完成试验方案（正交表）上的4次试验。

表1-4　轴承圈退火试验方案$L_4(2^3)$

试验号＼因子	1 *A* 加热温度/℃	2 *B* 保温时间/h	3 *C* 出炉温度/℃
1	1 800	1 6	1 400
2	1 800	2 8	2 500
3	2 820	1 6	2 500
4	2 820	2 8	1 400

（二）试验与结果分析

第四步，严格按试验条件做好试验和记录。

试验应认真准备，试验过程中，各号试验的处理组合应严格保证，因子水平须严格控制，试验条件尽量保持一致，并对指标观察值做好记录，在条件允许的情况下，尽量让试验随机化，减少人为因素，这包括试验号随机化和因子水平的随机安排。本例4次试验测定硬度合格率数据记录于表1-5的“试验结果”栏。

第五步，试验结果的极差分析。

通过试验获得一组试验指标观测值，即试验结果。极差分析的依据是正交表的综合可比性，极差分析包括：计算水平数据和K_{ij}、水平均值k_{ij}和水平均值极差R_j，如图1–3所示。试验结果极差分析的目的在于确定试验因子的主次、各试验因子的优水平及试验范围内的最优组合。

正交设计的基本方法是依据正交表的综合可比性，利用极差分析法（简称R法），非常直观简便地分析试验结果，确定因子的主次和最优组合。R法包括计算与判断，其主要内容及主要步骤如图1–3所示。

在图1–3中，K_{ij}称为j因子的i水平数据和，即第j因子的i水平所对应的试验指标值之和；k_{ij}为K_{ij}的平均值，称为j因子i水平的水平均值。由k_{ij}的大小可以判断j因子的优水平和试验的最优组合。

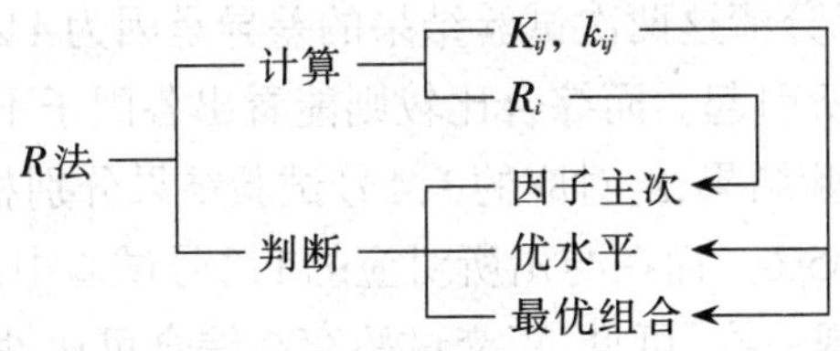

图1–3 R法示意图

图1–3中，R_j为j因子的极差，即j因子最大水平均值$k_{ij\max}$与最小水平均值$k_{ij\min}$之差。计算式为

$$R_j = k_{ij\max} - k_{ij\min} \tag{1-7}$$

式中 R_j反映了第j个因子水平变动时，试验指标的变动幅度。R_j越大，说明该因子对试验指标的影响越大，因而越重要。于是依据R_j的大小，可以判断因子对试验指标影响的主次，即因子主次。R法的计算和判断可直接在试验方案及结果分析表中进行，如表1–5所示。

表1–5 例1–2 轴承圈退火试验方案与结果分析

	试验方案				试验结果
	因子 / 试验号	1 A 加热温度/℃	2 B 保温时间/h	3 C 出炉温度/℃	硬度合格率 y_i/%
	1	1 800	1 6	1 400	$y_1=95$
	2	1 800	2 8	2 500	$y_2=85$
	3	2 820	1 6	2 500	$y_3=45$
	4	2 820	2 8	1 400	$y_4=65$
极差分析	K_{1j}（1水平数据和）	$K_{11}=y_1+y_2=180$	$K_{12}=y_1+y_3=140$	160	数据总和
	K_{2j}（2水平数据和）	$K_{21}=y_3+y_4=110$	$K_{22}=y_2+y_4=150$	130	$K=\sum_{i=1}^{4} y_i=290$
	k_{1j}（1水平均值）	$K_{11}/2=90$	$K_{12}/2=70$	80	
	k_{2j}（2水平均值）	$K_{21}/2=55$	$K_{22}/2=75$	65	验算：
	$R_j=k_{ij\max}-k_{ij\min}$	35	5	15	$K_{11}+K_{21}=290$
	因子主次	A C B			$K_{12}+K_{22}=290$
	最优组合	$A_1B_2C_1$			$K_{13}+K_{23}=290$

表1-6 A因子综合可比性分析表

水平	试验号＼因子	1 A 加热温度/℃	2 B 保温时间/h	3 C 出炉温度/℃	硬度合格率 y_i/%
1水平	1	800	6	400	$\sum y=180$
	2	800	8	500	$\bar{y}=90$
2水平	3	820	6	500	$\sum y=110$
	4	820	8	400	$\bar{y}=55$

现以例1-2具体说明综合可比性分析和极差分析。

(1)综合可比性分析

由正交表的性质知道,各处理组合的试验结果之间无单行(单独)可比性。在例1-2中,要比较A_1与A_2的优劣,仅用第1号与第3号试验结果比较是不行的,因为这两次试验中B,C因子的水平不一致,难以分清这两次试验结果的差异是因为A因子的水平变动所造成,还是由B,C因子的水平不同所引起。而综合比较则能看出各因子不同水平的作用。如表1-6所示,A_1所对应的1,2号试验结果,A_2对应的3,4号试验结果分别相加除2,可看出A_1优于A_2,即A_1比A_2提高硬度合格率35%。而在与A_1所对应的1,2号试验中以及A_2对应的3,4号试验中,B,C两因子各水平均出现一次,可见,正交试验存在综合可比性。用同样的方法可以对B,C因子进行综合可比性分析。

(2)极差计算

极差分析是在综合可比性的基础上进行。

①计算数据总和K

$$K=\sum_{i=1}^{n}y_i \tag{1-8}$$

式中y_i为试验指标数据,即试验观测值;n为试验次数。

在例1-2中,n=4。

②计算K_{ij},k_{ij},R_j

K_{ij}为第j列因子i水平的水平数据和。

例1-2中,第1列A因子1水平的水平数据和为(参见表1-5和表1-6)

$$K_{11}=y_1+y_2=95+85=180$$

第1列A因子2水平的水平数据和为

$$K_{21}=y_3+y_4=45+65=110$$

k_{ij}为第j列因子i水平的水平均值,即K_{ij}的平均值。

$$k_{ij}=K_{ij}/r \tag{1-9}$$

式中 r为i水平的水平重复数,在例1-2中r=2,则A因子1水平的水平均值为

$$k_{11}=K_{11}/2=180/2=90$$

A因子2水平的水平均值为

$$k_{21}=K_{21}/2=110/2=55$$

R_j为第j列水平均值的极差,由式(1-7)计算得各列的极差为R_1=35,R_2=5,R_3=15。

第六步，确定因子主次。

因子对指标影响的主次由极差R_j决定。R_j的大小反映了因子水平变动对试验指标影响的程度，R_j计算值越大，则因子影响越大。由极差R_j的计算结果可知，因子主次的排列顺序为：A C B，即试验因子对硬度合格率的影响主次排序为：加热温度A、出炉温度C和保温时间B。

第七步，表中选优。

在正交表中选择优组合，称为表中选优。正交试验次数是全面试验次数的部分实施，不一定包含最优组合；但是表中最优可用来与最优组合比较，有利于分析因子与指标的内在规律。表1-4所示例1-2的试验指标硬度合格率是越高越好；在4次试验中，第1号试验的硬度合格率为95%，为表中最好试验结果，其试验组合为$A_1B_1C_1$，即加热温度800℃、保温时间6 h、出炉温度400℃。

第八步，确定最优组合。

最优组合是各因子优水平的组合，由水平均值k_{ij}确定各因子的优水平，将各因子的优水平组合在一起形成的处理组合，即为最优组合。判断因子优水平与试验指标的性质有关，有些试验指标越大越好，有些越小越好，有些适中为好。

在例1-2中，试验指标为硬度合格率，合格率越高越好（≤100%），则较大的水平均值k_{ij}对应的水平为优水平。这样确定出例1-2的最优组合为$A_1B_2C_1$，即退火工艺条件为：加热温度800℃、保温时间8 h、出炉温度400℃。注意，对于越小越好的指标，如损失率、功耗等，其k_{ij}较小的对应的水平为优水平。

值得注意：最优生产组合有时与最优生产工艺不完全一致。最优生产工艺注重以较少的投入获取较多的产出，而不是单纯强调产出。因此，在确定最优生产工艺时，对于主要因子，选取优水平；对于次要因子，既可以选择好水平，也可以选取有利于节约成本或便于操作的水平。在例1-2中，B因子为次要因子，第2水平比第1水平保温时间长2小时，但只能使硬度合格率提高5%。考虑到缩短保温时间，节约用电，提高生产率，所以，选定$A_1B_1C_1$为最优退火工艺较为合适。

进一步分析可知，由试验结果分析所获得的最优组合$A_1B_2C_1$，并未包括在实施的4次试验之中。这表明优化结果并不只是反映已做试验的信息，而是反映全面试验的信息。这样无论最优组合是否包含在正交表中，都可以通过极差分析将最优组合找到。

例1-2的优化结果只在试验范围内有意义，但为进一步试验指明了方向。硬度合格率随因子A，C取值的减小而增加，可以取A，C的更小水平，进一步试验寻求更优的组合和退火工艺。

二、多水平试验

多水平试验是指三水平或三水平以上的试验。多水平试验与两水平试验的方案设计和结果处理步骤均相同。

例1-3 稻麦收割机切割性能试验。

试验目的是为了研究切割动力消耗的影响因素，为收割机的研制和使用提供信息，使功率消耗下降，试验指标为总功率消耗。这是一个计量指标，采用电测技术测定。

选择三因子三水平做试验，其因子水平如表1-7所示。

表1-7　稻麦收割机切割试验因子水平表

因素＼水平	A 切割器类型	B 割刀平均速度/m·s⁻¹	C 机器作业速度/m·s⁻¹
1	中	1.00	1.0
2	小	1.20	0.7
3	大	1.36	0.5

根据因子水平表，选定正交表$L_9(3^4)$，最多可安排4个因子，做9次试验，而全面试验需做27次。把因子A,B,C分别安排在1，2，4列中，第3列为空列，如表1-8所示。通过结果处理知道因子主次为BAC，最优组合为$A_3B_1C_3$。此优组合仍然未包含在表中的9个处理组合中。应注意，试验指标功耗是小为好，因而水平均值最小的所对应的水平为优水平。

表1-8　例1-3　稻麦收割机切割器性能试验

	试验号＼列号因子	1 A 切割器类型	2 B /m·s⁻¹ 割刀平均速度	3	4 C /m·s⁻¹ 机器作业速度	总功率消耗/PS y_i
	1	1 中	1 1.00	1	1 1.0	0.66
	2	1	2 1.20	2	2 0.7	0.71
	3	1	3 1.36	3	3 0.5	0.81
	4	2 小	1	2	3	0.35
	5	2	2	3	1	0.73
	6	2	3	1	2	0.85
	7	3 大	1	3	2	0.42
	8	3	2	1	3	0.38
	9	3	3	2	1	0.63
方差分析	K_{1j}	2.18	1.43	1.89	2.02	$K=\sum_{i=1}^{9} y_i=5.54$
	K_{2j}	1.93	1.82	1.69	1.98	
	K_{1j}	1.43	2.29	1.96	1.54	
	$Q=\frac{1}{3}(K_{1j}^2+K_{2j}^2+K_{3j}^2)$	3.5074	3.5338	3.4233	3.4575	$P=K^2/n=3.4102$
	$S_j=Q_j-P$	0.0972	0.1236	0.0131	0.0473	
	$f_j=m-1$	2	2	2	2	$F_{0.05}(2,2)=19.0$
	$\bar{S}_j=S_j/f_j$	0.0486	0.0618	0.0065	0.0246	$F_{0.1}(2,2)=9.0$
	$F=\bar{S}_{因}/\bar{S}_e$	7.43	9.44(*)		3.61	$F_{0.25}(2,2)=3.0$
极差分析	$R_j(k)=K_{ij\max}-K_{ij\min}$	0.75	0.86	0.27	0.48	
	因子主次	$B\ A\ C$				
	最优组合	$B_1\ A_3\ C_3$				

对比例1-2和例1-3,还可以得到以下几点认识:

1.计算所得最优组合与表中最优相差不会太远。表中最优是指在根据正交表实施的部分试验中,试验指标观测值最优的组合。由于正交表的正交性和代表性,即使计算所得最优组合与表中最优不一致,那也仅仅是次要因子,排序第1位的主要因子的优水平在表中最优和最优组合中应该是一致的。例如,例1-2的最优组合是$A_1B_2C_1$,表中最优是第1号试验$A_1B_1C_1$,两者之间只有次要因子B的优水平不一致。例1-3的最优组合为$B_1A_3C_3$与表中最优即第4号试验组合$B_1A_2C_3$相比,也只有次要因子A的水平不一致。因此,有时可把表中最优作为最优组合,或者把最优组合与表中最优做对比试验,以验证最优组合是否更优。

2.多水平试验比两水平试验更能看清因子水平变化对指标的影响程度及其影响的变化趋势。这一点可由例1-3的因子指标图清楚地说明,如图1-4所示。若例1-3选取的是二水平而不是三水平,那么只能看出两水平之间的变化趋势,不能说明两水平以外的情况。但三水平在因子指标图上就会出现折线,变化趋势就明显多了。不过,因子水平数增加,会增加试验次数,因而,正交试验采用三水平的较多。图1-4的横坐标为从小到大的因子水平值,纵坐标为水平均值k_{ij}(马力)。

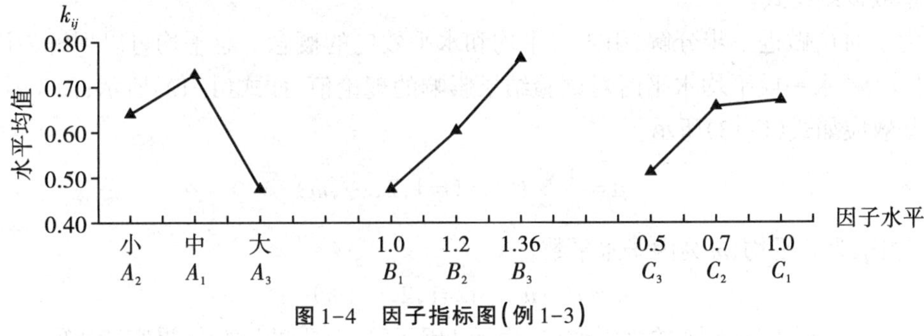

图1-4 因子指标图(例1-3)

§1-4 试验数据的结构

一、试验数据的结构式

任何试验都是随机试验,试验指标的观察值y总是成正态分布,即在一定范围内,围绕某一中心值上下波动,也就是说指标的观察值不可能等于真值U,而是等于真值加上误差E。

$$y = U + E \tag{1-10}$$

式中 $E \sim N(0,\sigma^2)$,即误差E的分布服从均值为0,方差为σ^2的正态分布。

从理论上讲,各个可控因素分别固定在某一水平时,它们对试验结果的影响也应是固定的。所谓真值是指在某一试验条件下,试验结果应有的理论值(客观真值)。而其他不可控因素对试验结果的影响就是误差。误差可分为两类:

1. 系统误差

指某种试验条件下，一些干扰因素造成的固有的而且有规律性的差异，而且，误差的方向（或趋向）大小相同，如测试仪器的误差等。

2. 偶然误差

指随机误差，没有一定的方向或趋向，可正可负，可大可小，不易控制和避免。在系统误差被消除或者可以忽略的情况下，误差E是一个服从$N(0,\sigma^2)$的正态分布的随机变量。

式(1-10)为试验数据最简单的结构式。它把因素水平和随机误差对试验指标的影响分开，但因为U是各因素水平对试验指标影响的总和，所以要了解各因素水平对试验指标的影响程度，还须对U做进一步分解。

(一)单因子重复试验的数据结构式

设A因子有m个水平，每一水平做t次重复试验，那么在A_i水平作第j次重复试验的指标观察值y_{ij}为A_i水平的真值U_i加上误差。

$$y_{ij}=U_i+\varepsilon_{ij} \quad (i=1,2,\cdots,m;j=1,2,\cdots,t) \tag{1-11}$$

式中U_i通常可以理解为A因子i水平的水平均值。这就是单因子m个水平t次重复试验的简单数据结构式。

为了对U_i做进一步分解，引入总平均和水平效应的概念。总平均可以理解为该因素取一个“中等”水平或平均水平时对试验结果影响的理论值，如式(1-12)所示；而A因子i水平的水平效应如式(1-13)所示。

$$\mu=\frac{1}{m}\sum_{i=1}^{m}U_i \quad (i=1,2,\cdots,m) \tag{1-12}$$

式中μ为总平均，m为因子水平数。

$$a_i=U_i-\mu \quad (i=1,2,\cdots,m) \tag{1-13}$$

式中a_i为A因子i水平的水平效应，表示A因子第i水平的试验结果究竟比取“中等”水平时的试验结果大多少或小多少。

于是可以把式(1-11)改写为单因子重复试验的数据结构式

$$y_{ij}=\mu+a_i+\varepsilon_{ij} \quad (i=1,2,\cdots,m;j=1,2,\cdots,t) \tag{1-14}$$

式中a_i满足关系式$\sum_{i=1}^{m}a_i=0$。

(二)多因子试验的数据结构式

以正交表$L_4(2^3)$安排两个因子做试验为例，其表头设计和试验结果如表1-9所示。

表1-9　$L_4(2^3)$二因子试验方案

试验号	1 A	2 B	3	试验结果y_i
1	1	1	1	y_1
2	1	2	2	y_2
3	2	1	2	y_3
4	2	2	1	y_4

试验数据的最简单结构式为

$$y_1 = U_{11} + \varepsilon_1$$
$$y_2 = U_{12} + \varepsilon_2$$
$$y_3 = U_{21} + \varepsilon_3$$
$$y_4 = U_{22} + \varepsilon_4$$

式中 U_{ij}为在A因子取i水平、B因子取j水平的条件下，试验结果应有的理论值，通常可以理解为“水平均值”；$\varepsilon_1 \sim \varepsilon_4$为1～4号试验的随机误差。

同样，引入总平均μ和水平效应a_i，b_j的概念。

$$\mu = \frac{1}{mL}\sum_{i=1}^{m}\sum_{j=1}^{L}U_{ij} \quad (i=1,2,\cdots,m;j=1,2,\cdots,L) \tag{1-15}$$

式中m为A因子的水平数；L为B因子的水平数；总平均μ可以理解为A，B因子都取“中等水平或平均水平”时，试验结果应有的理论值。

如果设

$$U_i = \frac{1}{L}\sum_{j=1}^{L}U_{ij} \quad (i=1,2,\cdots,m;j=1,2,\cdots,L)$$

$$U_j = \frac{1}{m}\sum_{i=1}^{m}U_{ij} \quad (i=1,2,\cdots,m;j=1,2,\cdots,L)$$

分别表示因子A取i水平试验结果应有的理论值和因子B取j水平时试验结果应有的理论值。则A因子取i水平，B因子取j水平的水平效应分别为

$$a_i = U_i - \mu \quad (i=1,2,\cdots,m)$$
$$b_j = U_j - \mu \quad (j=1,2,\cdots,L) \tag{1-16}$$

而且下式成立

$$\sum_{i=1}^{m}a_i = 0,\ \ \sum_{j=1}^{L}b_j = 0 \tag{1-17}$$

至此，可以写出两因子试验数据结构式为线性结构模型，它分为两种情况。

1. 不考察交互作用

在不考察交互作用时，A因子和B因子对试验数据的影响是由二者的水平效应叠加而成，即

$$U_{ij} = \mu + a_i + b_j$$
$$y_t = \mu + a_i + b_j + \varepsilon_t \quad (i=1,2,\cdots,m;j=1,2,\cdots,L;t=1,2,\cdots,n) \tag{1-18}$$

式中t为试验次数。

对表1-9有

$$y_1 = \mu + a_1 + b_1 + \varepsilon_1$$
$$y_2 = \mu + a_1 + b_2 + \varepsilon_2$$
$$y_3 = \mu + a_2 + b_1 + \varepsilon_3$$
$$y_4 = \mu + a_2 + b_2 + \varepsilon_4$$

2. 考察交互作用

有关交互作用的概念参见§1-6。由于要考察交互作用，除考虑A，B因子单独对试验指标的影响外，还需考察A，B的交互作用的影响，即交互效应

$$(ab)_{ij} = U_{ij} - (\mu + a_i + b_j) \quad (i=1,2,\cdots,m;j=1,2,\cdots,L) \tag{1-19}$$

因此

$$U_{ij}=(\mu+a_i+b_j)+(ab)_{ij} \qquad (i=1,2,\cdots,m;j=1,2,\cdots,L)$$

而且下式成立

$$\sum_{i=1}^{m}(ab)_{ij}=0;\ \sum_{j=1}^{L}(ab)_{ij}=0 \tag{1-20}$$

于是,考察交互作用的两因子试验的数据结构式为

$$y_t=\mu+a_i+b_j+(ab)_{ij}+\varepsilon_t \tag{1-21}$$

对表1-9有

$$\begin{aligned}y_1&=\mu+a_1+b_1+(ab)_{11}+\varepsilon_1\\y_2&=\mu+a_1+b_2+(ab)_{12}+\varepsilon_2\\y_3&=\mu+a_2+b_1+(ab)_{21}+\varepsilon_3\\y_4&=\mu+a_2+b_2+(ab)_{22}+\varepsilon_4\end{aligned}$$

用类似的分解方法,可以写出多因子试验的试验数据结构式,如有一级交互作用的三因子(A,B,C)试验,其数据结构式可写为

$$\begin{aligned}y_t&=U_t+\varepsilon_t\\&=\mu+a_i+b_j+c_k+(ab)_{ij}+(ac)_{ik}+(bc)_{jk}+\varepsilon_t\end{aligned} \tag{1-22}$$

式中$(ab)_{ij}$,$(ac)_{ik}$,$(bc)_{jk}$分别表示因子AB,AC,BC之间的一级交互作用。

实际上,任何理论值如μ,U_{ij},U_i,U_j在试验中都无法得到,只能通过试验数据进行估计。试验数据结构式在具体运用中,均采用估计值,因此,对估计值仍采用与理论值(真值)相同的符号表示。

已知$U_{ij}=y_t-\varepsilon_t$,代入式(1-15),并假设$\varepsilon_t\sim N(0,\sigma^2)$,则有总平均

$$\mu=\frac{1}{n}\sum_{t=1}^{n}y_t \qquad (t=1,2,\cdots,n) \tag{1-23}$$

式中n为试验次数;y_t为第t次试验的数据。以表1-9为例,试验数据的总平均为

$$\begin{aligned}\mu&=\frac{1}{4}\sum_{t=1}^{4}y_t\\&=\frac{1}{4}(y_1+y_2+y_3+y_4)\end{aligned}$$

而U_i和U_j分别用A因子的i水平均值k_{iA}和B因子的j水平均值k_{jB}来估计,则水平效应的估计值为

$$\begin{aligned}a_i&=k_{iA}-\mu\\b_j&=k_{jB}-\mu\end{aligned} \tag{1-24}$$

二、试验数据结构式的应用

利用试验数据结构式可以对正交表性质和极差分析原理进行验证,主要应用包括分析综合可比性的实质、正交表空列的意义、计算工程平均与最优工程平均和补偿试验的缺失数据。

(一)综合可比性的实质

利用试验数据结构式可以看清正交试验设计的综合可比性实质。用例1-2作具体说明,参见表1-4和表1-6,依据式(1-18),4次试验的数据结构式为

$$y_1=\mu+a_1+b_1+c_1+\varepsilon_1$$
$$y_2=\mu+a_1+b_2+c_2+\varepsilon_2$$
$$y_3=\mu+a_2+b_1+c_2+\varepsilon_3$$
$$y_4=\mu+a_2+b_2+c_1+\varepsilon_4$$

综合比较A因子一、二水平的优劣(见表1-6),得到水平数据和

$$\begin{aligned}K_{11}&=y_1+y_2\\&=2\mu+2a_1+(b_1+b_2)+(c_1+c_2)+(\varepsilon_1+\varepsilon_2)\\&=2\mu+2a_1+(\varepsilon_1+\varepsilon_2)\end{aligned}$$

$$\begin{aligned}K_{21}&=y_3+y_4\\&=2\mu+2a_2+(b_1+b_2)+(c_1+c_2)+(\varepsilon_3+\varepsilon_4)\\&=2\mu+2a_2+(\varepsilon_3+\varepsilon_4)\end{aligned}$$

参考式(1-17),水平均值为

$$k_{11}=\mu+a_1+\frac{1}{2}(\varepsilon_1+\varepsilon_2)$$

$$k_{21}=\mu+a_2+\frac{1}{2}(\varepsilon_3+\varepsilon_4)$$

可以认为误差$\varepsilon\sim N(0,\sigma^2)$分布,则水平均值的极差为

$$R_1=k_{11}-k_{21}=a_1-a_2$$

可见,极差实际上是水平效应之差,综合可比性的实质是因子各水平效应的比较。

值得注意,极差分析不能把因子水平和随机误差对指标的影响分开。虽然,极差R_j中包含有误差,但被忽略了(认为误差均值为0),所以,极差分析精度较低。

(二)空列的意义

在正交表上没有安排因子的列叫空列。例如,用正交表$L_4(2^3)$安排两个因子做试验,见表1-9。若因子A,B间无交互作用,那么,第3列为空列,其极差为

$$\begin{aligned}R_3&=\frac{1}{2}[(y_1+y_4)-(y_2+y_3)]\\&=\frac{1}{2}[(\mu+a_1+b_1+\varepsilon_1)+(\mu+a_2+b_2+\varepsilon_4)-(\mu+a_1+b_2+\varepsilon_2)-(\mu+a_2+b_1+\varepsilon_3)]\\&=\frac{1}{2}[(\varepsilon_1+\varepsilon_4)-(\varepsilon_2+\varepsilon_3)]\end{aligned}$$

可见,空列的极差反映了随机误差对指标的影响,而不涉及其他任何因素。因此,空列极差可用作估计误差,空列极差的大小反映了试验误差的大小。

(三)工程平均与最优工程平均

在试验结果处理时,往往发现最优组合不在已做的试验中,前述例1-2和例1-3就是这种情况。为简单方便地比较表中最优与最优组合对指标值影响的差距,希望不做试验就能估计出最优组合的指标值,有时也需要估计其他一些表中未出现的组合的指标值,工程平均可解决此问题。

在数据结构式(1-22)中,当把U_t用作估计处理组合的指标值时,称U_t为工程平均。换句话说,工程平均是经过简单计算,而求得的各个处理组合(特别是最优组合)条件下,长期稳定生产时,指标可望达到的数值。工程平均可对任一种组合进行估计,若估计的是最优组

合，则称其为最优工程平均。通用计算式如下

某一处理组合的工程平均=总平均+该组合各因子的水平效应

最优工程平均计算通式

$$U_{优}=总平均（\mu）+各因子优水平效应 \tag{1-25}$$

如例1-3，由表1-8可知

$$\begin{aligned} U_{优}=U_{A_3B_1C_3}&=\mu+(k_{3A}-\mu)+(k_{1B}-\mu)+(k_{3C}-\mu)\\ &=(k_{3A}+k_{1B}+k_{3C})-(3-1)\mu \end{aligned}$$

于是，得最优工程平均简化公式

$$U_{优}=各因子优水平的均值之和-（因子个数-1）\mu \tag{1-26}$$

把例1-3的数据代入式(1-26)得到最优工程平均为

$$\begin{aligned} U_{优}&=(k_{3A}+k_{1B}+k_{3C})-(3-1)\mu\\ &=\frac{1}{3}(K_{3A}+K_{1B}+K_{3C})-(3-1)\mu\\ &=[\frac{1}{3}(1.43+1.43+1.54)-(3-1)\frac{5.54}{9}]=0.236 \end{aligned}$$

式中K_{3A}，K_{1B}，K_{3C}，分别为A因子3水平，B因子1水平，C因子3水平的水平数据和；k_{3A}，k_{1B}，k_{3C}分别为其对应的水平均值。

可见，最优组合比表中最优低33%，即是说收割功耗估计还可以进一步降低33%，达到0.236马力。但这只是估计值，若表中最优与最优工程平均相差较大，可按最优组合做进一步试验，并以最优工程平均作为检验标准。

（四）缺失数据的补偿

正交试验结果的分析处理要求数据齐全，但在试验中，有时由于疏忽或者偶然原因，会造成试验数据缺失。在无条件重做试验以弥补缺失数据的情况下，为了不致因缺失个别数据而使试验前功尽弃，可利用工程平均的估算方法来弥补缺失数据。

在例1-3中，假设第4号试验$A_2B_1C_3$的数据缺失，根据工程平均通用计算式，令$y_4=U_4$，则

$$y_4=U_4=\mu+a_2+b_1+c_3$$

简化式为

$$y_4=U_4=(k_{21}+k_{12}+k_{34})-2\mu \tag{1-27}$$

其中

$$\mu=\frac{1}{9}\sum_{i=1}^{9}y_i=\frac{1}{9}(y_4+5.19)$$

$$k_{21}=\frac{1}{3}(y_4+y_5+y_6)=\frac{1}{3}(y_4+1.58)$$

$$k_{12}=\frac{1}{3}(y_1+y_4+y_7)=\frac{1}{3}(y_4+1.08)$$

$$k_{34}=\frac{1}{3}(y_3+y_4+y_8)=\frac{1}{3}(y_4+1.19)$$

代入简化式(1-27)有y_4=0.585；若把y_4=0.585作为第4号试验的数据，便可进行结果分析。

应指出，补偿数据的误差与已知数据的误差成正比。正因为补偿数据是由其他试验数据推算出的，不是独立的试验数据，故不能算在自由度之内。

§1-5 多指标试验

在试验研究中，有时需要同时考察两个或更多的指标，在这种多指标试验中，各指标的量纲和重要程度常常不一致；而且各个因子及其水平对各指标的影响也往往不相同，甚至是矛盾的，即在某项指标得到改善的同时，另一项指标可能恶化。这样各指标的最优结果常常不在同一试验组合中。因此，分析多指标试验结果时，应根据生产实际，统筹兼顾，寻找使各项指标都尽可能好的优组合。为此，人们探讨了多种多指标试验结果的分析方法，其核心是如何将多指标转化为单指标进行分析。下面介绍综合评分法、综合加权评分法和综合平衡法三种方法。

一、综合评分法

对各试验指标结果采取评分的办法，然后把综合得分按单指标的方法来分析。

（一）排队评分法和简单公式评分法

表1-10 例1-4 污水去锌去镉试验 $L_8(4^1\times2^4)$

试验方案						试验结果			
因子	*A* pH值	*B* 凝聚剂	*C* 沉淀剂	*D* $CaCl_2$	*E* 废水浓度	指标 y_i/mg·L^{-1}		评分合计	
列号 / 试验号	1	2	3	4	5	含镉 y_{i1}	含锌 y_{i2}	排队评分	公式评分
1	1 7~8	1 添加	2 $NaCO_2$	2 添加	1 稀	0.72	1.36	45	2.08
2	3 9~10	2 不加	2	1 不加	1	0.52	0.90	70	1.42
3	2 8~9	2	2	2	2 浓	0.80	0.96	55	1.76
4	4 10~11	1	2	1	2	0.60	1.00	65	1.60
5	1	2	1 NaOH	1	2	0.53	0.42	85	0.95
6	3	1	1	2	2	0.21	0.42	95	0.63
7	2	1	1	1	1	0.30	0.50	90	0.80
8	4	2	1	2	1	0.13	0.40	100	0.53
极差分析 排队评分 K_1	130	295	370	310	305	排队评分 $K=\sum_{i=1}^{8}y_i=605$			
K_2	145	310	235	295	300				
K_3	165								
K_4	165								
$R_j(K)$	35	15	135	15	5				
公式评分 K_1	3.03	5.11	2.91	4.77	4.83	公式评分 $K=\sum_{i=1}^{8}y_i=9.77$			
K_2	2.56	4.66	6.86	5.00	4.94				
K_3	2.05								
K_4	2.13								
$R_j(K)$	0.98	0.45	3.95	0.23	0.11				
因子主次	*C A B D E*								
最优组合	$A_3\ B_2\ C_1\ D_1\ E_1$								

说明：北京化工厂对含有锌、镉等有害物质的废水处理进行试验，为探索应用沉淀法进行一级处理的优良条件，采用了正交试验。试验指标：处理后清水里含锌含镉量，越少越好；4水平因子1个，2水平因子4个，不考虑交互作用，无重复试验。

表1-11　例1-5 提高$18Cr_4Ni_4W$钢氰化后残余奥氏体评级试验 $L_9(3^4)$

<table>
<tr><th colspan="2">试验方案</th><th></th><th></th><th></th><th colspan="4">试验结果（指标大为好）</th></tr>
<tr><th colspan="2">因子</th><th>A 冷却方式</th><th>B 淬火温度</th><th>C 冷却时间</th><th>D 回火温度</th><th>表面硬度</th><th>中心硬度</th><th>残余奥氏体</th><th>综合评分</th></tr>
<tr><th colspan="2">试验号 \ 列号</th><th>1</th><th>2</th><th>3</th><th>4</th><th>HRN_{15} 得分</th><th>HRC 得分</th><th>评级 得分</th><th>y_i</th></tr>
<tr><td colspan="2">1</td><td>1 油冷</td><td>1 800℃</td><td>1 1 h</td><td>1 190℃</td><td>90.9 2.9</td><td>4.39 3.6</td><td>Ⅲ 0</td><td>6.5</td></tr>
<tr><td colspan="2">2</td><td>1</td><td>2 850℃</td><td>2 4 h</td><td>2 160℃</td><td>91.1 3.1</td><td>43.0 3.3</td><td>Ⅲ～Ⅳ −1</td><td>5.4</td></tr>
<tr><td colspan="2">3</td><td>1</td><td>3 770℃</td><td>3 10 min</td><td>3 230℃</td><td>90.8 2.8</td><td>42.5 3.2</td><td>Ⅰ 4</td><td>10</td></tr>
<tr><td colspan="2">4</td><td>2 等温</td><td>1</td><td>2</td><td>3</td><td>86.6 −1.4</td><td>37.1 1.4</td><td>Ⅰ～Ⅱ 3</td><td>3</td></tr>
<tr><td colspan="2">5</td><td>2</td><td>2</td><td>3</td><td>1</td><td>87.2 −0.8</td><td>37.2 1.4</td><td>Ⅱ～Ⅲ 1</td><td>1.6</td></tr>
<tr><td colspan="2">6</td><td>2</td><td>3</td><td>1</td><td>2</td><td>86.0 −2.0</td><td>37.3 1.4</td><td>Ⅲ～Ⅳ −1</td><td>−1.6</td></tr>
<tr><td colspan="2">7</td><td>3 空冷</td><td>1</td><td>3</td><td>2</td><td>89.4 1.4</td><td>42.1 3.0</td><td>Ⅲ～Ⅳ −1</td><td>3.4</td></tr>
<tr><td colspan="2">8</td><td>3</td><td>2</td><td>1</td><td>3</td><td>88.5 0.5</td><td>42.4 3.1</td><td>Ⅱ 2</td><td>5.6</td></tr>
<tr><td colspan="2">9</td><td>3</td><td>3</td><td>2</td><td>1</td><td>88.3 0.3</td><td>41.3 2.8</td><td>Ⅲ 0</td><td>3.1</td></tr>
<tr><td rowspan="6">极差分析</td><td>K_{1j}</td><td>21.9</td><td>12.9</td><td>10.5</td><td>11.2</td><td colspan="4" rowspan="6">$K=\sum_{i=1}^{9} y_i = 37$</td></tr>
<tr><td>K_{2j}</td><td>3.0</td><td>12.6</td><td>11.5</td><td>7.2</td></tr>
<tr><td>K_{3j}</td><td>12.1</td><td>11.5</td><td>15.0</td><td>18.6</td></tr>
<tr><td>$R_j(K)$</td><td>18.9</td><td>1.4</td><td>4.5</td><td>11.4</td></tr>
<tr><td>因子主次</td><td colspan="4">A D C B</td></tr>
<tr><td>最优组合</td><td colspan="4">$A_1 D_3 C_3 B_1$</td></tr>
</table>

当各指标的重要程度相同时，可采用这两种方法。

排队评分就是按试验结果的数值大小排列评分。量纲相同时，可以把各指标结果相加再评分。如表1-10，例1-4所示，试验结果最好的给100分，其他按大小秩序减分。

简单公式评分法是指当各指标的重要程度和量纲均相同时，可将各指标数值直接相加，然后作为单指标进行分析，如表1-10，例1-4所示。

当量纲不同时，须将各指标分别评分，然后将评分相加，再作为单指标分析，见表1-11，例1-5所示。

(二)加权评分法

当各指标重要程度不同时，可以采用加权评分法，即根据各指标重要程度的差异，将各指标乘以一个倍数或一个百分数(权值)，以反映各指标的重要程度不同，这就叫加权。如例1-6(参见附录Ⅷ，练习六)，先将指标评分，然后根据其重要性加权，其中，表面粗糙度最重要，乘以3；加工时间次要，乘以2，排屑情况再次之，乘以1。最后将各号试验结果加权以后的评分相加，再按单指标进行分析。

二、综合加权评分法

综合加权评分法可以同时顾及各指标重要程度的差异、量纲与数量级的不同，这种方法便于对多项指标进行综合性选优，但对每项试验指标的分析，不如综合平衡法清楚。如表1-12，例1-7所示，气流清选脱粒机试验，各指标的重要性和量纲均不同。综合加权评分法的分析步骤如下：

1. 确定各项试验指标的权分值

以W_j表示第j项试验指标的权分值，总权为100分。对于脱粒机脱净率要求最高，其余次之，则权值确定为

脱净率 $W_1=30$，清洁率 $W_2=25$，度电产量 $W_3=20$，破碎率 $W_4=-25$

以上四项指标中，破碎率越小越好，其余较大为好，故破碎率的权分为负值。

2. 计算各项试验指标的评分值

由于各项指标的量纲和观察值数量级均不相同，不利于综合加权评分，因此须通过式(1-28)把试验指标观察值y_{ij}变换为相同数量级的无量纲参数y'_{ij}，为

$$y'_{ij}=(y_{ij}-y_{mj})/R_j \tag{1-28}$$

式中y_{ij}为第i号试验第j项指标的观察值；R_j为第j项试验指标观察值的极差，即

$$R_j=y_{Mj}-y_{mj} \tag{1-29}$$

式中y_{Mj}，y_{mj}分别为第j项指标的最大值与最小值。

在例1-7中，按照式(1-29)计算知，脱净率极差R_1=1.2%，清洁率R_2=8.75%，度电产量R_3=55 kg，破碎率R_4=7.5%。计算得第5号和第9号试验的脱净率评分分别为

$$y'_{51}=(y_{51}-y_{m1})/R_1=(98.6-98.6)/1.2=0$$

$$y'_{91}=(y_{91}-y_{m1})/R_1=(99.8-98.6)/1.2=1.0$$

其他各号试验的脱净率评分均介于0和1之间。可见，通过式(1-28)计算，各个指标的试验观测值都可以转换为0～1之间的相同数量级的无量纲参数。

表1–12　例1–7 东方红–3号气流清选脱粒机试验$L_9(3^4)$

试验方案					试验结果				
因子		A 滚筒转速	B 抛射转速	C 清粮筒	脱净率	清洁率	度电产量	破碎率	综合加权评分
试验号 \ 列号	1	2	3	4	$y_{i1}/\%$	$y_{i2}/\%$	y_{i3}/kg	$y_{i4}/\%$	y_i^*
1	1	1 700 r/min	1 650 r/min	1（原）	99.70	99.25	137	0.5	71.56
2	1	2 800	2 800	2（龙）	98.95	98.90	125	1.2	45.20
3	1	3 900	3 700	3（华）	98.80	99.58	82	8.0	5.00
4	2	1	2	3	99.26	98.50	127	1.3	52.20
5	2	2	3	1	98.60	99.30	128	0.5	41.01
6	2	3	1	2	98.62	90.80	109	0.6	3.00
7	3	1	3	2	98.80	93.50	127	0.7	28.41
8	3	2	1	3	98.92	98.75	118	2.0	38.81
9	3	3	2	1	99.80	99.55	99	1.8	56.85
极差分析 K_{1j}	121.76	152.17	113.37	169.42	R_1 1.2%	R_2 8.78%	R_3 55 kg	R_4 7.5%	
极差分析 K_{2j}	96.21	125.02	154.25	76.61	$K=\sum_{i=1}^{9}y_i^*=342.04$				
极差分析 K_{3j}	124.07	64.85	74.42	96.01					
极差分析 $R_j(K)$	27.86	87.32	79.83	92.81					
极差分析 因子主次	C A B								
极差分析 最优组合	$A_1\ B_2\ C_1$								

3. 计算综合加权评分值 y_i^*

同一试验号的各项指标的权值与其无量纲参数(评分)乘积之和即为该号试验的综合加权评分。

$$y_i^* = \sum_{j=1}^{4} W_j \cdot y'_{ij} \tag{1-30}$$

例如第1号试验的综合加权评分为

$$\begin{aligned} y_1^* &= \sum_{j=1}^{4} W_j \cdot y'_{1j} \\ &= W_1 \cdot y'_{11} + W_2 \cdot y'_{12} + W_3 \cdot y'_{13} - W_4 \cdot y'_{14} \\ &= 30 \times 0.917 + 25 \times 0.962 + 20 \times 1.0 - 25 \times 0 \\ &= 71.56 \end{aligned}$$

同理,可计算出2~9号试验的综合加权评分,然后再按评分 y_i^* 进行分析比较。

三、综合平衡法

综合平衡法是把各项试验指标,逐项按单指标分析后,再根据因子主次、水平优劣和各指标的重要性、实践经验等进行平衡,选出较优组合。

如表1-13和表1-14,例1-8所示,某工程车非路面通过性能试验,旨在为工程车整体设计提供依据,衡量通过性能的三个指标及其重要性顺序为:滚动阻力、滑转率和下陷深度,指标值都是越小越好。

对各项指标综合平衡时,首先考虑因子的重要性,其次考虑哪些因子水平在各项指标分别选出的较优组合中出现的次数较多。

确定优组合有以下几条原则:

1. 若某因子的优水平对各指标一致,则定为优水平。

2. 若某因子的优水平对各指标不一致,一般有两种选优方法。

(1)若各指标重要程度一样,趋向取多数指标所占的水平。

(2)若各指标重要程度不同,而重要指标占某水平一次,次要指标占另一水平两次,则要具体分析,但一般以重要指标为主,也可以通过计算工程平均来比较断定。

表1-13 例1-8 工程车非路面通过性能试验

试验方案				试验结果		
试验号 \ 因子	接地压力(0.1 MPa) 1 A	行走机构型式 2 B	仪器布置方式 4 C	滚动阻力 F y_{i1}/kN	滑转率 δ y_{i2}/%	下陷深度 Z y_{i3}/mm
1	1 0.18	1 普通型	1 中置	5.74	1.6	7.7
2	1	2 改进型Ⅰ	2 前置	6.94	5.6	10.4
3	1	3 改进型Ⅱ	3 后置	6.40	4.7	10.8
4	2 0.21	1	3	7.56	7.7	10.9
5	2	2	1	7.12	7.3	14.4
6	2	3	2	5.77	2.1	12.7
7	3 0.24	1	2	7.16	7.3	10.7
8	3	2	3	8.41	8.4	15.0
9	3	3	1	6.21	5.7	11.4

注:采用 $L_9(3^4)$ 安排试验方案,为编排紧凑,去掉了第3列。

如在例1-8中，当确定B_1或B_3何为优水平时，可根据指标的重要性顺序：滚动阻力、滑转率和下陷深度，确定B_3为优水平，因为B_3对于指标滚动阻力为优水平。另外也可以分别计算两个组合$B_1A_1C_1$和$B_3A_1C_1$的工程平均，选择工程平均较小值对应的B因子水平为优水平。

综合平衡法简单、直观，对单项指标分析较清楚，但当各指标间矛盾较大时，往往难以平衡。

表1-14　例1-8续　工程车非路面通过性能试验综合平衡分析

指　标		滚动阻力F/kN			滑转率δ/%			下陷深度Z/mm		
因　子		A	B	C	A	B	C	A	B	C
水平均值	k_1	6.36	6.82	6.36	3.97	5.50	4.87	9.68	9.77	11.17
	k_2	6.82	7.49	6.62	5.70	7.13	5.00	12.67	13.27	11.27
	k_3	7.26	6.13	7.46	7.13	4.17	6.93	12.37	11.63	12.23
各指标极差R_j		0.9	1.36	1.10	3.16	2.96	2.06	3.04	3.50	1.06
单指标优水平		A_1	B_3	C_1	A_1	B_3	C_1	A_1	B_1	C_1
单指标因子主次		$B\ C\ A$			$A\ B\ C$			$B\ A\ C$		
综合平衡主次		$B\ A\ C$								
综合平衡优水平		$B_3\ A_1\ C_1$								

§1-6　考察交互作用的正交试验设计

一、交互作用的概念

在多因子试验中，不仅各个因子单独起作用，而且某些因子之间会互相促进、互相制约来影响某一个指标，有时会发现几个因子联合对指标的影响大于各因子单独作用之和。这种因子间的联合搭配对试验指标的影响作用，称为交互作用。如表1-15所示，大豆合理施肥试验。若仅施氮肥45 kg/hm^2，大豆增产200 kg/hm^2；若仅施磷肥30 kg/hm^2，大豆增产400 kg/hm^2，但若氮、磷同时各施45 kg/hm^{2}和30 kg/hm^2，大豆产量增加1200 kg/hm^2。显然，氮磷肥搭配作用效果为1200 kg，大于它们单独作用效果之和600 kg；其差值为600 kg，就是氮磷配方施肥产生的效果。它表示两因子之间存在交互作用，能相互促进使大豆增产。

表1-15　大豆合理施肥试验　$L_4(2^3)$

试验号	因子					单产
	A	磷/kg·hm^{-2}	B	氮/kg·hm^{-2}	$A\times B$	y_i /kg·hm^{-2}
1	1		1	0	1	3000
2	1	0	2	45	2	3200
3	2	30	1	0	2	3400
4	2	30	2	45	1	4200

事实上，交互作用为0的现象是很少的；一般因子之间存在一定的交互作用，在试验设计中，交互作用记为$A\times B$，$A\times B\times C$，…

$A \times B$称为一级交互作用，即表示A，B之间的交互作用；

$A \times B \times C$称为二级交互作用，表示因子A，B，C之间的交互作用，对于二级和二级以上的交互作用，统称为高级交互作用。

二、交互作用的处理

在试验设计中，交互作用一律当作“因子”看待，这是处理交互作用的总原则。作为因子，各级交互作用均可以安排在能考察交互作用的正交表的相应列上，但交互作用与具体的因子又有区别，主要表现在：

1. 交互作用不影响试验条件，用于考察交互作用的列不影响试验方案及其实施；

2. 一个交互作用在正交表上占用列k_{mp}不一定只是一列，而是与因子水平数m和交互作用级数p有关，即

$$k_{mp}=(m-1)^{p} \tag{1-31}$$

式中m为因子的水平数；p为交互作用的级数；k_{mp}为m水平因子、p级交互作用占用正交表的列数。

对于二水平因子各级交互作用占用列数为

$$k_{2p}=(2-1)^{p}=1$$

可见，二水平因子各级交互作用都只占用正交表1列。

对于三水平因子的一级交互作用占2列，二级交互作用占4列，如

$$k_{31}=(3-1)^{1}=2$$

$$k_{32}=(3-1)^{2}=4$$

可见，当$m \geqslant 2$时，p越大，交互作用所占列就越多，而且一级交互作用占用列为水平数减1，即

$$k_{m1}=(m-1)^{1}=m-1$$

对于正交设计，如果考察试验因子的各级交互作用，那么试验次数等于全面试验次数。例如，一个2^5因素试验，因子及因子之间的各级交互作用应占用正交表的列数为

$$C_5^1+C_5^2+C_5^3+C_5^4+C_5^5=31$$

可见，必须选用正交表$L_{32}(2^{31})$，试验次数正好为全面试验次数，$m^k=2^5=32$次。

在正交设计中，应该如何对待交互作用呢？是把注意力放在各级交互作用上，还是在满足试验要求的情况下，多排因子、多分水平，有选择地合理地考察交互作用，以突出正交设计减少试验次数的优点，这是一个应当妥善处理的问题，而不是纯粹的数学问题。对此，日本、欧美和我国各自持有不同的态度和处理方法，我国多数学者认为应综合考虑试验目的、专业知识、以往研究经验及其现有试验条件来对待交互作用，其原则如下：

(1)一般不考察高级交互作用，因为高级交互作用一般影响很小，可以忽略。

(2)在试验设计时，因子之间的一级交互作用也不必全部考虑。通常仅考察那些作用效果明显的，或试验要求必须考察的。在上述2^5试验中，若只考察1～2个一级交互作用，那么选用正交表$L_8(2^7)$即可。

三、试验方案的设计

考察交互作用的试验方案的设计步骤与试验设计的基本方法相同，但表头设计和数据处理方法不同。下面以例1-9说明应注意的几点问题。

(一)选择正交表

例1-9 橡胶配方试验。考察三个二水平因子A,B,C和两个一级交互作用$A×B$,$B×C$,这样该试验相当于有五个试验因子，必须选择$L_8(2^7)$才合适；如果不考察交互作用，应选择$L_4(2^3)$。

(二)表头设计

当不考察因子之间的交互作用时，表头设计原则上可采取“因子顺序上列”，或随机安排的办法。但当考察交互作用时，就不能采用上述办法，而必须严格按交互作用列表进行配列，这是设计试验方案最关键的一步。

每张标准正交表都附有一张交互列表，见附录Ⅰ。由交互列表可以查出任两列(任两个因子)的交互作用列的列号，按交互列表进行表头设计才能防止因子与交互作用混杂。

所谓**混杂**，是指在正交表上同一列同时安排了因子和交互作用。这样，就无法分清同列中因子或交互作用对指标的作用效果。

避免混杂是表头设计的重要原则。一般先安排着重考察的、涉及交互作用较多的因子，接着安排它们之间的交互作用，以保证主要的交互作用不混杂，最后安排涉及交互作用较少和不考察交互作用的因子。

有时为了减少试验次数，允许次要的一级交互作用之间的混杂，允许次要因子与高级交互作用混杂，但一般不允许因子与一级交互作用混杂。

按上述原则，例1-9的表头设计如下，参见表1-17和表1-18。

根据选择的正交表$L_8(2^7)$，查阅对应的交互列表，见表1-16，也可参见附录Ⅰ，$L_8(2^7)$交互列表。

表1-16　$L_8(2^7)$交互列表及其应用

列号 前列( )	1	2 B	3	4	5	6	7
1	(1)A ………	3	2	5	4	7	6
2		(2)	1	6	7	4	5
3			(3)	7	6	5	4
4				(4)	1	2	3
5					(5)	3	2
6						(6)	1
7							(7)

第一步，安排A,B因子于$L_8(2^7)$表头的1,2列；第二步，在表1-16交互列表上，A,B因子分别处于纵向列“(1)”、横向列“2”上，查看两列交点为“3”，即得知交互作用$A×B$在第3列；第三步，把C因子排在第4列上；查表得知(2)列B因子与4列C因子横竖交点为6，即交互作用$B×C$在第6列；第5,7列为空列，这样完成表头设计，如表1-17所示。

表1-17 例1-18 橡胶配方试验表头设计

因子	A	B	$A\times B$	C		$B\times C$	
列号	1	2	3	4	5	6	7

在表1-17中，第5列为空列；同样，根据表1-16查得，第5列实际上是因子A，C的交互作用$A\times C$，可以理解为潜在的交互作用。

下面再举例说明三水平六因子试验的表头设计。设有三水平因子六个：A，B，C，D，E，F，要考察的交互作用是$A\times B$，$A\times C$，$B\times C$，总计9个"因子"，由于三水平因子的一级交互作用需占2列，故因子、交互作用合计要占12列，选用$L_{27}(3^{13})$交互列表（见附录Ⅰ）进行表头设计。

第一步

因子	A	B	$A\times B$										
列号	1	2	3	4	5	6	7	8	9	10	11	12	13

第二步

因子	A	B	$A\times B$		C	$A\times C$		$B\times C$					
列号	1	2	3	4	5	6	7	8	9	10	11	12	13

第三步

因子	A	B	$A\times B$		C	$A\times C$		$B\times C$	D			E	F
列号	1	2	3	4	5	6	7	8	9	10	11	12	13

第10列为空列，可作误差列。

表1-18 例1-9 橡胶配方试验$L_8(2^7)$

	试验方案							试验结果
因子	A 促进剂量	B 炭黑品种	$A\times B$	C 硫黄分量	$A\times C$	$B\times C$		弯曲次数/万次
试验号＼列号	1	2	3	4	5	6	7	y_i
1	1　1.5	1　天津产	1	1　2.5	1	1	1	1.5
2	1	1	1	2　2.0	2	2	2	2.0
3	1	2　长春产	2	1	1	2	2	2.0
4	1	2	2	2	2	1	1	1.5
5	2　2.0	1	2	1	2	1	2	2.0
6	2	1	2	2	1	2	1	3.0
7	2	2	1	1	2	2	1	2.5
8	2	2	1	2	1	1	2	2.0
极差分析 K_1	7.0	8.5	8.0	8.0	8.5	7.0	8.5	$K=\sum_{i=1}^{8}y_i=16.5$
极差分析 K_2	9.5	8.0	8.5	8.5	8.0	9.5	8.0	
极差分析 R_j	2.5	0.5	0.5	0.5	0.5	2.5	0.5	
极差分析 因子主次	A　$B\times C$　B　C							
极差分析 最优组合	A_2　B_1　C_2							

表头设计完成后，将安排因子的各列中的数码换成各列因子相应的水平，就得到试验方案。交互作用列中的数码只代表因子水平的不同，用于结果分析，而对试验方案的具体实施和试验条件的组成无影响。

四、试验结果的分析

考察交互作用时的极差分析与基本方法的区别主要有两点：

1.若交互作用占有不只一列，则取其多列的极差的平均值作为交互作用的极差，或者取其极差最大的一列为该交互作用的极差；把交互作用看作因子，根据极差大小确定主次顺序。

2.对于交互作用显著的因子，需通过二元表计算因子之间的不同搭配所对应的指标平均值，来确定因子的优水平。

例1-9的极差分析结果见表1-18。因子主次顺序为A，$B\times C$，B，C，交互作用$B\times C$对指标的作用超过B，C因子单独对指标的影响之和，因此，需通过二元表决定优水平搭配，如表1-19所示。在四种搭配中，搭配B_1C_2所对应的试验指标平均值最高为2.5，故最优组合为$A_2B_1C_2$。

表1-19　二元表

B因子 / C因子	B_1	B_2
C_1	$\frac{1}{2}(y_1+y_5)=1.75$	$\frac{1}{2}(y_3+y_7)=2.25$
C_2	$\frac{1}{2}(y_2+y_6)=2.50$	$\frac{1}{2}(y_4+y_8)=1.75$

必须强调，在交互作用显著的情况下，决不能只根据因子单独作用的效果确定优水平，而应考虑因素间的优搭配；否则，可能会导致错误结论。例1-9，根据二元表得到的优水平与根据B，C两列得到的优水平B_1C_2一致，这只是偶然的。

§1-7　不等水平的正交试验设计

在多因子试验中，常会遇到试验因子的水平数不相等的情况。其原因是：有些因子的水平个数为自然形成（自然水平），仅有确定的个数，这使少数因子的水平不能取成与多数的一致；有的因子受条件（如材料、温度、制作……）限制，不能多取水平；有些因子需要重点考察则多取水平，而有些因子已较为了解，则少取水平。这样就使试验因子间的水平数不相等。对于水平数不等的正交试验设计，常用方法有拟水平法和直接应用混合表设计两种，下面分别介绍。

一、拟水平法

拟水平法是对水平数较少的因子虚拟一个或几个水平，使其与标准正交表相应列的水平数相等。当少数因子的水平较少时，不易找到合适的混合型正交表，往往采用拟水平法，所虚拟的水平称为拟水平。

例1-10 包衣稻种动摩擦系数试验。为研制包衣稻种精密播种机，需要研究包衣稻种的动摩擦系数f_d。受稻种只有2个水平限制，需要进行$2×3^3$的四因子试验，其因子水平见表1-20。

表1-20 包衣稻种动摩擦系数试验因子水平表

因子 水平	A 稻种状态	B 含水量/%db	C 品种	D 摩擦材料
1	包衣	10	Ⅱ优838	钢板喷漆
2	未包衣	15	Ⅱ优多系57	钢板不喷漆
3	—	20	岗优22	PVC塑料

为研制包衣稻种精密播种机，需要了解包衣稻种的物理机械特性，动摩擦系数是特性之一。试验目的是研究影响包衣稻种动摩擦系数的主要因素及其影响程度，为设计播种机选择材料提供依据，而最优组合不是本研究追求的唯一目标。

如表1-20所示，因子B含水量、C品种、D摩擦材料都可以取3个水平，唯有稻种只有两种状态：包衣、未包衣，无法选取3个水平。对于$2×3^3$的四因子试验，若选用混合表$L_{18}(2×3^7)$，需作18次试验，空4列，试验效率较低；若对A因子稻种状态虚拟一个水平，采用$L_9(3^4)$安排试验，则只需作9次试验，试验效率高。

表1-21 例1-10 包衣稻种动摩擦系数试验方案与结果分析[11]*

		试验方案					试验结果
因子		A稻种状态		B含水量/%db	C品种	D摩擦材料	动摩擦系数 f_{di}
试验号 \ 列号		A	1	2	3	4	
1		1 包衣	1	1 10	1 Ⅱ优838	1 钢板喷漆	0.5132
2		1	1	2 15	2 Ⅱ优多系57	2 钢板不喷漆	0.5551
3		1	1	3 20	3 岗优22	3 PVC塑料	0.4006
4		2 未包衣	2	1	2	3	0.3665
5		2	2	2	3	1	0.5334
6		2	2	3	1	2	0.6263
7		1 包衣	3	1	3	2	0.5253
8		1	3	2	1	3	0.4397
9		1	3	3	2	1	0.5540
极差分析	k_{1j}	0.4980	0.4896	0.4683	0.5264	0.5335	$K=\sum_{i=1}^{9} f_{di}$ $=4.5141$
	k_{2j}	0.5087	0.5087	0.5094	0.4919	0.5689	
	k_{3j}		0.5063	0.5270	0.4864	0.4023	
	R_j	0.0107	0.0191	0.0586	0.0400	0.1666	
	因子主次	D B C A					
	最优组合	$A_1 B_1 C_3 D_3$					

*译文来源参考文献[11]：杨明金，杨玲，何培祥，李庆东.包衣稻种动摩擦系数试验研究[J].AMA,2003(1)

那么，A因子第3水平是用1水平“包衣”，还是2水平“未包衣”来虚拟呢？采用虚拟水平对正交性有什么影响？试验结果如何分析？

1. 虚拟水平的原则

(1)虚拟需要重点考察的水平;(2)虚拟估计试验效果较好的水平。

2. 虚拟水平局部破坏了正交表的正交性

如表1-21所示,从包衣稻种动摩擦系数试验方案可知,第1列A因子采用1水平虚拟3水平,使正交表主体第1列正交性被破坏,不同数码出现次数不同,“1”出现6次,“2”出现3次;第1列与其他列同一横行两数码组成的数对出现次数也不相同;第2~4列的正交性完整无损。

3. 拟水平试验结果的极差分析

拟水平法是采用等水平正交表进行试验设计,所以设计步骤与等水平的一般设计方法基本相同。但是拟水平法使拟水平列与其他列的正交性遭到局部破坏,给试验结果分析带来一定影响。

本试验结果处理时,因素A可按二水平因子处理,把1水平的数据和除以6化成水平均值,称为**拟水平化简**。即

$$k_{1A}=(y_1+y_2+y_3+y_7+y_8+y_9)/6=0.4980$$

$$k_{2A}=(y_4+y_5+y_6)/3=0.5087$$

然后计算极差R_j,再与其他因子比较判断因子主次。

也可以把A因子按3个水平处理,则试验结果应按等水平试验分析,此为**直接对比法**。由于A_1就是A_3,所以k_{11}应等于k_{31},但实际上往往不等,例如,$k_{11}=0.4896$,$k_{31}=0.5063$。其差值反映了拟水平试验的误差,所以对拟水平试验采用方差分析较好。

例1-11 酸洗试验。一个2×3^3的四因素试验,其因子水平如表1-22所示。因子C洗涤剂,因当时条件限制,只能取2个水平。对C因子虚拟一个水平,采用$L_9(3^4)$安排试验。

表1-22 例1-11 酸洗试验因子水平表

水平\因子	A $H_2SO_4/g\cdot L^{-1}$	B $CH_4N_2S/g\cdot L^{-1}$	C 洗涤剂/$g\cdot L^{-1}$	D 槽温/℃
1	300	12	OP牌	60
2	200	4	海鸥牌	70
3	250	8	—	80

如表3-4所示,C因子安排在第1列,3水平采用C_2虚拟,同样,拟水平法使拟水平列与其他列的正交性遭到局部破坏。拟水平列试验结果处理采用例1-10相同的方法。

(1)拟水平化简

$$k_{1C}=(y_1+y_2+y_3)/3=58.67$$

$$k_{2C}=(y_4+y_5+y_6+y_7+y_8+y_9)/6=49.5$$

$$R_C=9.17$$

(2)直接对比法

$$k_{11}=(y_1+y_2+y_3)/3=58.67$$

$$k_{21}=(y_4+y_5+y_6)/3=51$$

$$k_{31}=(y_7+y_8+y_9)/3=48$$

$$R_1=10.67$$

根据极差R_C或R_1与其他因子比较判断因子主次。

同样，虽然C_2与C_3的水平值相同，但$K_{21} \neq K_{31}$，其差值反映了拟水平试验误差的大小，所以，对拟水平试验采用方差分析较好。例1-11的方差分析部分见表3-4。

二、直接应用混合表设计法

当个别因子水平较多，且因子间无交互作用时，可直接选用混合型正交表进行试验设计。

例1-12 化工厂产品生产试验为4×2^3因子试验，因子水平如表1-23所示。因子A为原料，需要重点考察，则取4个水平。由因子水平表可知，选用混合表$L_8(4 \times 2^4)$最合适。

表1-23 化工试验因子水平表

因子 / 水平	A 原料	B 反应温度/℃	C 反应压力/0.1MPa	D 辅料量/kg
1	甲	50	1.5	1.0
2	乙	100	2.0	1.5
3	丙			
4	丁			

表头设计时，A因子只能排在第1列，而B，C，D三个因子可以任意排在其他列上。对试验结果的极差分析见表1-24。需要指出：

1. 计算水平均值k_{ij}时，应以各列的实际水平数为准。例如

$$k_{i1} = K_{i1}/r_1 \quad (i=1,2,3,4)$$
$$k_{ij} = K_{ij}/r_j \quad (i=1,2;j=2,3,4) \tag{1-32}$$

式中$r_1=2$，$r_j=4$分别为第1列和其他列因子的水平重复数。

2. 由于各因子水平不等，水平隐藏重复次数不同，水平的取值范围也有差异，这对极差R的大小有些影响，因为各因子的数据总和虽然相同，但组成数据总和K的水平数据和K_{ij}的个数不同。

因子的水平数多会使水平均值的极差大于该因子水平数少时的极差。按此观点，在表3-4例1-11的极差分析中，虽然C因子极差R_C小于A因子极差R_A，但是，因为C因子水平数为2，少于A因子，则可以定性认为A，C两因子重要性相同。

如何确定不等水平正交试验的因子主次成为20世纪70年代研究的热点之一。从定性分析到定量分析经历了近10年，1978年中国科学院数学所方开泰教授发表了定量解决此问题的折算极差法[7]。该方法有两个重要的折算公式

（1）水平均值极差R_j的折算公式

$$R_j' = \sqrt{r_j} \cdot d_{m_j} \cdot R_j \tag{1-33}$$

（2）水平数据和极差$R_j(K)$的折算公式

$$R_j'(\mathrm{K}) = \frac{1}{\sqrt{r_j}} \cdot d_{m_j} \cdot R_j(\mathrm{K}) \tag{1-34}$$

式中 R_j 和 $R_j(K)$ 分别为正交表第 j 列水平均值极差和水平数据和极差；R'_j 和 $R'_j(K)$ 分别为 R_j 和 $R_j(K)$ 的折算极差值；r_j 为第 j 列水平复重数；m_j 为第 j 列水平数；d_{m_j} 为对应 m_j 水平的折算系数。

折算系数 d_{m_j} 实现了不等水平对极差的影响从定性分析到定量分析的转变。由表1-25知，随着水平数增加，折算系数 d_{m_j} 减小。对于不等水平的正交试验，采用折算极差值比较因子主次。

表1-24　例1-12 化工试验 $L_8(4\times2^4)$

	试验方案					试验结果
因子	A 原料	B 反应温度/℃	C 反应压力/0.1MPa	D 辅料量/kg		炉产量/kg
试验号＼列号	1	2	3	4	5	y_i
1	1　甲	1　50	1　1.5	1　1.0	1	1108
2	1	2　100	2　2.0	2　1.5	2	1110
3	2　乙	1	1	2	2	1132
4	2	2	2	1	1	1099
5	3　丙	1	2	1	2	1175
6	3	2	1	2	1	1117
7	4　丁	1	2	2	1	1153
8	4	2	1	1	2	1174
极差分析 K_1	2218	4568	4531	4556	4477	$K=\sum y_i$
K_2	2231	4500	4537	4512	4591	$=9068$
K_3	2327					
K_4	2292					
$R_j(K)$	109.0	68.0	6.0	44.0	114.0	
k_1	1109.0	1142.0	1132.8	1139.0	1119.3	
k_2	1115.5	1125.0	1134.3	1128.0	1147.8	
k_3	1163.5					
k_4	1146.0					
R_j	54.5	17.0	1.5	11.0	28.5	
因子主次	A　B　D　C					
最优组合	$A_4\ B_1\ C_2\ D_1$					

表1-25　不等水平极差折算系数[7,9]

水平数 m_j	2	3	4	5	6	7	8	9	10
折算系数 d_{m_j}	0.71	0.52	0.45	0.40	0.37	0.35	0.34	0.32	0.31
$\sqrt{m_j}d_{m_j}$	1.004	0.901	0.900	0.894	0.906	0926	0.962	0.960	0.980

1979年西南农业大学袁振邦教授与另一学者俭济斌在对式(1–34)认真分析后,提出了奇妙的发现[9]:将 $r_j = n/m_j$ 代入式(1–34)有

$$R'_j(K) = \frac{1}{\sqrt{n}}\sqrt{m_j}\cdot d_{m_j}\cdot R_j(K) \tag{1–35}$$

式中 $1/\sqrt{n}$ 对于各列相同, $\sqrt{m_j}\,d_{m_j}$ 为新的折算系数,将其列入表1–25中的第3行。

从新折算系数 $\sqrt{m_j}\,d_{m_j}$ 发现:随着水平数变化,折算系数变化范围约为0.9~1.0,变化幅度约为0.1,即水平数不同对水平数据和的极差影响不大。袁振邦教授总结到:(1)不仅水平数相同的试验可以用水平数据和的极差 $R_j(K)$ 来评定因子主次,对水平数不同的试验也可以直接采用水平数据和极差 $R_j(K)$ 来评定因子主次;(2)对于不等水平试验的水平数据和极差 $R_j(K)$,2水平列乘以1.1,其他列极差乘以1.0(不变),或者,2水平列乘以1.0(不变),其他列极差乘以0.9,再相互比较因子主次。此被同行称为**袁氏定理**。

通过本章的分析,可对以下问题做总结:

(一)选择因子水平的原则

合理选择因子,正确确定因子水平是试验能否成功的关键,这与试验设计者的专业水平和实际经验有关。在没把握时,可以做些预备性单因子试验,还应考虑以下原则。

1. 选择因子时应考虑的原则

(1)选择的因子应是可控的,可测的;

(2)一定要选上主要因子;

(3)与正交表统筹考虑,先确定因子,后确定交互作用;

(4)考虑试验付出的代价与所获价值在经济上是否可行;

(5)对多指标试验,选择因子要顾及多个指标的需要。

2. 确定因子水平应考虑的原则

(1)选择水平的范围应取在能使指标进一步提高或降低的范围内,不可取变化范围的边界值;

(2)当经验不足时,可把水平的范围取大一些,以免漏掉适用水平;

(3)水平范围应取在安全生产、经济可行、有实际意义的范围内;

(4)多水平试验容易选出优水平,看清变化趋势,但会使试验次数增加,故一般选3~4水平;

(5)各因子尽可能取相同水平数,做等水平试验;

(6)对于详加考察的因子,可多选水平,次要因子少选水平;

(7)水平间隔不宜太小,否则,不易区别各水平对指标的影响,特别是首次试验研究,间隔应大些,水平间距相等较好。

(二)最优组合的相对意义

所谓最优组合不是绝对的,而是相对以下几种情况的最优。

1. 相对于同样次数的其他试验;

2. 相对于同样的试验指标,同样的因子水平选择。

在试验结果的分析中,获得最优组合的情况有四种:

1. 只做了正交试验中的部分试验就已经得到满意效果,指标观测值达到了要求;

2. 结果分析所得最优组合与表中最优一致,而且结果满意;

3. 结果分析所得最优组合与表中最优不一致,但表中最优已使指标达到要求,这种情况最为普遍,需对最优工程平均进行验证试验,试验结果有两种可能:

(1)最优工程平均得到验证,则最优组合可以应用;

(2)验证结果与最优工程平均不吻合,也就是说试验没有取得需要的结果,需分析失败的原因,一般有以下几种原因:

①可能漏掉了很重要的因子;

②可能某些因子间显著的交互作用未考虑到;

③试验条件控制不一致,发生变化;

④记录、统计工作有粗差。

若原因出在①②上,那么再做较大范围的试验,就很有可能使该试验取得突破性成功。

4. 结果分析所得最优组合与表中最优不一致,而且二者均未达到指标要求,那么除了存在与"3"相同的不足外,可能因子水平选偏了,属于专业知识方面的问题,试验方案需重新制定。

思考题与习题

1. 如何理解正交试验设计的正交性?

2. 按附录Ⅷ指南练习正交设计数据处理。

3. 正交表综合可比性的实质是什么?

4. 综合加权评分法是如何将多指标转化为相同数量级的无量纲参数的?

5. 什么类型的正交表可以用于考察因子之间的交互作用?

6. 设有3个2水平因子B,C,D,要求考察交互作用$B\times C$,$C\times D$,试完成表头设计。

7. 如何理解袁振邦在分析不等水平影响的过程中的奇妙发现?

8. 在纸折飞机和"吹肥皂泡"趣味试验中,为什么有时会出现空列极差大于因子列极差?

9. 以纸折飞机或"吹肥皂泡"趣味试验为例,说明如何进行重复试验和重复取样试验。

10. 使用Excel计算附录Ⅷ的练习二,注意练习:(1)显示设计,能够正确显示试验分析表;(2)函数应用,能够应用Excel内设函数,例如,应用sumif计算水平数据和,应用max( )-min( )计算极差,充分利用拖动功能;(3)绘图功能,能够绘制因子指标图。

第二章 随机区组试验设计

§2-1 试验干扰与区组

在试验过程中，各种条件因素的影响使任何一个试验数据都会含有随机误差ε。误差的大小决定着试验数据的精度，直接影响试验结果分析的可靠性。

在第一章中主要介绍了基本条件下以及考察交互作用、多指标试验情况下减少试验次数的正交试验设计方法，本章将介绍试验设计的第二个必要性，如何控制试验条件干扰。对于一般的试验误差可以应用第一章的试验设计方法，采用极差分析，忽略误差的影响；或者采用方差分析，找出误差，并考虑其影响程度。但是，如果试验中的干扰严重影响试验数据的精度，则需采用另一种试验设计方法来克服干扰的影响。

所谓**干扰**，是指那些可能对试验结果产生较大影响，但在试验中未加考察，也未加精确控制的条件因素。它使各次试验的试验条件存在较大差异，例如试验场所和试验材质不均，试验操作人员和仪器设备的不同，试验环境、气候条件和时间的差异和变化等。这些干扰的影响是随机的，有些事先无法估计，试验过程中无法控制。试验结果中试验因子与干扰影响混杂在一起，难以分清试验因子对指标的影响状况。为保证试验结果的精度和可比性，控制试验条件基本均匀一致，控制干扰对试验结果的影响是关键，随机区组试验设计的目的就在于此。

所谓**区组**，是指人为划分的试验时间、空间、设备和人员的范围。任何试验都是在一定的时空范围内进行，试验号越大，需要的时空范围越大，试验条件之间的差异就越大；反之，试验时空范围越小，试验条件越均匀。因此，可以通过划分区组，缩小试验的时空范围，创造尽可能均匀的试验条件，来有效控制试验误差。例如，地块大，土壤湿度、坚实度的差异就大，这对机器的行走机构试验影响较大，如果把地块分成若干个土壤条件基本相同的小区，并在小区上安排试验，就可较好地避免试验因子与土壤条件干扰的混杂。把土壤条件基本相同的小区划为一组，即为**区组**。如果在试验过程中，更换使用不同精度的仪器设备以及操作人员技术水平熟练程度差距大，会影响试验结果，也可以把它们划分成区组，这种采用划分区组来安排试验，以分开或消除干扰的方法，称为**区组设计**。

§2-2 单向干扰控制的区组设计

单向干扰实际上是指试验中形成干扰的仅有一个条件因素。控制单向干扰的方法较多，但它们都遵循设置区组，重复试验和随机化措施三个基本原则。本节介绍用正交表安排的随机完全区组设计和随机不完全区组设计。

一、随机完全区组试验设计

在划分的几个区组内(一般2~3个),正交表中的全部试验号(处理组合)分别重复、随机地安排在每个区组内的各个试验小区中,这种设计称为**随机完全区组设计**。这样可使试验条件基本一致。

随机完全区组设计具有四个特点:

1. 每个区组都随机安排正交表的全部试验号,即所谓随机完全区组;
2. 区组个数等于试验重复数,即多一个区组,就使每一号试验多一次重复;
3. 适宜安排试验号较少的试验,一般试验次数为4,最多不超过8~9,否则会使同一区组的时空范围增大,造成试验条件的差异增大,试验次数过多;
4. 控制干扰不占正交表列,不影响部分实施大小。

例2-1 水田收获机械行走性能的试验。试验方案如表2-1所示,试验的目的是研究探索行走阻力较小的行走机构。

表2-1 收获机械行走性能的试验方案

试验号 \ 因子	1 *A* 接地压力/kg·cm^{-2}	2 *B* 履带板型式	3 *C* 重心位置
1	1 0.18	1 大	1 中
2	1	2 小	2 中前
3	2 0.21	1	2
4	2	2	1

通过对试验地(水稻田)的调查,发现土壤坚实度横向不均,左边松软,右边坚实,其变化趋势如图2-1所示。

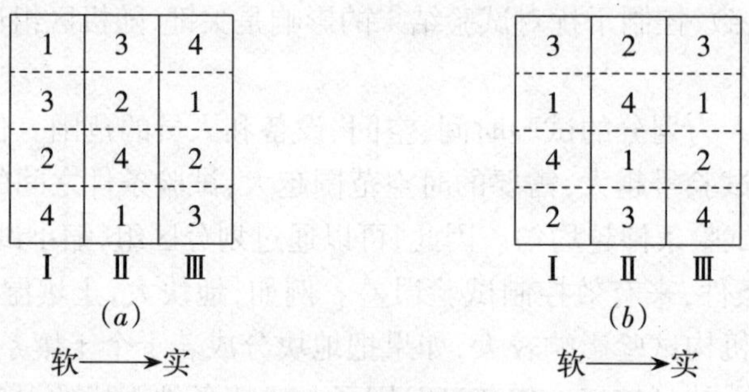

图2-1 随机完全区组试验田间排列示意图

若不消除土壤坚实度对试验指标的影响,就会使试验因子与土壤条件对指标的作用发生混杂。为避免混杂,按土壤坚实度变化方向把试验地划分为三个区组Ⅰ、Ⅱ、Ⅲ,每个区组分成4个小区,用以随机安排表2-1所示的全部4个试验号,3个区组即为3次重复试验,如图2-1(*a*)所示。可以认为同一区组内,土壤坚实度条件基本一致,而图2-1(*a*)所示的试验号完全随机排列可以进一步帮助消除试验条件的差异,使各号试验在基本均匀一致的条件下进行。

值得注意的是完全随机排列有时会增加更换水平的次数,如本例更换*B*因子(履带板型式)的水平就比较困难,若更换次数多,势必导致试验时间拖长,对保证试验条件的均匀不利。对此,可以采取部分随机排列的方式,即在随机排列试验次序的基础上,加上人为的某些意识,以减少水平更换次数。如图2-1(b)所示,其试验顺序是:区组Ⅰ 3→1→4→2→区组Ⅱ 2→4→1→3→区组Ⅲ 3→1→2→4。这样既可使试验的时间缩短,也可使各号试验在区组内排列的随机性较好。随机完全区组试验的结果分析较简单,只需将重复试验结果取其平均值,消除干扰,再作分析。

必须指出,因是重复试验,随机完全区组设计使试验次数成倍增加,不适宜大号正交表。随机不完全区组设计克服了这一局限,应用较广泛。

二、随机不完全区组设计

一个区组只随机地安排正交表中的部分试验号的区组设计,即为随机不完全区组设计。具体地讲,就是把试验条件设置成区组,作为一个因子排在正交表的一个列号上,此列称为区组列。按区组列的水平数设置区组的个数(水平数=区组数);取区组号与水平号相同,一个区组内的小区数与区组列的水平重复数相同;区组列同一水平对应的各号试验,随机地安排在相应的区组内。这样各区组只包含部分试验号(不完全区组),而各区组所含试验号之和为正交表全部试验号。随机不完全区组设计不能保证试验条件基本均匀一致,但能够通过分析计算,把试验条件对指标的影响扣除。

具体划分区组时,对于标准正交表可以任选一列作为区组列;对于混合表,通常选多水平列作为区组列,下面以例2-2做具体说明。

例2-2 行走机构试验。试验条件与例2-1相同,选取三因子三水平,选用$L_9(3^4)$安排试验,因试验号较大,故采用随机不完全区组设计。

表2-2是行走机构试验方案及其结果,对照正交表进行随机不完全区组设计。把土壤坚实度的差异设置成区组排在第4列上,则第4列为区组列。根据区组列的水平数为3及土壤坚实度差异,把试验划分为3个区组(水平数3=区组数3);区组列各水平重复3次,则相应把每个区组分成3个小区(水平重复数3=小区数3);区组列同一水平对应的各号试验随机安排在相应的区组内,则区组Ⅰ安排1,5,9,区组Ⅱ为2,6,7号,区组Ⅲ为3,4,8号试验;它们在区组内的安排可以采取完全随机排列,见图2-2(a)所示;也可采取部分随机排列,减少水平更换次数,见图2-1(b)所示。

由图2-2可知,3个区组的试验号之和为正交表的全部9次试验。若要做重复试验,需将各区组内的试验号重新随机排列,再做试验,并对试验结果求和取平均值分析。

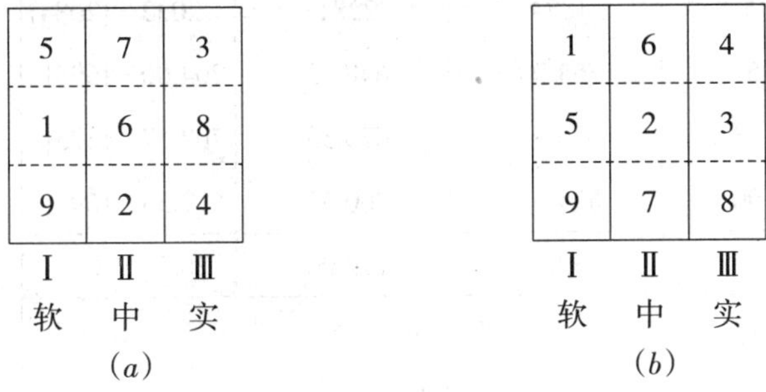

图2-2 随机不完全区组排列示意图

由图2-2还可知道，虽然区组内的土壤条件基本一致，但区组间的土壤条件有较大差异，也就是说，所有试验并非在基本均匀的条件下进行。由于区组列被当作因子看待，所以区组间的条件差异可以看成是区组列水平变化所致。这种差异必然会反映到试验结果的观测值中，因此必须通过统计分析，对观测值进行矫正，扣除区组间土壤条件差异对指标的干扰。

矫正试验指标观测值需利用试验数据结构式，由第一章第三节的式（1-22）可知，$L_9(3^4)$正交表试验数据结构式为：

$$y_t = \mu + a_i + b_j + c_k + d_v + \varepsilon_t$$

式中d_v为区组效应，即区组列D第v水平的水平效应（v=1，2，3）；y_t为第t号试验的指标观测值（t=1，2，…，9）。

表2-2　例2-2　行走机构试验方案及结果

	试验方案				试验结果	
因子	A接地压力/kg·cm^{-2}	B履带板型式	C重心位置	D区组	行走阻力/kg	
试验号＼列号	1	2	3	4	y_t	$[y_t]$
1	1　0.18	1　大	1　中	1	681	[671.66]
2	1	2　中	2　前	2	638	[630.00]
3	1	3　小	3　后	3	627	[644.33]
4	2　0.24	1	2	3	773	[790.33]
5	2	2	3	1	816	[806.66]
6	2	3	1	2	632	[624.00]
7	3　0.21	1	3	2	838	[830.00]
8	3	2	1	3	632	[649.33]
9	3	3	2	1	615	[605.66]
极差分析 K_{1j}	1946	2292	1945	2112　[2084]	K=6252	K=[6252]
K_{2j}	2221	2086	2026	2108　[2084]		
K_{3j}	2085	1874	2281	2032　[2084]	$\mu=\sum_{t=1}^{9} y_t=694.66$	
k_{1j}	648.67	764.00	648.33	704.00　[695]		
k_{2j}	740.33	695.33	675.33	702.67　[695]		
k_{3j}	695.00	624.67	760.33	677.33　[695]		
$R_j(K)$	91.67	139.33	112.00	26.67　[0]		
因子主次	B　C　A					
最优组合	$A_1B_3C_1$					

要从指标观测值中扣除区组间条件差异的影响，就必须让观测值减去区组效应。即

$$y_t - d_v = \mu + a_i + b_j + c_k + \varepsilon_t$$

因此，试验结果矫正值 $[y_t]$ 为

$$[y_t] = y_t - d_v \tag{2-1}$$

表2-2是行走机构试验方案及其结果分析，对照表2-2介绍计算矫正值 $[y_t]$ 的具体步骤。

1. 求总平均 μ

全部试验指标观测值求和取平均值，$\mu = \frac{1}{n}\sum_{t=1}^{n} y_t$，本例 μ=694.66；

2. 计算区组效应 d_v

依据观测值计算区组列的水平数据和 K_v、水平均值 k_v 和区组效应 d_v。

$$d_v = k_v - \mu \tag{2-2}$$

3. 计算矫正值 $[y_t]$

各试验号的试验观测值减去所在区组的区组效应，即得到矫正值。在例2-2中，区组Ⅰ中的1，5，9号试验结果分别减去 d_1；区组Ⅱ中的2，6，7号试验分别减去 d_2；区组Ⅲ中的3，4，8号试验分别减去 d_3；详见表2-3。

表2-3　区组效应及试验结果矫正值（μ = 694.66）

区组	试验号观测值	k_v	$d_v = k_v - \mu$	矫正值 $[y_t] = y_t - d_v$
Ⅰ	1　681 5　816 9　615	704.00	d_1 = 9.32	1　671.66 5　806.66 9　605.66
Ⅱ	2　638 6　632 7　838	702.67	d_2 = 8.01	2　630 6　624 7　830
Ⅲ	3　627 4　773 8　632	677.33	d_2 = −17.33	3　644.33 4　790.33 8　649.33

然后再按矫正值进行结果分析，详见表2-2，例2-2。从例2-2的极差分析中可以看出，当采用矫正值进行计算时，区组列的极差为0，这说明土壤条件的差异被扣除了。

§2-3　双向干扰控制的区组设计

双向干扰，是指在一项试验中，同时存在两种必须控制的干扰。例如在试验的时间、空间、人员、仪器和设备等产生的干扰中，同时有两个需要控制就是双向干扰。另外，在试验空间中，两个方向的较大差异也是双向干扰问题。如试验地块两个方向土质不均，板料试件双向材质不均等。控制双向干扰的方法通常是利用正交表进行随机不完全区组设计。

采用随机不完全区组设计控制双向干扰时，需占正交表两列，即需设置两个区组列。两方向均为不完全区组设计，而且两方向的区组数不一定相同。若利用等水平表设计，两方向区组数等于水平数，每个区组内安排的试验号数等于区组列水平重复数；但若利用混合表设计，如选用正交表$L_8(4\times2^4)$的四水平列和任一个二水平列作为区组列，则两方向区组数及区组内的处理组合数都不相同，若一个方向为四个区组，每个区组安排两个试验号，则另一个方向为两个区组，每个区组安排四个试验号。可见双向干扰控制的随机不完全区组设计较复杂，一般要求列出双向干扰控制表。

例2-3 越野汽车非路面的通过性试验。重点考察轮胎的结构参数和工作参数，试验的因子水平如表2-4所示，交互作用均可忽略，试验指标为滑转率δ。

表2-4 汽车通过性能试验因子水平表

因子 / 水平	A轮胎胎纹	B轮胎气压/$\times10^5$Pa	C轮胎载荷/t	D 轮胎宽度/mm
1	越野Ⅰ	3.5	1.0	254
2	越野Ⅱ	4.5	1.5	248

试验在室外进行，为了避免环境、气候条件的变化对试验的可能影响，拟用两台同型号车、两组试验人员同时进行试验，以缩短试验时间。

考察试验场地发现，各处坚实度有差异，会形成试验干扰。此外尽管两台试验车为同一型号，测试仪器一样，试验人员技术水平差异不大，但这两台车包括车上仪器和试验操作人员，仍可能造成试验条件的较大差异而形成试验干扰。因此，应对这两种干扰进行控制，并用G_1表示越野车、仪器及操作人员，G_2表示试验场地的地面坚实度。

在选择正交表设计试验方案时，既要考虑把干扰当作因素，又要考虑到为干扰所设的区组数要适当。在表头设计时，先排因子，后排干扰，并尽可能使水平更换困难的因子减少水平更换次数。

本例选用正交表$L_8(2^7)$安排试验，先把因子排在1，2，3，4列，而干扰可随意排在其余三列的任两列上。但考虑到因子A和D更换水平较困难，为减少更换次数，G_1应排在第5列上，G_2排在第6列上，见表2-5，例2-3所示。

试验方案编制好后，还应列出双向干扰控制表，将正交表中两区组列各水平的不同组合所对应的试验号进行分组，并分别放到G_1和G_2的二元表中的相应位置上，就形成双干扰控制表，如表2-6所示。此表是进行试验的具体依据，直观、形象，便于实施和控制，也便对指标观测值进行双向矫正。

表2-6中的箭头表示各号试验的顺序，如在G_1中的区组Ⅰ内第一辆车的试验顺序为①→③→⑥→⑧。这样①③号试验之间，⑥⑧号试验之间，就不用更换A，D因子的水平了，G_1安排在第5列上的好处就在于此。但应注意①⑧号试验和③⑥号试验应分别在试验场地的区组Ⅰ和区组Ⅱ内实施。

若重复试验一次，就要再实施表2-6一次，并改变试验顺序。

试验结果分析时，应先在双向干扰控制表上，对试验指标值进行双向矫正，即首先消除双向干扰的影响。

表2-5 例2-3 汽车通过性试验

试验方案								试验结果	
因 子	*A*轮胎胎纹	*B*胎压/×10^5Pa	*C*载荷/t	*D*轮宽/mm	G_1	G_2		滑转率δ /%	
列号 / 试验号	1	2	3	4	5	6	7	y_i	$[y_i]$
1	1 越野Ⅰ	1 3.5	1 1.0	1 254	1	1	1	2.0	1.7
2	1	1	1	2 248	2	2	2	1.5	1.8
3	1	2 4.5	2 1.5	1	1	2	2	4.0	4.1
4	1	2	2	2	2	1	1	3.6	4.4
5	2 越野Ⅱ	1	2	1	2	1	2	4.2	5.0
6	2	1	2	2	1	2	1	6.1	5.3
7	2	2	1	1	2	2	1	3.1	3.4
8	2	2	1	2	1	1	2	3.8	3.5
极差分析 K_1	12.0	13.8	10.4	14.2	16.8	13.6	14.8	$K=\sum_{i=1}^{8} y_i = 29.2$	
K_2	17.2	15.4	18.8	15.0	12.4	15.6	14.4		
k_1	3.00	3.45	2.60	3.55	4.20	3.40	3.70	μ=3.65	
k_2	4.30	3.85	4.70	3.75	3.10	3.90	3.60		
R_j	1.3	0.4	2.1	0.2	1.1	0.5	0.1		
因子主次	*C A* G_1 G_2 *B D*								
最优组合	C_1 A_1 B_1 D_1								

表2-6 双向干扰控制表及指标矫正

G_2 \ G_1		G_1车辆 Ⅰ				G_1车辆 Ⅱ				K_{2j}	k_{2j}	g_{2j}
G_2 场地	Ⅰ	① ↓	y_1 2.0 [1.7]	⑧ ↑	y_8 3.8 [3.5]	④ ↓	y_4 3.6 [4.4]	⑤ ↑	y_5 4.2 [5.0]	13.6	3.4	−0.25
	Ⅱ	③ y_3	→ 4.9 [4.1]	⑥ y_6	6.1 [5.3]	② y_2	→ 1.5 [1.8]	⑦ y_7	3.1 [3.4]	15.6	3.9	0.25
K_{1j}		16.8				12.4				*K*= 29.2		
k_{1j}		4.2				3.1				μ= 3.65		
g_{1j}		0.55				−0.55						

如表2-6所示，表中方括号内数字为试验指标矫正值，具体计算方法是：

1. 计算试验数据总平均μ=3.65；

2. 计算两区组列各区组（水平）所对应的试验指标和（水平数据和）K_{1j}，K_{2j}及其平均值k_{1j}，k_{2j}。例如，区组列G_1第Ⅰ区组（1水平）对应的试验指标之和$K_{1\text{I}}$为该区组内所有试验指标之和，即

$$K_{1\text{I}}=y_1+y_3+y_6+y_8=16.8$$

水平均值

$$k_{1\text{I}}=K_{1\text{I}}/4=4.2$$

区组列G_2第Ⅱ区组（2水平）对应的试验指标之和$K_{2\text{II}}$为

$$K_{2\text{II}}=y_3+y_6+y_2+y_7=15.6$$

水平均值

$$k_{2\text{II}}=K_{2\text{II}}/4=3.9$$

3. 计算区组效应g_{1j}，g_{2j}。

区组效应等于各区组对应试验指标平均值k_{1j}，k_{2j}与总平均μ之差。

例如，区组列G_1第Ⅱ区组效应为

$$g_{1\text{II}}=k_{1\text{II}}-\mu=3.10-3.65=-0.55$$

区组列G_2第Ⅰ区组的区组效应为

$$g_{2\text{I}}=k_{2\text{I}}-\mu=3.40-3.65=-0.25$$

4. 计算矫正值$[y_i]$

将试验指标观测值减去区组列G_1和G_2分别对应的区组效应g_{1j}，g_{2j}。

例如

$$[y_1]=y_1-g_{1\text{I}}-g_{2\text{I}}=2.0-0.55+0.25=1.7$$

$$[y_4]=y_4-g_{1\text{II}}-g_{2\text{I}}=3.6+0.55+0.25=4.4$$

将$[y_i]$的计算结果填入双向干扰控制表相应位置上。由区组效应可知，试验车辆与试验场地对试验指标都有干扰，试验车辆干扰更大些。

最后，将矫正值填入试验结果分析表中，进行极差分析，如表2-6，例2-3所示。

思考题与习题

1. 什么是试验的干扰？区组就是田块吗？
2. 为什么随机完全区组设计只适合试验次数少的试验？
3. 随机不完全区组设计如何控制试验条件的差异？
4. 如何将随机不完全区组设计思想用于社会经济领域？

第三章　试验设计的方差分析

§3-1　极差分析与方差分析比较

一、极差分析

前两章介绍了试验结果的极差分析。极差分析法直观形象，简单易懂，容易掌握，通过非常简便的计算和判断就可求得试验的优化结果，即影响试验指标的因子主次、优水平、优搭配及最优组合。但是，实际上任何试验都不可避免地存在误差，而极差分析不能估计试验中及试验数据的测定中必然存在的误差大小，也不能分析误差，因此无法进一步区分试验数据的波动，究竟是由因子水平变动引起的，还是由试验误差造成的；或者有多少是由因子水平变动引起的，有多少是试验误差造成的。

极差分析虽然能分清因子主次，但不能给出一个标准，来判断被考察因子对指标的作用效果是否显著及其显著程度如何。在试验误差比较小，试验精度要求一般的场合，在筛选因素的初步试验中，极差分析法对于寻求生产条件的最佳工艺、最优配方以及确定进一步试验研究方向，都能比较满意迅速地达到一般试验要求。但当试验误差比较大或者对试验精度要求较高的情况下，若仅用极差分析法分析试验结果就难以保证获得较为准确的结论，而有必要采用方差分析法。

二、方差分析

设有一组相互独立的试验数据

$$y_1, y_2, \cdots, y_n$$

其平均值为

$$\bar{y} = \frac{1}{n}\sum_{i=1}^{n} y_i$$

其差值

$$(y_i - \bar{y}) \quad (i=1,2,\cdots,n)$$

称为这组数据的离差，也叫偏差或变差。由于离差之和为0，即

$$\sum_{i=1}^{n}(y_i - \bar{y}) = 0 \quad (i=1,2,\cdots,n)$$

所以，离差的大小通常用样本方差来衡量。

$$\hat{\sigma}^2 = S/f$$

式中 $\hat{\sigma}^2$ 为样本方差的估计值；S 为数据组y_i的离差平方和；f为离差平方和S的自由度。

离差平方和的定义式为

$$S=\sum_{i=1}^{n}(y_i-\bar{y})^2$$

根据平均数的特性，只有平均数 $\bar{y}$ 与y_i所构成的离差平方和为最小，即 $\bar{y}$ 与y_i最接近，最能代表数据y_i $(i=1,2,\cdots,n)$。

方差σ^2就是离差平方和的均值，称为平均离差平方和 $\bar{S}$ 。它的大小反映了数据的离散程度，是衡量试验条件稳定性的一个重要标尺。

方差分析法利用数据的平均离差平方和可以在试验指标数据的总波动中，将属于因子水平变化所引起的指标波动和属于误差所造成的指标波动区分开，也就是在试验数据的总方差中，将试验因子和交互作用引起的方差与试验误差产生的方差区分开，并对两类方差进行分析比较，参照一定标准，判断试验数据的总方差主要是由因子水平变化引起的还是误差产生的。

方差分析法是根据费歇尔(Fisher)离差平方和加和性原则，在离差平方和分解的基础上，借助于F检验法，对影响总离差平方和的各因子效应、交互效应、误差进行分析、比较的一种统计分析方法。

方差分析主要解决以下问题：分析各因子水平的变化和误差各自对试验指标的影响，并将它们进行对比，以判断试验因子及交互作用的主次与显著性；给出所做结论的置信度；确定最优组合及其置信区间。

方差分析的一般步骤是：

1. 由试验数据计算各项离差平方和及相应的自由度，并计算出各项方差估计值即平均离差平方和；
2. 计算并确定试验误差的平均离差平方和；
3. 计算检验统计量F值，给定显著性水平α，将F值与其临界值 F_α 进行比较；
4. 为简明起见，将方差分析过程与结果列成方差分析表。

综上所述，方差分析计算较复杂，计算量较大。为此，过去常采用数据简化的方法。

(1)将每个数据减(加)去同一个数a，离差平方和S不变；

(2)将每个数据乘(除)以同一个不为零的数b，相应的离差平方和S扩大(缩小)b^2倍。

不过，在高性能计算机普及的条件下，这些数据简化方法对于简化计算、缩短计算时间，已经或正在失去实际意义，建议不必再简化试验数据。作者在编著教材过程中，对例题中过去简化的数据进行了还原，使其更加清晰明了。

§3-2　单因子试验方差分析

通过单因子试验的方差分析较容易说明方差分析的思想方法和F检验的步骤，由此推广到多因子正交试验的方差分析。

例3-1　纤维收缩率试验。试验只考察温度A对纤维收缩率的影响是否显著，若认为影响显著，把握多大，多少温度合适。此为单因子试验，需要做重复试验才能够进行方差分析，为此重复3次试验。试验结果如表3-1所示。

表3-1 纤维收缩率试验

试验号＼水平	A_1 30℃	A_2 40℃
1	$y_{11}=75$	$y_{21}=89$
2	$y_{12}=78$	$y_{22}=66$
3	$y_{13}=63$	$y_{23}=91$
水平均值	$\bar{y}_1=72$	$\bar{y}_2=82$
总平均	$\bar{y}=77$	

从试验结果看，对指标收缩率的影响来自因子水平效应和误差两个方面，但不能确定二者谁占主要，因而需采用方差分析。

一、误差分析

纤维收缩率试验是只改变温度，其他条件保持不变的单因子试验。对于同一温度水平，重复试验的结果应该相等。然而表3-1的数据说明，在同一水平下3次重复试验的收缩率均不相等，这说明存在试验误差，误差分析就是要对误差进行估计。

根据试验数据最简单结构式(1-11)，任何一个试验数据都可以表示为

$$y_{ij}=U_i+\varepsilon_{ij}\qquad (i=1,2,\cdots,m;j=1,2,\cdots,t)$$

式中y_{ij}为i水平第j次重复试验指标值，ε_{ij}为相应误差；U_i为i水平下试验指标理论值，通常用平均值表示。则

$$\varepsilon_{ij}=y_{ij}-U_i$$

其中U_i可用i水平重复试验数据的均值来估计，即

$$U_i=\frac{1}{r}\sum_{j=1}^{r}y_{ij}=\bar{y}_i$$

式中r为i水平重复试验次数(水平重复数)。

于是，A_1水平下3次重复试验的误差分别为

$$\varepsilon_{11}=y_{11}-\bar{y}_1=75-72=3$$
$$\varepsilon_{12}=y_{12}-\bar{y}_1=78-72=6$$
$$\varepsilon_{13}=y_{13}-\bar{y}_1=63-72=-9$$

可见，误差的离差有正有负，要避免误差求和时，正负抵消，离差和为0，需采用误差的离差平方和来估计误差的大小，即

$$S_1=\sum_{j=1}^{3}(y_{1j}-\bar{y}_1)^2=126$$

A_1的误差离差平方和S_1反映了A_1条件下，误差引起的数据波动，用同样的方法可以计算出A_2条件下，误差的离差平方和S_2

$$S_2=\sum_{j=1}^{3}(y_{2j}-\bar{y}_2)^2=386$$

把S_1与S_2相加可得到整个试验中，误差所引起的离差平方和，简称误差离差平方和，以$S_{误}$或S_e表示。它反映了各水平条件下，误差所引起的试验数据波动情况。

$$S_e = S_1 + S_2 = \sum_{i=1}^{2}\sum_{j=1}^{3}(y_{ij} - \bar{y}_i)^2 = 512$$

设试验有m个水平，水平重复数r，则有误差离差平方和的一般式为

$$S_e = \sum_{i=1}^{m}\sum_{j=1}^{r}(y_{ij} - \bar{y}_i)^2 \tag{3-1}$$

二、因子分析

在第一章第三节讨论试验数据结构式时，已述及试验数据的真值（理论值）可以用同一水平下重复试验的平均值来估计。从表3-1中看出两水平的水平均值也不相同，说明因子水平的变化会引起试验指标变动。因子水平的变化对指标的影响可用因子水平效应来表示，见式(1-13)，因为水平效应

$$a_i = U_i - \mu\ (i=1,2,\cdots,m)$$

反映了因子由平均水平变到i水平后，所引起数据的波动量，又因为各水平效应之和为零，所以同样必须采用离差平方和来估计水平改变引起的指标波动，即因子离差平方和。

因子A_1水平的离差平方和S_{A1}为

$$S_{A1}=r\cdot(\bar{y}_1-\bar{y})^2=3\times(72-77)^2=75$$

它反映了因子A取1水平引起的指标波动。同理可以计算A_2水平的离差平方和S_{A2}，两水平离差平方和相加，就得因子离差平方和，用$S_{因}$或S_A表示

$$S_A = 3\sum_{i=1}^{2}(\bar{y}_i - \bar{y})^2 = 150$$

S_A反映了所有由因子水平变动而引起的试验指标波动，其一般式为

$$S_{因} = r\cdot\sum_{i=1}^{m}(\bar{y}_i - \bar{y})^2 \tag{3-2}$$

式中m为水平数，r为i水平的水平重复数。

三、试验数据的总波动

试验指标若无误差和因子水平效应的影响，则全部试验数据都应相同，等于平均值$\bar{y}$。所以试验数据y_{ij}与总平均$\bar{y}$的离差平方和，可以反映试验数据的总波动，用$S_{总}$表示。

$$S_{总} = \sum_{i=1}^{m}\sum_{j=1}^{r}(y_{ij} - \bar{y}_i)^2 \tag{3-3}$$

可以证明

$$S_{总} = S_{因} + S_{误} \tag{3-4}$$

$$S_{总} = \sum_{i=1}^{m}\sum_{j=1}^{r}(y_{ij} - \bar{y}_i)^2 + r\cdot\sum_{i=1}^{m}(\bar{y}_i - \bar{y})^2$$

$$= \sum_{i=1}^{m}[\sum_{j=1}^{r}(y_{ij} - \bar{y}_i)^2 + r(\bar{y}_i - \bar{y})^2]$$

$$= \sum_{i=1}^{m}[\sum_{j=1}^{r}(y_{ij}^2 - 2y_{ij}\bar{y}_i + \bar{y}_i^2) + (r\bar{y}_i^2 - 2r\bar{y}_i\bar{y} + r\bar{y}^2)]$$

$$= \sum_{i=1}^{m}[\sum_{j=1}^{r}y_{ij}^2 - 2r\bar{y}_i^2 + r\bar{y}_i^2 + r\bar{y}_i^2 - 2r\bar{y}_i\bar{y} + r\bar{y}^2]$$

$$= \sum_{i=1}^{m} [\sum_{j=1}^{r} y_{ij}^2 - 2r\bar{y}_i\bar{y} + r\bar{y}^2]$$

$$= \sum_{i=1}^{m}\sum_{j=1}^{r}(y_{ij}^2 - 2y_{ij}\bar{y} + \bar{y}^2)$$

$$= \sum_{i=1}^{m}\sum_{j=1}^{r}(y_{ij} - \bar{y})^2$$

式(3-4)的推导表明,试验数据的总波动可被分解为两部分:误差引起的数据波动S_e和因子水平效应产生的数据波动$S_{因}$。

四、自由度与平均离差平方和

分析了误差和因子分别对指标的影响之后,还需将二者进行比较,以判断因子水平变化对试验指标的影响是否显著;但是不能直接比较$S_{因}$与$S_{误}$的大小,因为离差平方和是若干项之和,其大小不仅与计算离差平方和的数据有关,还与参与求和的项数有关。例3-1中$S_{误}$为6项平方和,$S_{因}$为2项平方和,要比较误差和因子二者的影响,必须消除求和项数的影响,即采用平均离差平方和$\bar{S}$。

平均离差平方和等于离差平方和除以它的自由度。

所谓自由度,是指在离差平方和

$$\sum_{i=1}^{n}(y_i - \bar{y})^2$$

中,$y_1, y_2, \cdots, y_n$之间存在的独立变量个数,即无约束的自变量个数;简单地说,就是独立的数据个数。在本例中,A_1水平的误差离差平方和

$$S_1 = \sum_{j=1}^{3}(y_{1j} - \bar{y}_1)^2$$

$$= (y_{11} - \bar{y}_1) + (y_{12} - \bar{y}_1) + (y_{13} - \bar{y}_1)$$

从上式中看出有3个变量y_{11}, y_{12}, y_{13},因它们受平均值$\bar{y}_1$的一个约束,所以只有两个变量是独立的,即自由度f_1=3−1=2;同理可求出S_2对应的自由度f_2=3−1=2,以及$S_{误}$,$S_{因}$和$S_{总}$的自由度如下:

$$f_{误} = f_1 + f_2 = 4$$

$$f_{因} = 2 - 1 = 1$$

$$f_{总} = f_{因} + f_{误} = 5$$

一般式为

$f_{总} = n - 1$,即试验次数−1

$f_{因} = m - 1$,即因子水平数−1

$f_{误} = n - m$,即试验次数减因子水平数

如果一个平方和是由几个部分组成,则总的自由度等于各部分自由度之和。

离差平方和S除以它的自由度f称为**平均离差平方和**,简称均方和。

$$\bar{S} = S/f \tag{3-5}$$

则

$$\bar{S}_{因} = S_{因}/f_{因}$$

$$\bar{S}_{误} = S_{误}/f_{误}$$

平均离差平方和已经消除了求和项数的影响，可比较 $\bar{S}_{因}$与$\bar{S}_{误}$ 的大小，来判断因子水平变化对指标的影响是否显著。

五、$F_{比}$值与显著性检验

为判断因子水平变化对指标影响的显著性，可利用 $\bar{S}_{因}$与$\bar{S}_{误}$ 之比，即采用F统计量

$$F_A=\bar{S}_{因}/\bar{S}_{误}=\bar{S}_A/\bar{S}_e$$

可以证明统计量F_A服从自由度为 $(f_A,\ f_e)$ 的F分布，F_A称为A因子的$F_{比}$值。如果F_A值很小，说明因子A的水平变化对试验指标无显著影响，可以认为数据的波动主要由误差引起。如果F_A比较大，则可以认为因子的影响显著。那么，F_A多大，才可以认为因子A的作用显著，显著程度如何，所做结论有多大的把握呢？这就需要一个标准来衡量$F_{比}$值。

由于统计量F服从F分布，因此利用F分布表，可以查出各种自由度和置信度情况下，用以检验因子影响显著性的临界值 $F_\alpha(f_A,\ f_e)$ 或者 $F_\alpha(f_1,\ f_2)$。

α为显著性水平或信度（日本叫风险率）。α值一般取为0.01，0.05，0.10，0.25。

若 $F_A>F_\alpha(f_A,\ f_e)$，就认为在显著性水平α下，因子A的水平变动对试验指标有显著影响，做出这一结论的置信度为$100(1-\alpha)\%$，犯错误的可能为$100\alpha\%$。

例如，若$\alpha=0.05$，当 $F_A>F_{0.05}(f_A,\ f_e)$ 时，则有95%的把握认为，在显著性水平$\alpha=0.05$的条件下，因子A的影响显著；若 $F_A<F_{0.05}(f_A,\ f_e)$，则认为，在$\alpha=0.05$条件下，因子A的影响不显著，应降低显著性水平，取$\alpha=0.1$再做检验。

α取值不同，表示犯错误的可能性不同，显著性检验的程度不同，一般采用以下标准：

若 $F_A>F_{0.01}(f_A,\ f_e)$，影响特别显著，记作**；

$F_{0.01}\geqslant F_A>F_{0.05}$，影响显著，记作*；

$F_{0.05}\geqslant F_A>F_{0.1}$，影响较显著，记作(*)；

$F_{0.1}\geqslant F_A>F_{0.25}$，有一定影响，当进行室外试验时，可以认可；

$F_A<F_{0.25}$，无影响。

对于本例纤维收缩率试验，因子和误差的离差平方和及其自由度为

$$S_A=3\sum_{i=1}^{2}(\bar{y}_i-\bar{y})^2=150,\quad S_e=\sum_{i=1}^{2}\sum_{j=1}^{3}(y_{ij}-\bar{y}_i)^2=512$$

$$f_A=1,\qquad\qquad f_e=4$$

因子和误差的平均离差平方和为

$$\bar{S}_A=S_A/f_A=150/1=150$$

$$\bar{S}_e=S_e/f_e=512/4=128$$

统计量F_A计算

$$F_A=\bar{S}_A/\bar{S}_e=150/128=1.17$$

查表得

$$F_{0.01}(1,4)=21.20;\ F_{0.05}(1,4)=7.71;\ F_{0.1}(1,4)=4.54;\ F_{0.25}(1,4)=1.81$$

$$F_A=1.17<F_{0.25}(1,4)=1.81$$

因此，认为温度（从30℃变化到40℃）对纤维收缩率的变化无影响；在试验中，纤维收缩率试验数据的波动主要是由试验误差引起的。

方差分析后，一般要整理方差分析表，见表3-2。

表3-2 纤维收缩率单因子试验方差分析表

方差来源	平方和	自由度	均方和	F_A值	显著性水平α
因子	S_A=150	1	150	1.17	无影响
误差	S_e=512	4	128		
总和	S=662	5		$F_{0.25}(1,4)=1.81$	

§3-3 正交试验方差分析基本方法

方差分析是数理统计分析的常用方法，将方差分析用于正交设计的试验结果分析非常有效。方差分析的基本方法是指针对等水平无重复试验时的方差分析方法。

设选用正交表$L_n(m^k)$安排试验，各列分别安排有因子、交互作用及空列（空列反映误差），则试验结果同时受到因子、交互作用和试验误差的影响，也就是说，反映试验数据总波动的总离差平方和$S_{总}$可以分解成因子离差平方和$S_{因}$、交互作用的离差平方和$S_{交}$和误差平方和$S_{误}$

$$S_{总} = \sum S_{因} + \sum S_{交} + S_{误} \tag{3-6}$$

式中$\sum S_{因}$为各因子离差平方和之和；$\sum S_{交}$为各交互作用离差平方和之和。

因此，需要对各因子、交互作用分别做显著性检验。正交试验方差分析基本方法包括：(1)计算离差平方和及其自由度；(2)显著性检验；(3)求最优组合及其置信区间。

一、离差平方和及自由度的计算

主要计算各列离差平方和、总离差平方和及其自由度。

(一)各列离差平方和通式

已知正交表各列具有相同的性质，因而可以建立起因子、交互作用和误差离差平方和的计算通式。利用水平效应的概念，可得各列离差平方和通式如下

$$S_j = r\sum_{h=1}^{m}(k_{hj} - \bar{y})^2 \tag{3-7}$$

式中k_{hj}为第j列h水平均值；r为h水平重复数；$\bar{y}$为试验数据总平均，等同于极差分析的μ；$(k_{hj} - \bar{y})$为第j列h水平效应。

列离差平方和S_j反映该列水平变动所引起的试验数据的波动，也就是用S_j来表示或衡量该列水平变动所产生的试验数据的波动情况。

若该列安排的是因子，S_j为该因子离差平方和；若该列安排的是交互作用，S_j为该交互作用的离差平方和；若该列为空列，S_j为试验的误差离差平方和，它反映了试验误差和未被考察的某些交互作用或某条件因素对试验指标的影响。

式(3-7)为S_j的定义式,不便计算,可简化为计算通式

$$\begin{aligned}S_j &= r\sum_{h=1}^{m}(k_{hj}-\bar{y})^2\\ &= r\sum k_{hj}^2 - 2r\sum k_{hj}\bar{y} + r\sum \bar{y}^2\\ &= r\sum k_{hj}^2 - 2n\bar{y}^2 + n\bar{y}^2\\ &= r\sum(\frac{K_{hj}}{r})^2 - n(\frac{K}{n})^2\\ &= \frac{1}{r}\sum_{h=1}^{m}K_{hj}^2 - \frac{K^2}{n}\\ &= Q - P\end{aligned}$$

则有列离差平方和S_j计算通式为

$$S_j = Q - P = \frac{1}{r}\sum_{h=1}^{m}K_{hj}^2 - \frac{K^2}{n} \tag{3-8}$$

式中K_{hj}为j因子h水平的数据和;K为试验数据总和;r为h水平重复数;n为正交表试验次数。其中

$$K = \sum_{i=1}^{n}y_i = \sum_{h=1}^{m}K_{hj} \quad (j=1,2,3,\cdots,k)$$

$$Q = \frac{1}{r}\sum_{h=1}^{m}K_{hj}^2$$

$$P = \frac{K^2}{n}$$

(二)总离差平方和

总离差平方和$S_{总}$是所有试验数据与其平均值的离差平方和,它反映试验数据的总波动情况。

$S_{总}$的定义式为

$$S_{总} = \sum_{i=1}^{n}(y_i - \bar{y})^2 \tag{3-9}$$

同样,可以将定义式(3-9)简化为计算式

$$\begin{aligned}S_{总} &= \sum_{i=1}^{n}y_i^2 - \frac{K^2}{n}\\ &= W - P\end{aligned} \tag{3-10}$$

式中$W = \sum_{i=1}^{n}y_i^2$, $P = \frac{K^2}{n}$

(三)自由度

正交表中第j列离差平方和S_j的自由度f_j等于第j列的水平数减1,即

$$f_j = m_j - 1 \tag{3-11}$$

总离差平方和的自由度,即总自由度为试验号减1,即

$$f_{总} = n - 1 \tag{3-12}$$

此外，离差平方和及其自由度还满足下列关系式

$$S_{总}=\sum_{j=1}^{k}S_j=\sum S_{因}+\sum S_{交}+S_{误} \tag{3-13}$$

$$f_{总}=\sum_{j=1}^{k}f_j=\sum f_{因}+\sum f_{交}+f_{误} \tag{3-14}$$

式(3-13)和式(3-14)说明：总离差平方和等于正交表各列离差平方和之和，等于所有试验因子、被考察交互作用和误差的离差平方和之和；其自由度等于各列自由度之和，等于试验因子、被考察交互作用和误差的自由度之和。

式(3-13)和式(3-14)可用来检验整个计算的正确性，所以被称为**校核式**。

必须指出：

1. 当正交表中不只一列空列时，误差的离差平方和S_e等于正交表所有空列离差平方和之和，其自由度也等于所有空列的自由度之和，即

$$S_e=\sum S_{空},\ f_e=\sum f_{空} \tag{3-15}$$

$$\bar{S}_e=S_e/f_e=\sum S_{空}/\sum f_{空}$$

2. 当某个交互作用占有不只一列时，该交互作用的离差平方和等于所占各列离差平方和之和，其自由度也等于所占各列自由度之和。

以一级交互作用为例

$$S_{A\times B}=\sum_{j=1}^{m-1}S_{(A\times B)_j} \tag{3-16}$$

$$f_{A\times B}=\sum_{j=1}^{m-1}(m-1)_j=(m-1)^2 \tag{3-17}$$

式中$S_{A\times B}$，$f_{A\times B}$为一级交互作用$A\times B$的离差平方和及其自由度；m为因子水平数。

下面对例1-3 稻麦收割机切割器性能试验结果进行方差分析。如表1-8所示，试验方案的第3列为空列，试验数据总和K以及简化计算项P和Q_j为

$$K=\sum_{i=1}^{9}y_i=5.54$$

$$P=K^2/n=3.41$$

$$Q_j=\frac{1}{3}\sum_{h=1}^{3}K_{hj}^2$$

各列离差平方和及自由度为(见表1-8，Excel计算结果)：

$$S_1=S_A=Q_1-P=3.507-3.41=0.0972$$

$$S_2=S_B=Q_2-P=3.534-3.41=0.1236$$

$$S_4=S_C=Q_4-P=3.457-3.41=0.0473$$

$$S_3=S_{空}=S_e=Q_3-P=3.423-3.41=0.0131$$

$$f_A=f_B=f_C=m-1=2$$

$$f_e=m-1=2$$

$$f_{总}=n-1=8$$

二、显著性检验

正交试验的 $F_{比}$ 计算和显著性检验与单因子的方差分析相同，只需对各因子和交互作用逐一按单因子进行 $F_{比}$ 计算和显著性检验即可。

仍以例1-3具体说明，各因子及误差的平均离差平方和为

$$\bar{S}_A = S_A/f_A = 0.0972/2 = 0.0486$$
$$\bar{S}_B = S_B/f_B = 0.1236/2 = 0.0618$$
$$\bar{S}_C = S_C/f_C = 0.0473/2 = 0.0236$$
$$\bar{S}_e = S_e/f_e = 0.0131/2 = 0.0065$$

各因子的 $F_{比}$ 计算（见表1-8，该数据为软件运行结果）

$$F_A = \bar{S}_A/\bar{S}_e = 0.0486/0.0065 = 7.43$$
$$F_B = \bar{S}_B/\bar{S}_e = 0.0618/0.0065 = 9.44$$
$$F_C = \bar{S}_C/\bar{S}_e = 0.0236/0.0065 = 3.61$$

查F分布表得检验标准（见附录Ⅱ）有

$$F_{0.05}(2,2) = 19.0,\ F_{0.1}(2,2) = 9.0,\ F_{0.25}(2,2) = 3.0$$

只有F_B=9.44>$F_{0.1}$(2,2)=9.0，故有90%的把握认为因子B即割刀平均速度对试验指标总功率消耗有较显著的影响，记作$F_B^{(*)}$。

因为

$$F_{0.1}(2,2)=9.0 > F_A=7.43 > F_{0.25}(2,2)=3.0$$
$$F_{0.1}(2,2)=9.0 > F_C=3.61 > F_{0.25}(2,2)=3.0$$

而且试验为室外田间收割试验，则可以认为A因子切割器类型、C因子机器作业速度对总功耗有一定影响，但不显著。

正交试验方差分析可以直接在正交表的扩展表中进行，如表1-8，例1-3所示；也可以单独列出方差分析表，如表3-3所示。

表3-3　稻麦收割机切割器性能试验结果方差分析表

方差来源	平方和	自由度	均方和	F_A值	显著性水平α
A	0.0972	2	0.0486	7.43	0.25
B	0.1236	2	0.0618	9.44(*)	0.10
C	0.0473	2	0.0236	3.61	0.25
误差	0.0131	2	0.0065	—	—
总和	0.2812	8	$F_{0.1}(2,2)=9.0$；$F_{0.25}(2,2)=3.0$		

三、确定最优组合及其置信区间

方差分析的观点认为，确定最优组合应选取显著因子的优水平和显著交互作用的优搭配。其选取方法与极差分析一样；当优水平与优搭配发生矛盾时，应选优搭配。对于不显著因子，可以按极差分析选取适当水平，也可以兼顾经济性、实用性等其他要求选择水平，对不显著的交互作用不予考虑。在例1-3中，方差分析的最优组合与极差分析的一致为$A_3B_1C_3$。

利用数据结构式，可以计算出最优组合的最优工程平均$U_{优}$。最优工程平均虽是最优组合真值$y_{优}$的无偏估计值，但二者之间仍存在差距。由于最优组合试验指标真值无法获得，因此，对估计值$U_{优}$的可靠性就不清楚，$U_{优}$本身也未给出误差大小。但在实际生产中，总是希望掌握最优生产条件下长期稳定生产时，指标变动的范围和可靠程度。因此，需要对最优组合的试验指标进行区间估计，并同时给出区间估计的置信度。

根据数据最简单结构式，最优组合的指标值可表示为式(3–18)

$$y_{优} = U_{优} \pm \varepsilon_{\alpha} \tag{3-18}$$

即

$$U_{优} - \varepsilon_{\alpha} < y_{优} < U_{优} + \varepsilon_{\alpha}$$

式中ε_{α}为误差限，α为显著因子和显著交互作用的最大显著性水平。在例1–3中，显著因子B的显著性水平α=0.1。

若$y_{优}$的区间估计为$U_{优} \pm \varepsilon_{\alpha}$，就有100(1–$\alpha$)%的把握判定最优组合的试验指标真值$y_{优}$将在$U_{优} - \varepsilon_{\alpha}$与$U_{优} + \varepsilon_{\alpha}$之间。

在例1–3中，$U_{优} = \mu + a_3 + b_1 + c_3 = 0.236$

误差限ε_{α}的一般计算式(公式推导略)为

$$\varepsilon_{\alpha} = \sqrt{F_{\alpha}(1,\ f_e + f'_e)\frac{(S_e + S'_e)}{(f_e + f'_e)}\frac{1 + f^*}{N}} \tag{3-19}$$

式中S'_e，f'_e为不显著因子与不显著交互作用的离差平方和之和及其自由度之和；f^*为显著因子与显著交互作用的自由度之和；N为试验总次数，无重复试验时等于正交表的试验号n。

在例1–3中，

$$S_e = 0.0136,\ S'_e = 0.1445,\ f_e = 2,\ f'_e = 4,\ f^* = 2,\ N = 9$$

查表有$F_{0.1}(1,6)$=3.78，

$$\varepsilon_{0.1} = [3.78 \times (\frac{0.0136 + 0.1445}{2 + 4})\frac{1 + 2}{9}]^{\frac{1}{2}} = 0.181$$

因此，例1–3的最优组合$A_3B_1C_3$的指标真值$y_{优}$将在0.055到0.417之间，其置信度为90%；但是，一般可以认为功耗大于$U_{优} = 0.236$的可能性更大。

§3–4　重复试验和不等水平试验的方差分析

一、重复试验方差分析

正交试验时，有时会遇到以下两种情况而需做重复试验：

1. 正交表上无空列，又无经验误差做参考，这时除改用更大的正交表外，还可做重复试验，如例1–11，表1–22和表3–4所示。

2. 正交表上虽有空列存在，但为了提高试验精度和统计分析的可靠性，试验本身要求做重复试验。

设采用正交表 $L_n(m^k)$ 安排试验，每号试验重复 T 次，以 y_{it} 表示第 i 号试验第 t 次重复试验数据，则第 i 号重复试验的数据之和及平均值分别为

$$y_i=\sum_{t=1}^{T}y_{it}\qquad(i=1,2,\cdots,n;t=1,2,\cdots,T)\tag{3-20}$$

$$\bar{y}_i=\frac{1}{T}\sum_{t=1}^{T}y_{it}\qquad(i=1,2,\cdots,n;t=1,2,\cdots,T)\tag{3-21}$$

试验数据总和与总平均为

$$K=\sum_{i=1}^{n}\sum_{t=1}^{T}y_{it}\tag{3-22}$$

$$\bar{y}=\frac{1}{n}\sum_{i=1}^{n}\bar{y}_i=\frac{1}{nT}\sum_{i=1}^{n}\sum_{t=1}^{T}y_{it}\tag{3-23}$$

由此，可分别给出总离差平方和及列离差平方和的定义式

$$S_{总}=\sum_{i=1}^{n}\sum_{t=1}^{T}(y_{it}-\bar{y})^2\tag{3-24}$$

$$S_j=rT\sum_{h=1}^{m}(k_{hj}-\bar{y})^2\tag{3-25}$$

式中 $h=1,2,\cdots,m$ 为水平数。

$S_{总}$ 和 S_j 的计算式及其自由度为

$$S_{总}=W-P=\sum_{i=1}^{n}\sum_{t=1}^{T}y_{it}^2-\frac{K^2}{nT}\tag{3-26}$$

$$S_j=Q-P=\frac{1}{rT}\sum_{h=1}^{m}K_{hj}^2-\frac{K^2}{nT}\tag{3-27}$$

$$f_{总}=nT-1\tag{3-28}$$

$$f_j=m_j-1$$

式中 K 为试验数据总和；K_{hj} 为第 j 列 h 水平数据和，其水平均值为 k_{hj}。

需特别注意，当正交表有空列时，重复试验的误差离差平方和 S_e 及其自由度 f_e 均由两部分组成

$$\begin{cases}S_e=S_{e1}+S_{e2}\\ f_e=f_{e1}+f_{e2}\end{cases}\tag{3-29}$$

式中 S_{e1} 为空列离差平方和，简称为**第一类离差**；S_{e2} 为重复试验误差平方和，简称为**第二类离差**；f_{e1}，f_{e2} 分别为第一、二类离差的自由度。

S_{e2} 反映了同一试验号 T 次重复试验数据之间的差异，是纯试验误差对试验指标的影响，其定义式为

$$S_{e2}=\sum_{i=1}^{n}\sum_{t=1}^{T}(y_{it}-\bar{y}_i)^2\tag{3-30}$$

S_{e2} 的计算式及自由度为

$$\begin{cases}S_{e2}=W-Z=\sum_{i=1}^{n}\sum_{t=1}^{T}y_{it}^2-\frac{1}{T}\sum_{i=1}^{n}y_i^2\\ f_{e2}=n(T-1)\end{cases}\tag{3-31}$$

当正交表中无空列时，可用 S_{e2}/f_{e2} 作为平均误差离差平方和，进行显著性检验。

在重复试验时，总离差平方和及自由度还满足下列关系式

$$\begin{cases} S_{总} = \sum_{j=1}^{k} S_j + S_{e2} \\ f_{总} = \sum_{j=1}^{k} f_j + f_{e2} \end{cases} \tag{3-32}$$

显然，总离差平方和不等于各列离差平方和之和，总自由度不等于各列自由度之和。这是重复试验与无重复试验的基本区别。式(3-32)可作为校核式检验整个计算的正确性。

重复试验时，显著性检验及$y_{优}$的区间估计与无重复试验时相同。

需要指出，重复试验与重复取样试验有区别。重复取样时，把S_{e2}记作 S'_{e2} 称为重复取样误差离差平方和，也简称第二类离差或取样离差。虽然两种离差平方和及其自由度的计算式一样，但两者的性质不同。在重复试验中，第一、二类离差的性质基本相同(都能反映试验误差)，则应相加作为合并误差平方和。在重复取样试验时，第一类离差，即空列误差离差平方和S_{e1}与重复取样误差离差平方和 S'_{e2} 的性质不相同，后者是由同一次试验下的几次重复取样数据计算的结果，它仅仅反映原材料与产品的不均匀性，以及各个试样的试验指标测量过程中的误差，不能反映整个试验过程中的误差干扰的大小。而空列S_{e1}和重复试验S_{e2}都是整个试验过程中误差的反映。

一般取样离差 S'_{e2} 比 S_{e1} 小，二者不能简单相加作为合并误差平方和，需计算$F_{比}$值，检验两类离差的性质：

$$F = \frac{S_{e1}/f_{e1}}{S'_{e2}/f'_{e2}} \tag{3-33}$$

当计算值 $F < F_{0.05}(f_{e1},\ f'_{e2})$ 时，可认为两类误差大体相当，合并误差离差平方和及其自由度为

$$\begin{cases} S_e = S_{e1} + S'_{e2} \\ f_e = f_{e1} + f'_{e2} \end{cases} \tag{3-34}$$

用作显著性检验；当计算值 $F > F_{0.05}(f_{e1},\ f'_{e2})$ 时，这两类离差存在显著差异，不能合并，仅取S_{e1}，f_{e1}作误差离差平方和及自由度，对因子做显著性检验。

二、不等水平试验的方差分析

对于不等水平试验，若直接采用混合表安排试验，方差分析步骤及计算式均与基本方法相同，只需注意在应用式(3-8)和式(3-11)时，各列的水平数m，水平重复数r不同，自由度也就不同。

若采用拟水平法设计试验，除拟水平列外，其他列的离差平方和及其自由度均与等水平试验时的计算法完全相同，只有拟水平列有所区别，使得离差平方和及其自由度之间的关系发生了变化。

设m_c水平因子安排在正交表的m水平列上($m_c < m$)，第$m_c + a$水平为因子的拟水平，且用m_c中重点考察的水平作为拟水平(一般a=1，≤2)。于是拟水平列离差平方和S_c及其自由

度f_c为

$$\begin{cases} S_c = \dfrac{1}{r}\sum_{h=1}^{m}(\dfrac{1}{1+a})K_{h_c}^2 + \dfrac{K^2}{n} \\ f_c = m_c - 1 \end{cases} \tag{3-35}$$

式中 $a=\begin{cases}\text{拟水平数，当}h\text{水平被作为拟水平时；}\\ 0\text{，当}h\text{为其他水平时。}\end{cases}$

c表示拟水平列，r，K与其在式(3-8)中的含义相同。

回顾例1-11酸洗试验。因子水平表见表1-22，此为无空列、拟水平、重复试验，较为复杂。

选用$L_9(3^4)$安排4个因子，无空列，做2次重复试验。第1列为拟水平列，安排二水平因子C，并用其第2水平"海鸥牌"作为第3水平的虚拟水平，即拟水平数a=1，则实际上C因子1水平重复3次，2水平重复6次。

结合式(3-27)和式(3-35)得到拟水平的离差平方和及其自由度为

(1)拟水平C因子离差平方和及其自由度计算式

$$S_c = \frac{1}{r}\sum_{h=1}^{m_c}\frac{1}{(1+a)}K_{h_c}^2 - \frac{K^2}{n},\ f_c = m_c - 1$$

(2)拟水平重复试验C因子离差平方和及其自由度计算式

$$S_c = \frac{1}{rT}\sum_{h=1}^{m_c}\frac{1}{(1+a)}K_{h_c}^2 - \frac{K^2}{nT},\ f_c = m_c - 1$$

(3)计算得到

$$S_c = \left(\frac{K_{1C}^2}{rT} + \frac{K_{2C}^2}{2rT}\right) - \frac{K^2}{nT} = Q_j - P$$

$$= \frac{176^2}{6} + \frac{297^2}{12} - \frac{473^2}{18} = 84.03$$

$$f_c = m_c - 1 = 1$$

对于拟水平列，因子的离差平方和S_c并不等于其所在列的离差平方和S_1，其差值为误差离差平方和的一部分S_{e3}，简称为**第三类离差**。也就是说，拟水平列的离差平方和S_1被分解为两部分：因子的离差平方和S_c和拟水平误差离差平方和的一部分S_{e3}；拟水平列的自由度也被分解成因子自由度f_c和误差自由度f_{e3}，即(见表3-4，例1-11)

$$\begin{cases} S_{e3} = S_1 - S_c = 90.78 - 84.03 = 6.75 \\ f_{e3} = f_1 - f_c = 2 - 1 = 1 \end{cases} \tag{3-36}$$

当无重复试验又无空列时，S_{e3}和f_{e3}可作为试验的误差离差平方和S_e及自由度f_e。当拟水平试验同时为重复试验又有空列时，试验误差平方和及自由度由三部分组成

$$\begin{cases} S_e = S_{e1} + S_{e2} + S_{e3} \\ f_e = f_{e1} + f_{e2} + f_{e3} \end{cases} \tag{3-37}$$

但是，对于拟水平试验，采用校核式计算S_e，f_e更简单，即校核式为

$$\begin{cases} S_e = S_{总} - \sum S_{因} \\ f_e = f_{总} - \sum f_{因} \end{cases} \tag{3-38}$$

表3-4 例1-11 酸洗试验方案与结果分析

因子	C 洗涤剂/$g\cdot L^{-1}$		B $CH_4N_2S/g\cdot L^{-1}$	A $H_2SO_4/g\cdot L^{-1}$	D 槽温/℃	酸洗时间/min		
试验号 \ 列号	C	1	2	3	4	y_{i1}	y_{i2}	y_i
1	1 OP牌70	1	1 12	1 300	1 60	42	30	72
2	1	1	2 4	2 200	2 70	32	32	64
3	1	1	3 8	3 250	3 80	20	20	40
4	2 海鸥牌70	2	1	2	3	19	25	44
5	2	2	2	3	1	35	32	67
6	2	2	3	1	2	17	25	42
7	2	3	1	3	2	15	17	32
8	2	3	2	1	3	18	20	38
9	2	3	3	2	1	42	32	74
K_{1j}	176	176	148	152	213	$K=\sum_{i=1}^{9}y_i=473$，$\mu=26.28$	$P=\frac{K^2}{2\times 9}=12429.39$	
K_{2j}	297	153	169	182	138			
K_{3j}		144	156	139	122			
方差分析 $Q_j=\frac{1}{nT}\sum_{h=1}^{3}K_{hj}^2$	12513.42	12520.17	12466.83	12591.50	13216.17	$W=\sum_{i=1}^{9}\sum_{j=1}^{2}y_{ij}=13687$	$Z=\frac{1}{2}\sum_{i=1}^{9}y_i=13506.5$	
$S_c=Q_c-P$ $S_j=Q_j-P$	$S_c=84.03$	$S_1=90.78$	37.44	162.11	786.78	$S_{总}=W-P=1257.61$	$f_{总}=nT-1=17$	
$f_c=m_c-1$ $f_j=m_j-1$	$f_c=1$	$f_1=2$	2	2	2	$S_{e2}=W-Z=180.50$	$S_{e3}=S_1-S_c=6.75$	
$\bar{S}_j=S_j/f_j$	$\bar{S}_c=84.03$	$\bar{S}_1=45.39$	18.72	81.06	393.39	$S_e=S_{e2}+S_{e3}=187.25$	$f_e=f_{e2}+f_{e3}=10$	
$F=\bar{S}_{因}/\bar{S}_e^{\Delta}$	$F_c=4.49^{(*)}$	$F_1=2.42$	△	4.33*	21.01**	$S_e^{\Delta}=S_e+S_B=224.69$	$f_e^{\Delta}=f_e+f_B=12$	
极差分析 R_j	9.17	10.67	7.00	14.33	30.33	$\bar{S}_e^{\Delta}=S_e^{\Delta}/f_e^{\Delta}=18.72$		
因子主次	$D\ A\ C\ B$；定性考虑不等水平影响：$D\ \ C/A\ \ B$					$F_{0.01}(2,12)=6.93$	$F_{0.1}(1,12)=3.17$	
最优组合	$A_3B_1C_2D_3$					$F_{0.05}(2,12)=3.89$	$F_{0.05}(1,12)=4.75$	

对于有空列、拟水平、重复试验，校核式计算所得S_e，f_e包括空列误差S_{e1}，f_{e1}、重复试验误差S_{e2}，f_{e2}和拟水平误差S_{e3}，f_{e3}。

对于例1-11，因无空列，校核式计算所得S_e，f_e只含重复试验S_{e2}，f_{e2}和拟水平S_{e3}，f_{e3}。即

$$S_e = S_{总} - S_A - S_B - S_C - S_D = 187.25$$

$$f_e = f_{总} - f_A - f_B - f_C - f_D = 10$$

另外，如表3-4所示，在例1-11中，因子B的平均离差平方和S_B小于平均误差离差平方和S_e，则应将二者合并，合并误差离差平方和及其自由度用S_e^{Δ}和f_e^{Δ}表示。

对例1-11有（见表3-4）

$$\begin{cases} S_e^{\Delta} = S_e + S_B = S_{e2} + S_{e3} + S_B = 224.69 \\ f_e^{\Delta} = f_e + f_B = f_{e2} + f_{e3} + f_B = 12 \end{cases}$$

平均合并误差平方和$\bar{S}_e^{\Delta}$为

$$\bar{S}_e^{\Delta} = S_e^{\Delta} / f_e^{\Delta} = \frac{S_e + S_B}{f_e + f_B} = 18.72$$

再用$\bar{S}_e^{\Delta}$对因子A，C，D做显著性检验，详见表3-4，例1-11。

由于拟水平的影响，离差平方和及其自由度之间的关系发生了变化（以有空列、拟水平、重复试验为例），在式（3-32）的基础上又增加了拟水平误差。

$$\begin{cases} S_{总} = \sum_{j=1}^{k} S_j + S_{e2} + S_{e3} \\ f_{总} = \sum_{j=1}^{k} f_j + f_{e2} + f_{e3} \end{cases} \tag{3-39}$$

拟水平设计时，最优组合指标真值置信区间估计的误差限ε_α公式修正如下：

$$\varepsilon_\alpha = \sqrt{F_\alpha(1,\ f_e + f'_e)\frac{(S_e + S'_e)}{(f_e + f'_e)\cdot n_e}} \tag{3-40}$$

式中n_e为有效重复次数

$$n_e = N/[1 + \sum_{j=1}^{k^*}(\frac{N}{r_j^*} - 1)] \tag{3-41}$$

其中r_j^*为第j个显著因子优水平重复次数；k^*为显著因子个数；N为试验总次数，无重复试验时等于正交表的试验号n。

如例1-11，S_e=187.25，f_e=10，S'_e=S_B=37.44，f'_e=f_B=2，$F_{0.01}(1, 12)$=9.33，r_c^*=6，r_3^*=r_4^*=3，N=18；另外，例1-11同时为2次重复试验，计算值ε_α需要除2，则

$$n_e = N/[1 + \sum_{j=1}^{k^*}(\frac{N}{r_j^*} - 1)] = 18/[1 + (\frac{18}{6} - 1) + 2\times(\frac{18}{3} - 1)] = 1.38$$

$$\varepsilon_{0.01} = \frac{1}{2}\sqrt{F_{0.01}(1,\ f_e + f'_e)\frac{(S_e + S'_e)}{(f_e + f'_e)\cdot n_e}} = \sqrt{9.33\times\frac{187.25 + 37.44}{(10+2)\times 1.38}} = 5.63$$

$$\begin{aligned} U_{优} &= U_{A_3B_1C_2D_3} \\ &= (k_{3A} + k_{1B} + k_{2C} + k_{3D}) - 3\mu \\ &= (23.17 + 24.67 + 24.75 + 20.33) - 3\times 26.28 \\ &= 14.08 \end{aligned}$$

故有99%的把握认为最优组合的指标值（酸洗时间）$y_{优}$在14.08±5.63 min范围内，而表中最优为$y_{71} = 15\ \text{min}$。

§3-5 非饱和试验的方差分析

设选用等水平表$L_n(m^k)$或混合表$L_n(m_1^{k_1}\times m_2^{k_2})$，若其各列自由度$f$之和等于总自由度，即满足

$$f=\sum_{j=1}^{k}f_j=n-1 \tag{3-42}$$

或

$$f=\sum_{j=1}^{k_1+k_2}f_j=n-1 \tag{3-43}$$

则称正交表为**饱和表**；若其各列自由度之和小于总自由度，即满足

$$f=\sum_{j=1}^{k}f_j<n-1 \tag{3-44}$$

或

$$f=\sum_{j=1}^{k_1+k_2}f_j<n-1$$

则称正交表为**非饱和表**。

用饱和表安排的试验称为**饱和试验**；用非饱和表安排的试验称为**非饱和试验**。所有标准正交表都是饱和表。在非标准表中，二水平表是饱和表，其他水平的非标准表是非饱和表，如$L_{18}(3^7)$，$L_{32}(4^9)$等。在混合表中，有些是饱和表，如$L_8(4\times2^4)$，$L_{16}(4\times2^{12})$，$L_{18}(6\times3^6)$；有些则是非饱和表，如$L_{12}(3\times2^4)$，$L_{18}(2\times3^7)$，$L_{20}(5\times2^8)$，$L_{24}(3\times4\times2^4)$等。

由于非饱和表的各列自由度之和小于总自由度，因此，与饱和表相比，选用非饱和表设计正交试验，或者只能安排较少的因子，或者只能安排水平数较少的因子，从而使试验次数增加，经济性下降。在正交试验设计时，应尽可能不选用非饱和表。当必须选用非饱和表时，应特别注意方差分析的特点，即使因子之间无交互作用，也不能直接用空列离差平方和作为试验误差进行F检验，因为出现了非饱和列外误差。在本节之前，我们所介绍的都是饱和试验，本节以实例介绍非饱和试验及其方差分析。

例3-2 混凝土强度试验。试验考察水泥用量、Mt-150外加剂与水泥品种对混凝土强度的影响并选择最佳工艺条件。试验因子水平表如表3-5所示。试验指标为抗压强度。

由因子水平表可知，可选择混合表$L_{12}(3\times2^4)$安排12次试验。$L_{12}(3\times2^4)$为非饱和表，其各列自由度之和为$f=(3-1)+4\times(2-1)=6$，而总自由度$f_{总}=n-1=11$，二者相差5个自由度（笔者认为此试验设计欠佳，请同学思考应如何改进，可否只做8次试验）。

表3-5 混凝土强度试验因子水平表

因子 / 水平	A 水泥用量 kg/m^3	B Mt-150剂量（占水泥重/ %）	C 水泥品种
1	400	0	普通水泥
2	500	1	快干水泥
3	600	—	—

试验方案及结果分析列于表3-6。从结果分析看，非饱和试验的极差分析与饱和试验相同，但方差分析很特别。

1. 总离差平方和不等于正交表各列离差平方和之和

$$S_{总} \neq \sum_{j=1}^{k} S_j \tag{3-45}$$

表3-6　例3-2　混凝土强度试验 $L_{12}(3\times2^4)$

		试验方案					试验结果
	因子	A 水泥用量 kg/m³	B Mt-150剂量（占水泥重/%）	C 水泥品种			抗压强度/10^5Pa y_i
	试验号＼列号	1	2	3	4	5	
	1	2　500	1　0	1　普通	1	2	802
	2	2	2　1.0	1	2	1	1009
	3	2	1	2　快干	2	2	752
	4	2	2	2	1	1	1078
	5	1　400	1	1	2	2	635
	6	1	2	1	2	1	976
	7	1	1	2	1	1	685
	8	1	2	2	1	2	968
	9	3　600	1	1	1	1	850
	10	3	2	1	1	2	1150
	11	3	1	2	2	1	805
	12	3	2	2	2	2	1210
方差分析	K_{1j}	3264	4529	5422	5533	5403	$K=\sum_{i=1}^{12} y_i=10920$
	K_{2j}	3641	6391	5498	5387	5517	$P=K^2/n=9937200$
	K_{3j}	4015					$S_{总}=W-P=370848$
	$Q_j=\frac{1}{r_j}\sum_{j=1}^{m_j} K_{hj}^2$	10007701	10226120	9937681	9938976	9938283	$S_z=\sum_{j=1}^{5} S_j=362761$
	$S_j=Q_j-P$	70500.5	288920	481	1776	1083	$S_{e4}=S_{总}-S_z=8087$
	$f_j=m_j-1$	2	1	1	1	1	$f_{e4}=f_{总}-f_z=11-6=5$
	$\bar{S}_j=S_j/f_j$	35250	288920	481	1776	1083	$S_e^{\Delta}=S_{e1}+S_{e4}+S_C=11427$
	$F=\bar{S}_{因}/\bar{S}_e$	24.68**	202.32**	△			$f_e^{\Delta}=f_{e1}+f_{e4}+f_c=8$
极差分析	$R_j(K)$	751	1862	76	146	114	$\bar{S}_e^{\Delta}=S_e^{\Delta}/f_e^{\Delta}=1428$
	因子主次	$B\ A\ C$					$F_{0.01}(2,8)=8.65$
	最优组合	$A_3\ B_2\ C_2$					$F_{0.01}(1,8)=11.26$

如表3-6所示，

$$S_{总}=W-P=\sum_{i=1}^{12}y_i^2-\frac{1}{12}(\sum_{i=1}^{12}y_i)^2=370848$$

正交表各列离差平方和之和S_z为

$$S_Z=\sum_{j=1}^{k}S_j=S_A+S_B+S_C+S_4+S_5=362761$$

显然，$S_{总}\neq S_z$，这是因为正交表$L_{12}(3\times2^4)$的自由度不饱和的缘故，该试验为非饱和试验。$S_{总}$与S_z及其自由度之差为

$$S_{e4}=S_{总}-S_z=8087$$

$$f_{e4}=f_{总}-f_z=11-6=5$$

2. 非饱和试验误差离差平方和S_{e4}及其自由度f_{e4}

非饱和试验产生的误差离差平方和S_{e4}为非饱和列外误差离差平方和，简称为**第四类离差**，其自由度为f_{e4}，如式(3-46)所示。

$$\begin{cases}S_{e4}=S_{总}-S_z\\f_{e4}=f_{总}-f_z\end{cases}\tag{3-46}$$

式中

$$S_{总}=W-P=\sum_{i=1}^{n}y_i^2-\frac{1}{n}(\sum_{i=1}^{n}y_i)^2,\ f_{总}=n-1$$

$$S_Z=\sum_{j=1}^{k}S_j,\ f_z=\sum_{j=1}^{k}f_j$$

S_{e4}具有整体误差性质，可作为试验误差或作为试验误差的一部分用于检验因子的显著性。由此可见，非饱和试验的误差离差平方和一般由两部分组成(有空列、无重复试验)：

$$\begin{cases}S_e=S_{e1}+S_{e4}\\f_e=f_{e1}+f_{e4}\end{cases}\tag{3-47}$$

在例3-2中，由于S_C小于S_A和S_B几个数量级，故可与空列误差和列外误差合并在一起，作为试验误差，以提高检验精度。即

$$S_e^{\Delta}=S_4+S_5+S_{e4}+S_C=11427$$

$$f_e^{\Delta}=f_4+f_5+f_{e4}+f_C=8$$

$$\bar{S}_e^{\Delta}=S_e^{\Delta}/f_e^{\Delta}=1428$$

实际上，对于非饱和试验还有一种更简便的方法用于计算误差离差平方和，称为剩余法。也就是从总离差平方和中减去各显著因子和显著交互作用的离差平方和后，剩余的就是误差离差平方和，即

$$\begin{cases}S_e=S_{总}-\sum S_{因}^{*}-\sum S_{交}^{*}\\f_e=f_{总}-\sum f_{因}^{*}-\sum f_{交}^{*}\end{cases}\tag{3-48}$$

式中*表示显著的因子和交互作用及其相应的自由度。

利用例3-2，如表3-6所示，采用剩余法计算非饱和试验的S_e及f_e如下

$$S_e=S_{总}-S_A-S_B=370848-70501-288920=11427$$

$$f_e=f_{总}-f_A-f_B=11-2-1=8$$

从例3-2可以看出，如果不了解$L_{12}(3\times2^4)$是一张非饱和表，那么方差分析就会得出错误结论，有时会产生严重的不良后果。

§3-6 误差分析与试验水平

在方差分析中,试验误差是检验因子及交互作用显著性的标尺,其大小直接影响试验结果的分析。正交试验的方差分析涉及多种误差,正确分析和处理各种误差,对于提高显著性检验的灵敏度,提高试验效率大有好处。

一、误差分析

正交设计的试验误差可分为整体误差和局部误差。整体误差主要包括模型误差e_m和纯试验误差e。正交表空列误差e_1同时含有纯试验误差和模型误差。所谓模型误差,指空列"暗藏"的交互作用。

重复试验误差e_2是纯试验误差e之一。如前所述,重复试验是在同一试验条件下,按照试验方案的相同组合,对全部试验过程,包括材料准备、试验、记录,完整地重复进行若干次试验;这若干次重复试验结果间的差异就是e_2。一般来说,空列误差e_1比纯试验误差e_2大,用e_1作为试验误差,可使检验结果更保守,可能会把本来显著的因子判断为不显著。由拟水平法产生的拟水平误差e_3也属整体误差中的纯试验误差。

重复取样误差e_2'为局部误差。它是整个试验过程中某个试验环节的重复,往往表现在同一试验只是在测试试验结果时重复提取若干次"样品"测试数据,这若干次重复取样测试数据间的差异就是e_2'。当空列误差e_1、重复试验误差或拟水平误差e_3是正交试验的唯一误差时,都可以作为试验误差进行显著性检验,但取样误差e_2不可以。一般情况下,$e_2'<e_2<e_1$。若把e_2'作为试验误差e,有时会以小代大,把本来不显著的因子或交互作用判为显著。在一定的条件下,e_2'可与e_1相加作为试验误差,详见§3-4。

因子列或交互作用列的离差平方和也包括两个部分:因子水平效应产生的离差和误差引起的离差。当试验为非重复试验,正交表中又无空列时,可利用最小的因子离差平方和作为误差离差平方和进行显著性检验。显著性检验的敏感度随误差自由度的增大而提高。当误差自由度$f_e<2$时,F_α临界值较大,F检验的灵敏度较低,本来显著的因子或交互作用,有可能被判断为不显著。通常希望f_e不小于2。

在实际进行正交试验方差分析时,为了提高F检验的灵敏度,常采用两种形式的合并误差,以增大误差的自由度:

(1)各类整体误差合并,例如,§3-4所述:空列误差离差平方和S_{e1}与重复试验误差离差平方和S_{e2}、拟水平误差离差平方和S_{e3}的合并。

(2)平均离差平方和较小的因子或交互作用效应合并于试验误差。这里有两点需说明:

第一,重复试验时,若空列误差平均离差平方和与重复试验误差平均离差平方和之间存在如下关系

$$\bar{S}_{e1}>(1.5\sim2.0)\bar{S}_{e2} \tag{3-49}$$

则认为S_{e1}中所含模型误差e_m(暗藏的交互作用)的可能较大。这时显著性检验需要分两步走。

(1)先对S_{e1}进行检验,当

$$F=\frac{\bar{S}_{e1}}{\bar{S}_{e2}}>F_{0.05}(f_{e1},f_{e2}) \tag{3-50}$$

说明S_{e1}中的模型误差e_m显著,不能采用合并误差离差平方和$\bar{S}_e^{\Delta}=(S_{e1}+S_{e2})/(f_{e1}+f_{e2})$,只能用$S_{e2}$做显著性检验。同时应分析模型误差$e_m$较大的实质,很有可能发现某一重要的交互作用,试验出现重要突破。

(2)若对S_{e1}检验的结果不显著(或$\bar{S}_{e1}<(1.5\sim2.0)\bar{S}_{e2}$),则可认为模型误差不显著,可直接采

表3-7 例3-3桉树油作柴油机燃油的研究试验

		试验方案				试验结果
因子		A 供油提前角	B 喷油压力	C 混合比		有效热效率 η_i/%
试验号 \ 列号		1	2	3	4	
1		1　18	1　135	1　25	1	33.03
2		1	2　140	2　30	2	33.66
3		1	3　130	3　40	3	33.53
4		2　17	1	2	3	33.66
5		2	2	3	1	33.25
6		2	3	1	2	33.03
7		3　19	1	3	2	33.25
8		3	2	1	3	32.49
9		3	3	2	1	32.77
方差分析	K_{1j}	100.22	99.94	98.55	99.05	$K=298.67$
	K_{2j}	99.94	99.40	100.09	99.94	$P=K^2/n=9911.53$
	K_{3j}	98.51	99.33	100.03	99.68	$S_{e1}=S_4=0.1396$
	Q	9912.09	9911.60	9912.04	9911.67	$f_{e1}=f_4=2$
	S_j	0.5608	0.0743	0.5073	0.1396	$S_e^{\Delta}=S_4+S_B=0.2139$
	f_j	2	2	2	2	$f_e^{\Delta}=f_4+f_B=4$
	$\bar{S}_j$	0.2804	0.0371	0.2536	0.0698	$\bar{S}_e^{\Delta}=S_e^{\Delta}/f_e^{\Delta}=0.0535$
	$F=\bar{S}_j/\bar{S}_e$	4.02	0.53	3.63	—	
	$F=\bar{S}_j/\bar{S}_e^{\Delta}$	5.24(*)	△	4.74(*)	—	
极差分析	$R_j(K)$	1.71	0.61	1.54	0.89	$F_{0.1}(2,2)=9.00$
	因子主次	A C B				$F_{0.1}(2,4)=4.32$
	最优组合	$A_1\ B_1\ C_2$				

注:1.试验指标为柴油机有效热效率,工况为11kW(15PS),2200 r/min;

2.A因子为供油提前角,℃A;

3.B因子为喷油压力,kg/cm²;

4.C因子为混合比(桉树油占柴油的百分比),%;

5.资料来源:原西南农业大学农业工程学院张强硕士论文。

用合并误差离差平方和

$$\bar{S}_e^{\Delta}=(S_{e1}+S_{e2})/(f_{e1}+f_{e2})$$

第二,当某因子或交互作用的平均离差平方和

$$\bar{S}_{因}\text{ 或 }\bar{S}_{交}<1.5\bar{S}_e \tag{3-51}$$

时,则可将二者合并成为合并误差

$$\bar{S}_e^{\Delta}=(S_{因}+S_e)/(f_{因}+f_e) \tag{3-52}$$

来检验其他因子的显著性。因为,因子的离差平方和中包括因子水平效应和误差,当 $\bar{S}_{因}$ 很小时,该因子的离差平方和中,因子水平效应所占的比重减小,而误差所占比重相对增大,这时可认为 $\bar{S}_{因}$ 中主要由误差构成,所以,为提高显著性检验的灵敏度,把 $\bar{S}_{因}$ 合并于误差。也正是由于这个原因,当正交表中无空列时,可以把最小的因子或交互作用离差平方和作为误差离差平方和,进行显著性检验。

例3-3 桉树油作柴油机燃料的试验。对试验结果按一般方差分析方法,以空列(第4列)离差平方和作为误差离差平方和 $S_e=S_4$ 检验因子的显著性,结果 A,B,C 三个因子均不显著,此时是否意味着试验失败了?这要看看可否采用合并误差重新检验。

因为 $\bar{S}_B<\bar{S}_{e1}$,符合式(3-51)合并误差条件,则将 S_B 与误差合并

$$\bar{S}_e^{\Delta}=(S_{e1}+S_B)/(f_{e1}+f_B)=0.2139/4=0.0535$$

单从平均合并误差计算值看,$\bar{S}_e^{\Delta}=0.0535$,比 $\bar{S}_{e1}=S_4=0.0698$ 没有减小多少,但是 F_α 临界值因自由度增加到 $f_e^{\Delta}=4$,而成倍减小,即

$$F_{0.1}(2,2)=9.00,\ \ F_{0.1}(2,4)=4.32$$

因此,利用合并误差重新检验 A,C 因子,检验结果表明,A,C 因子达到较显著水平,如表3-7,例3-3所示。

二、试验水平

所谓试验水平是指试验成果的质量。试验水平的高低,反映试验成果的优劣即试验误差的大小。试验水平通常用误差变异系数 C_v 来衡量。

$$C_v=\hat{\sigma}/\bar{y} \tag{3-53}$$

式中 $\bar{y}$ 为试验指标观测值的总平均值;$\hat{\sigma}$ 为试验误差的均方差,计算式为

$$\hat{\sigma}=\sqrt{S_e/f_e} \tag{3-54}$$

在同一项试验中,C_v 基本保持一致。

总结科研和生产的试验经验,初步认为:根据 C_v 的大小,可以把试验水平分为三等:$C_v<5\%$ 属于优等;$5\%\leqslant C_v\leqslant 10\%$ 属于一般水平;$C_v>10\%$ 属于不良。

在例1-11酸洗试验中,C_v 计算为

$$\bar{y}=K/n=\frac{1}{18}\sum_{i=1}^{9}\sum_{t=1}^{2}y_{it}=473/18=26.28$$

$$\hat{\sigma}_e=\sqrt{S_e^{\Delta}/f_e^{\Delta}}=\sqrt{\bar{S}_e^{\Delta}}=\sqrt{18.72}=4.33$$

$$C_v=\hat{\sigma}/\bar{y}=4.33/26.28=16.47\%$$

说明试验水平较低。

在例3-2混凝土强度试验中，C_v计算为

$$\bar{y}=K/n=\frac{1}{12}\sum_{i=1}^{12}y_i=10920/12=910$$

$$\hat{\sigma}_e=\sqrt{S_e^{\Delta}/f_e^{\Delta}}=\sqrt{\bar{S}_e^{\Delta}}=\sqrt{1428}=37.79$$

$$C_v=\hat{\sigma}/\bar{y}=37.79/910=4.15\%$$

说明试验水平为优等。

在计算C_v时，如果试验数据做过简化处理，需要把简化后的数据还原。最后，把本章所述正交试验方差分析计算式汇总于表3-8。

表3-8 正交试验方差分析计算式汇总表

基本方法及混合表试验	重复试验	拟水平试验	非饱和试验
$K=\sum_{i=1}^{n}y_i$	$K=\sum_{i=1}^{n}\sum_{t=1}^{T}y_{it}$	$K=\sum_{i=1}^{n}y_i$	$K=\sum_{i=1}^{n}y_i$
$P=K^2/n$	$P=K^2/nT$	$P=K^2/n$	$P=K^2/n$
$W=\sum_{i=1}^{n}y_i^2$	$W=\sum_{i=1}^{n}\sum_{t=1}^{T}y_{it}^2$	$W=\sum_{i=1}^{n}y_i^2$	$W=\sum_{i=1}^{n}y_i^2$
$Q_j=\frac{1}{r_j}\sum_{h=1}^{m}K_{hj}^2$	$Q_j=\frac{1}{rT}\sum_{h=1}^{m}K_{hj}^2$	$Q_j=\frac{1}{r_j}\sum_{h=1}^{m}K_{hj}^2$	$Q_j=\frac{1}{r_j}\sum_{h=1}^{m}K_{hj}^2$
	$y_i=\sum_{t=1}^{T}y_{it}$	$Q_c=\frac{1}{r_c}\sum_{h=1}^{m_c}\frac{1}{1+a}K_{hc}^2$	
	$Z=\frac{1}{T}\sum_{i=1}^{n}y_i^2$		
$S_{总}=W-P$	$S_{总}=W-P$	$S_{总}=W-P$	$S_{总}=W-P$
$f_{总}=n-1$	$f_{总}=nT-1$	$f_{总}=n-1$	$f_{总}=n-1$
$S_j=Q_j-P$	$S_j=Q_j-P$	$S_j=Q_j-P$	$S_j=Q_j-P$
$f_j=m_j-1$	$f_j=m_j-1$	$f_j=m_j-1$	$f_j=m_j-1$
	$S_z=Z-P$	$S_c=Q_c-P$	
	$f_z=n-1$	$f_c=m_c-1$	
$S_{e1}=\sum S_{空}$	$S_{e2}=W-Z$	$S_{e3}=S_j-S_c$	$S_{e4}=S_{总}-\sum S_j$
$f_{e1}=\sum f_{空}$	$f_{e2}=n(T-1)$	$f_{e3}=f_j-f_c$	$f_{e4}=f_{总}-\sum f_j$
$f_e=f_{总}-\sum f_{因}$	①$S_e=S_{总}-S_z$	①$S_e=S_{总}-\sum S_{因}-\sum S_{交}$	①$S_e=S_{总}-\sum S_{因}-\sum S_{交}$
	$f_e=f_{总}-f_z$	$f_e=f_{总}-\sum f_{因}-\sum f_{交}$	$f_e=f_{总}-\sum f_{因}-\sum f_{交}$
	②$S_e=\sum S_{空}+S_{e2}$	②$S_e=S_{e1}+S_{e3}$	②$S_e=S_{e1}+S_{e4}$
	$f_e=\sum f_{空}+f_{e2}$	$f_e=f_{e1}+f_{e3}$	$f_e=f_{e1}+f_{e4}$

注：i=1，2，…，n为试验号；j=1，2，…，k为列号；h=1，2，…，m为水平数；m_c为拟水平因子的水平数；t=1，2，…，T为试验重复数；r_j为第j列的水平重复数；a为拟水平数。

思考题与习题

1. 如何理解方差分析的必要性?

2. 做重复试验的必要性是什么? 有空列时,为什么有时也要求做重复试验?

3. 以纸折飞机或“吹肥皂泡”趣味试验为例,说明重复试验和重复取样试验误差离差平方和 S_{e2} 与 S'_{e2} 有什么区别。

4. 说明5种误差离差平方和 S_{e1},S_{e2},S'_{e2},S_{e3} 和 S_{e4} 的来源、性质和作用。

5. 采用合并误差为什么会提高显著性检验的水平?

6. 如何进行合并误差? 等式 $\bar{S}_e^{\Delta}=\bar{S}_{e1}+\bar{S}_B$ 正确吗?

7. 教材中例3-2试验设计有什么不足? 如果因子A水泥用量的水平数可以在原取值范围内增加,如何改进设计。

8. 如何较简单地计算出非饱和试验的误差自由度?

9. 如何衡量试验的水平?

10. 使用Excel计算附录Ⅷ的练习七,注意:在练习显示设计、函数应用和绘图功能的基础上,进一步练习方差分析,熟练方差分析步骤。

第四章 软试验设计

通常认为,试验设计是一门关于实物试验的方法论,是解决实物试验问题的一种现代优化技术,它在实物试验领域内应用广泛、成效显著。实物试验一般指由专人在确定的条件下,利用某些仪器、设备和一定的测试技术,进行实地试验。它在因素与指标间的关系完全未知的系统中,是必不可少的研究手段。它在因素与指标间关系已确知或未完全确知的系统中,也有某些应用。但一般说来,实物试验耗费的人力、物力、财力和时间较多,而且有些场合实物试验无法实施,如社会系统、经济系统、历史系统等;有些场合虽然实物试验可以实施,但实际情况不允许,如工厂生产计划的选优、领导决策的优化等;有些场合实物试验不宜多次实施,如人造卫星的轨道试验等。实物试验的这些限制确实有碍试验设计的广泛应用。

事实上,试验设计是一种数学方法。尽管它是由成功地解决农业生产中的实物试验优化问题而创立和发展起来的,但它并不局限于解决实物试验的优化问题,而是可以有效地解决广义试验的优化问题。

广义试验,是指为了观察某事的结果或某物的性能而从事的某种活动。从数理统计的角度理解,抽样就是广义试验,一次抽样就是一次广义试验;一次抽样结果是一个随机事件,也就是广义试验的一个指标值。因此,进行抽样所使用的各种方法(包括实物试验方法),都是广义试验方法。而广义试验设计就是关于样本大小的研究。从信息论角度理解,广义试验就是获取信息的某种活动,为获取信息而使用的各种方法都属于广义试验方法的范畴。因此,还可定义广义试验设计就是通过广义试验方法,提高获取信息效率的一种通用技术。如果说,专业技术水平是关于信息质的科学,那么广义试验设计就是关于信息质与量统一的科学,是研究如何多快好省地获取信息,并有效地分析与利用所获取信息的一门学科。

§4-1 软试验与软试验设计概述

一、软试验与软试验设计的概念

广义试验包括实物试验和非实物试验。软试验是指突破实物试验领域的各种非实物试验,如抽样、统计、计算、规划等,例如数学试验、计算机模拟试验。软试验设计[1,4]是指在软试验领域,在最优化思想指导下进行设计、规划、计算,以便最有效地获取信息和利用信息的优化方法,是试验设计的新领域。

20世纪70年代以来,从非实物试验的三个重要领域产生出众多的非实物试验设计方法:(1)对于无法进行实物试验的社会系统、经济系统、生态系统、历史系统产生的诊断、分析和研究的方法,如教育状况抽样调查的设计;(2)现代经营管理中产生的生产计划的优化设计、产品销售、决策优化模拟试验设计[1,2,4];(3)在一些受人力、物力、财力限制,难以进行实物试验的工程技术领域(电器产品、光学仪器、兵器、汽车设计)产生了可计算性项目的参数设计、容差设计[2]和数学设计[2,15]。

对于这些从不同领域产生的非实物试验设计方法,一些学者试图将其统一起来,建立起一个更具概括性,更能反映设计特色的概念,如"模拟试验设计"、"试验设计在系统工程中的应用"[8]、统计试验设计[12]、计算机试验设计(Design of computer experiments)[16]等。但是这些提法仍存在概念狭隘、归类性差的弱点,作者认为采用"软试验设计(Design of Soft Experiments)"的概念更能反映各种非实物试验设计方法的特点,具有高度概括性和归类性。

二、软试验设计的基本体系

软试验设计的基本体系是对可用于软试验设计的主要方法的分类研究。软试验设计方法的基本思想可用图4-1表示[8]。虽然系统的内部结构不清楚,但通过软试验设计,总能由已知的输入参数获得相应的输出参数。根据软试验设计的应用范围和目的以及输入参数与输出参数在软试验前后的关系,可将软试验设计分为三类,如图4-2所示。

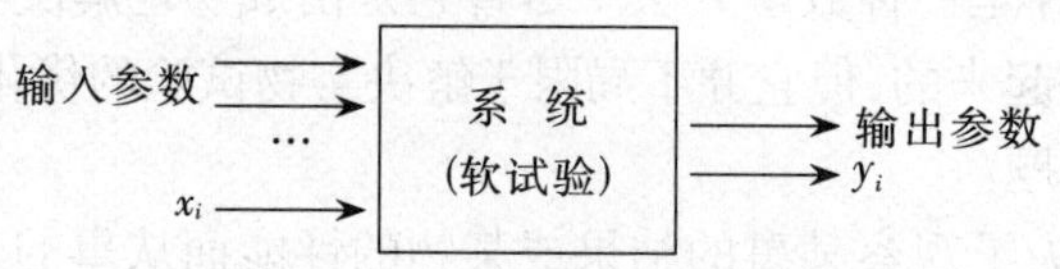

图4-1 软试验设计思想示意图

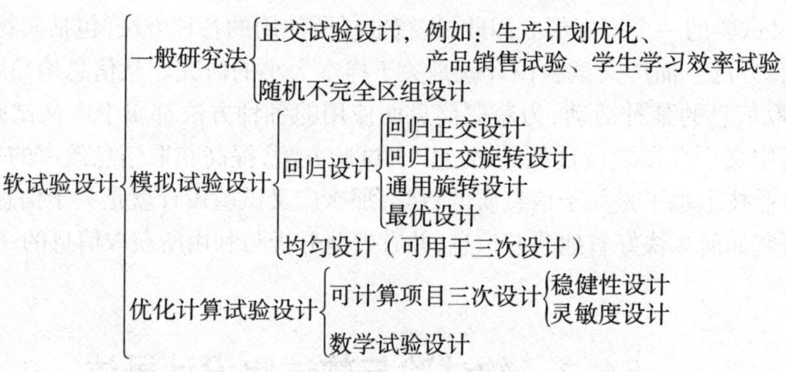

图4-2 软试验设计基本体系

(一)一般研究法

一般研究法指软试验设计前后,输入参数与输出参数之间不确立函数关系,即影响因素与试验指标之间不能或不必建立数学模型。通过软试验设计,可以分清影响指标的因子主次、显著因子等,可采用一般正交试验设计方法。例如以学习成绩为指标,研究学生入学成绩、家庭背景、学生现状等因素的影响程度。为此,不必专门安排学生做试验,只需按正交表方案组合在学生中选择符合条件的学生即可,详见附录Ⅶ。如果是在不同院系选择学生,则应考虑学生的专业差异,采用随机不完全区组设计。

(二)模拟试验设计

模拟试验设计是通过软试验设计和数据处理建立起输入参数与输出参数之间的多元数学模型,按此数学模型可进行大量的计算机模拟试验。

所谓计算机试验设计(Design of Computer Experiments)可归为此类。这类方法可将不可计算项目转化为可计算项目,在社会、经济等系统工程领域的应用逐渐广泛。常用的方法有回归设计和均匀设计[1,4]。

(三)优化计算试验设计

当输入参数与输出参数之间具有已知的函数关系式时,可在一定范围内,对各输入参数按试验设计要求,选择水平数,通过数学模型进行计算试验,寻求指标的优化,如数学试验设计、可计算项目三次设计,这些方法在我国的运用逐渐广泛。

§4-2 寿命试验设计

寿命试验是可靠性工程和管理的一个重要内容,是研究和改进产品设计寿命和使用寿命的主要途径,在日本的可靠性领域,用正交表方法安排寿命试验,是取得真正明显实效的主要原因。一般说来,当零件与材料的磨损或劣化的情况很充分时,可以通过已知信息来判定设计寿命期内将要达到的磨损或劣化水平,此时可以不做寿命试验。但当信息不够充分时,必须进行寿命试验。通常,企业和科研单位专门组织的寿命试验,往往耗资大,时间长,由于试验条件的限制,使所得的试验结果往往适用范围不广,代表性不强。所以对于最终设计寿命试验,为了减少试验经费,提高试验结果的代表性和实用性,可以适当组织生产、销售和使用三方,进行寿命试验,通过统计,在产品的实际使用中获取试验数据。

在进行寿命试验时,应当把需要考察的有关因素尽可能提完全,放在一批做试验。为了保证寿命长和稳定性好,可以提出外部干扰因素,但更应当多提可控因素。因此,通常应用较大的正交表来安排试验。

例4-1 汽车轮胎寿命试验。

为了寻求制造耐用汽车轮胎的最优条件,可以从制造及使用过程中选用几个因素,如:花纹形式、宽度、花纹深度、气压等五个二水平因素:A,B,C,D,E,同时希望得到交互作用$A\times B$和$A\times C$的信息。对于这些轮胎的寿命试验,并不需要选择完全相同的汽车,也不要求在相同的道路上行驶,因为这会花费太多的时间和费用。相反,可以从已经卖给顾客的,使用了一定时间的轮胎中收集试验数据。

具体做法是使用四辆汽车$R_1\sim R_4$,每一辆车在行驶试验中都不做任何限制规定,也就是说,一旦轮胎装上汽车,对道路的类型、行驶距离和驾驶习惯等都不做限制。但轮胎装在汽车上的不同位置,会产生不同效果,一般说来,后轮的情况比前轮更坏。加之汽车不完全对称,且左右轮胎底下的道路条件也不相同,则左右轮胎之间的情况也不相同。因此,还须考察汽车轮胎四个位置的差异,即V_1(右前)、V_2(左前)、V_3(右后)、V_4(左后)。

此项寿命试验包括不同汽车的效应和同一汽车不同轮胎位置的效应,共有5个二水平因子,2个交互作用和2个四水平因子。因此,选用正交表$L_{16}(4^2\times2^9)$,使用按该正交表配制的

16种轮胎，分别装在四辆汽车的四个不同位置上，即可随意行驶，测取数据。这样进行寿命试验，既可以控制干扰，使试验数据更准确，使轮胎的平均寿命更接近实际情况，使试验条件更具有代表性、适用性，又可以使生产和使用双方都得到实际效益。

如果要使试验结论的适用范围更广，可与不同地区，不同使用条件的更多用户共同协作，使用一张正交表安排试验，也可以同时使用多张相同的正交表，在不同地区或不同使用条件下进行试验，最后通过套表进行分析。

§4-3　产品销售试验设计

市场调查和预测是进行系统设计、产品开发、质量管理和促进企业发展的必要条件之一。企业要使自己的产品具有市场竞争力，很重要的措施是抓好产品试销，收集市场信息。影响产品在市场上销售的因素很多，且各种因素的影响程度也不同。通过试销，可以了解市场动态，分析各因素对产品销售的影响程度，可以对这些因素分轻重缓急进行适当处理，改进试销产品的不足，使之适应市场的需要，快速稳步占领市场。但怎样去分析各种因素对试销产品的综合影响，是值得研究的。实践证明，运用试验设计进行产品试销市场调查，是高效、可靠的一种科学方法。

例4-2 某厂卷发器试销试验。

表4-1　试销试验因子水平表

水平 试验号	*A* 最高温度	*B* 温度分挡	*C* 表面涂层	*D* 出厂价	*E* 包装	*F* 插头导线
1	130℃	二挡	聚四氟乙烯	7.18元/把	纸盒	甲厂产品
2	170℃	一挡	镀铬	5.58元/把	塑料袋	乙厂产品

表4-2　试验方案及结果分析

因子 试验号	1 *A*	2 *B*	3 *C*	4 *D*	5 *E*	6 *F*	销售量 y_i/把
1	1 130	1 两挡	1 聚四氟乙烯	2 5.58	2 塑料袋	1 甲厂	49
2	2 170	1	2 镀铬	2	1 纸盒	1	91
3	1	2 一挡	2	2	2	2 乙厂	48
4	2	2	1	2	1	2	66
5	1	1	2	1 7.18	1	2	55
6	2	1	1	1	2	2	31
7	1	2	1	1	1	1	23
8	2	2	2	1	2	1	50
K_1	175	226	169	159	235	213	K=413
K_2	238	187	244	254	178	200	
$R_j(K)$	63	39	75	95	57	13	
因子主次	*D C A E B F*						
最优组合	$A_2\ B_1\ C_2\ D_2\ E_1\ F_1$						

在市场竞争激烈的年代，靠涨价来增加利润的方法，只会使产品失去市场，反而降低利润。如何扩大销售量，稳步占有市场来增加利润，是企业要解决的课题。本例首先根据专业技术知识和现有条件，并考虑到产品成本、利润和顾客的购货心理，选定影响卷发器试销的主要因子及相应水平，即6因子2水平，如表4-1所示。

选用正交表$L_8(2^7)$安排试销试验，8种试验处理组合分别装配成8种卷发器各100把，并在同一地区同一时间间隔内销售，销售结果即试验数据及结果分析见表4-2。

根据极差分析确定出因子主次和最佳组合方案正是第2号试验组合。第2号试验组合的生产成本较高，售价较低，属于薄利多销。同时，可以看出人们对出厂价、热管表面涂层及最高温度三因素反应较敏感。根据分析，可在卷发器大批投入市场前的生产准备阶段，分轻重缓急，适当调整计划，合理组织生产，使产品一投入市场就有吸引力。

如果市场形势发生变化，产品准备更新款式再次投入生产时，宜再进行试销试验，不过所考虑的因素可比第一次少。为了扩大市场，拓宽销路，销售试验通常不宜仅在产地或同一地点试销，而应将不同地区作为试验因素，且宜多取水平，以便寻求规律，针对不同地区的不同情况，进行合理调整，使产品适销、畅销。

§4-4 数学试验设计

数学试验是指不需要进行实物试验而仅通过数学计算，包括计算机计算而获取试验数据的试验。数学试验是一种典型的软试验，它只用于可计算性项目的试验研究。所谓可计算性项目是指试验研究项目的试验因素与试验指标之间具有定量关系式，对应一组因素水平组合，可以通过定量关系式的计算，获取一组试验指标值即试验数据。例如，某些电器产品、光学仪器、汽车拖拉机、锅炉、兵器等，在衡量使用性能的指标与各有关元器件(参数)之间具有已知的函数关系，只要给定一组参数，就可以通过这个函数计算出产品的性能指标。此外，有一些生产计划、成本核算、管理或科研课题，也需要借助函数关系的计算，寻求优良的参数组。

诚然，可计算性项目在整个试验项目中所占比例还很小，怎样扩大可计算性的领域，把目前尚不可计算的项目发展成可计算性项目，还有待于软试验设计这一边缘学科做进一步研究。但是在科学研究、实际生产、系统设计、产品开发以及一些非技术领域中，有时根据专业技术知识、实际经验和以往试验资料，可以建立试验因子与试验指标之间的经验或半经验关系式，有时通过理论推导也可以建立起相应的目标函数或数学模型。

在上述可计算性项目中，利用数学试验设计不仅能获得如同实物试验一样的优化成果，而且可以节省大量的试验经费和时间。因此，在进行多因素试验时，凡是有可能利用试验设计技术的场合，应力求进行软试验，最后再进行验证性实物试验。

在通常的实物试验中，考虑到试验的代价，为了节省人力、物力和时间，一般是选用小号正交表安排试验。但对于数学试验，可以多分水平，选用大号正交表，因为计算机运算速度快，能承担大计算量，又擅长于一个子程序的多次循环。也正是这个原因，人们常常误认为数学试验可以不必进行试验设计，而直接用计算机进行全面试验，其实这是一种误解，有些数学试验不运用试验设计技术，就无法解决。例如，为解决半导体表面原子结构，美国最大的几家研究机构如Bell实验室、IBM实验室等早年都曾经投入了巨大人力、物力和各种最先进的仪器设备。但多年来，对人们普遍关心的$S_i(100)2\times1$等半导体表面原子结构的研究都没有明显进展。原因之一就是仅利用计算机进行数学试验，而没有利用软试验设计技术。$S_i(100)2\times1$的一个原胞中有5层共10个原子，每个原子的位置用3个坐标来描述。若每个坐标取3个水平，因此，全面试验就得进行3^{30}次计算。而每一次计算，采用当时的IBM大型计算机，也得算几个小时，耗资几千美元。显然，全面试验是无法实施的。后来，我国学者建议采用试验设计法，并与美国学者合作，进行数学试验设计。经过两轮$L_{27}(3^{13})$与几轮$L_9(3^4)$计算，找到了$S_i(100)2\times1$表面原子结构模型的最优结果，并使这一结构中各原子的位置准确到原子距的2%，达到了当时这一课题研究的最高精度，得到世界公认。

有些数学试验利用计算机模拟方法，单纯在计算机上进行“仿真”，与数学试验设计相比，这种单纯的计算机“仿真”存在两个缺点：一是通常为单因素水平变化，计算量大，而且所选水平即使每一个因素都是最优的，也不能保证所有因素组合起来是最优的。二是当各因素存在一定波动时，无法了解其对试验指标的影响规律。例如，在反坦克导弹制导系统设计中，需要寻求最好的导弹弹道，研究人员采用数学试验设计，选取三水平因子13个，共计算了45条弹道，每条弹道上机3 min，共计用时135 min。若采用全面试验，则要计算3^{13}条弹道，需要在每秒运算百万次的计算机上连续工作约9年，可见，数学试验设计在当今社会仍有必要。在进行数学试验设计时，可选用较大号的正交表。

例4-3 汽车振动参数最佳匹配数学试验设计。

汽车行驶的平顺性主要与车身加速度a的方差σ_a^2有关，为使平顺性好，希望σ_a^2小。而σ_a^2又与汽车的车身、车轮两个自由度系统的振动参数有关。这些振动参数共有4个：

车身固有频率$\omega_0=\sqrt{C/M}$

车身相对阻尼系数$\varphi=K/2\omega_0$

质量比$\mu=M/m$

刚度比$\gamma=C_t/C$

式中M为车身质量；m为车轮质量；K为汽车减振器阻力系数；C为弹簧刚度；C_t为轮胎刚度。

为寻求振动参数的最佳匹配，使汽车平顺性最好，采用数学试验设计。根据汽车有关设计参数的取值范围，选定4个参数的水平值如表4-3所示。

表4-3　汽车振动参数数学试验因子水平表

水平＼因子	ω	φ	μ	γ
1	6	0.5	9	3
2	18	0.3	3	9
3	12	0.1	6	6

由于汽车悬架动扰度f_d和车轮与路面间的动载荷F_d，也对汽车的平顺性有影响。因此，在把σ_a^2作为评价汽车平顺性的主要指标的同时，还应考虑到f_d和F_d的方差σ_f^2和σ_F^2的影响。因此，取综合指标

$$\sigma^2=\sigma_a^2+\sigma_f^2+\sigma_F^2$$

作为度量平顺性的指标。

表4-4 例4-3 汽车振动参数最佳匹配数学试验

试验号＼因子		试验方案 ω_0	φ	μ	γ	试验结果 σ_a^2	σ_f^2	σ_F^2	σ^2
1		1 6	1 0.5	3 6	2 9	889740	87.6	1.4	889829
2		2 8	1	1 9	1 3	8743550	24.1	8.4	8743583
3		3 12	1	2 3	3 6	4975770	44.1	6.9	4975821
4		1	2 0.3	2	1	421649	185.2	0.4	421835
5		2	2	3	3	11194100	41.4	14.0	11194155
6		3	2	1	2	4398520	62.7	6.8	4398590
7		1	3 0.1	1	3	770003	57.7	1.6	770512
8		2	3	2	2	17301000	126.9	129.2	17301256
9		3	3	3	1	2176120	88.1	3.2	2176211
极差分析	K_{1j}	2082176	14609233	13912685	11341629	$\sum\sigma^2=50871792$			
	K_{2j}	37238994	16014580	22698912	22589675				
	K_{3j}	11550622	20247979	14260195	16940488				
	R_j	35156818	5638746	8786227	11248046				
因子主次		$\omega_0\ \gamma\ \mu\ \varphi$							
最优组合		$\omega_{01}\ \varphi_1\ \mu_1\ \gamma_1$							

根据专业知识，经过一定理论推导，可知

$$\sigma_a^2=2\sum_{n=1}^{20}S_q(n\Delta f)\left|\frac{a}{q}(n\Delta f)\right|^2\Delta f \tag{4-1}$$

$$\sigma_f^2=2\sum_{n=1}^{20}S_q(n\Delta f)\left|\frac{f_d}{q}(n\Delta f)\right|^2\Delta f \tag{4-2}$$

$$\sigma_F^2=2\sum_{n=1}^{20}S_q(n\Delta f)\left|\frac{F_d}{Gq}(n\Delta f)\right|^2\Delta f \tag{4-3}$$

其中

$$\left|\frac{a}{q}(n\Delta f)\right|=\omega^2\gamma\left[\frac{1+4\varphi^2(\omega/\omega_0)^2}{\Delta_2}\right]^{\frac{1}{2}}$$

$$\left|\frac{f_d}{q}(n\Delta f)\right|=\gamma(\omega/\omega_0)^2(1/\Delta^2)^{\frac{1}{2}}$$

$$\left|\frac{F_d}{Gq}(n\Delta f)\right|=\frac{\gamma\omega^2}{g}\left[\left(\left(\frac{(\omega/\omega_0)^2}{1+\mu}-1\right)^2+4\varphi^2(\omega/\omega_0)^2\right)/\Delta_2\right]^{\frac{1}{2}}$$

而 $$\Delta_2=\left\{[1-(\frac{\omega}{\omega_0})^2][1+\gamma-\frac{1}{\mu}(\frac{\omega}{\omega_0})^2]-1\right\}^2+4\varphi(\frac{\omega}{\omega_0})^2[\gamma-(\frac{1}{\mu}+1)(\frac{\omega}{\omega_0})^2]^2$$

式中$\omega=2\pi n\Delta f$ 为圆频率;f为频率,Hz;Δf为频带宽度,1 Hz;

$S_q(n\Delta f)=C_{BP}v/(n\Delta f)^2$(与振动参数无关);$C_{BP}$为路面不平程度系数,取$1\times10^{-7}\,m^2/cm^{-1}$;$v$为汽车行驶速度,取20 m/s;$q$为路面不平度,cm;$G$为静载,kN;$g$为重力加速度,取980 cm/s^2。

根据因子水平表,选用$L_9(3^4)$正交表编制试验方案。如表4-4所示。试验时,不是进行实物试验,而是根据式(4-1)、式(4-2)和式(4-3),通过计算获取试验数据,为了计算方便,数据均扩大1000倍。

数学试验结果表明,改善汽车平顺性的振动参数的最佳匹配为$\omega_{01}\varphi_1\mu_1\gamma_1$,如表4-4所示。

试想,本例若进行实物试验,一定难度大,干扰多,而且时间长,耗资惊人。可见实现同样的试验目的,软试验比实物试验要优越得多。

§4-5 生产计划试验设计

企业的生产计划直接关系到企业的兴衰,生产计划合理,就会使企业的各个环节运转良好,使能源消耗低,原料高效利用,产品适销畅销,企业利润高。否则,就会使某些环节受阻,使企业亏损。事实上,生产计划也存在优化问题。试验设计对于寻求一定条件下企业生产计划的最佳方案是十分有效的。

一般情况下,在生产计划中应用试验设计技术属于软试验设计。无论是改变原料利用、调节能源分配,还是调整产品结构,实际上都不允许按正交表配列的各种试验方案,逐一生产实施,以获取试验数据如利润、成本、产量等,而只能通过统计、计算等软试验方法获取数据,尤其是在各生产环节紧密联系,牵一环就动全局的企业,更是如此。

在确保完成生产计划的基础上,调整产品结构,增加盈利高而且市场急需的产品,以增加企业利润,是进行生产计划寻优的目标之一。这样,在进行生产计划的试验设计时,除进行试验设计的一般程序以外,还需注意以下几点。

(1)对本企业各种产品的现有市场状况进行调查,对市场需求进行预测。在进行市场调查和预测过程中,可应用试验设计技术,确定盈利高且市场急需的产品。

(2)对现有产品结构进行分析。从各产品与原料及能耗的相互关系中,找出影响企业利润的主要原因或因素。

(3)在现有生产条件下,确定各种产品产量与原料与能源之间的数量关系式。

在此基础上,根据市场需求和本企业现有条件,并考虑到原料和能源的供应情况等,确定优化生产计划需要考虑的主要因素及相应水平,选取合适的正交表,配列出各种生产计划方案;通过统计、计算等方法获取试验数据,经过数据分析处理,求出最佳生产计划方案。为慎重起见,在最佳生产计划方案付诸实施之前,应广泛征求意见,还应根据专业技术知识和生产实践进一步核算。

如果企业条件不允许对整体生产计划的选优结果进行生产验证，也可以对优化方案进行局部（一个车间、某种产品）生产验证。

运用软试验设计技术，可以在现有条件下，既不增加人员、设备和资金，也不增加原料和能源，通过调整产品结构，寻求最佳生产计划，就可以增加企业利润，这是促进企业发展的有效方法，确有推广应用的必要。

例4–4 某合成橡胶厂生产计划优化试验。

该厂通过生产计划软试验设计，调整产品结构，找到了现有条件下最优的生产计划方案，并在实际生产中付诸实施。按新方案生产半年，就为该厂增加利润271万元。具体做法是：

1. 对该厂的各产品的市场需要及单利进行调查和计算，见表4–5。了解到丁苯胶乳和ABS树脂是高利润产品，且社会急需，因此，应尽量扩大生产能力生产上述两种产品。

2. 分析产品结构。分析结果表明，合成酒精产量的多少，对于作为ABS树脂原料的丁二烯的产量和成本有直接影响，成为提高该厂利润的主要矛盾。另外，作为丁苯胶乳和ABS树脂原料的苯乙烯，该厂的生产能力为1.8 t，对其如何分配，也影响总利润。

3. 根据专业知识和现有生产条件，确定各产品产量与原料、能源用量的数量关系式。

上述分析确定单利高且市场急需的ABS树脂和丁苯胶乳应按最大生产能力每季度2000t生产，其余产品丙烯G、丁苯软胶H、聚苯乙烯I、丁苯油胶U、丁腈橡胶W各生产多少呢？这5种产品涉及8种原料：A,B,C,D,E,F,X,Y；两种燃料：f_1,f_2，合计15个因素，提供了11个定量关系式，因此，仅有4个独立因素。

表4–5 产品单利表/千元·t^{-1}

产品名称	丁苯胶乳	丁腈	ABS树脂	聚苯	丙烯	油胶	软胶
单利	2.2	1.6	1.75	1.3	0.8	0.45	0.55

表4–6 生产计划优化试验因子水平表/10^4t

水平 \ 因子	X 合成酒精	Y 粮食酒精	U 油胶	W 丁腈
1	2.5	3.0	0.4	0.44
2	3.0	2.0	0.8	0.42
3	3.5	2.5	1.2	0.40

由于受生产能力和市场需求量的限制，丁腈橡胶W的产量不能超过0.44万吨，丁苯油胶U的产量不能超过1.2万吨，因此，把两种产品U,W和两种原料X,Y作为试验因子，均选3水平，如表4–6所示。

选用$L_9(3^4)$编制生产计划方案，根据各方案4个因子数据（水平值）和11个定量关系式可以确定各方案中未考察的其余产品、原料和燃料等11个因素的具体数量，利用企业利润计算方法，就可以计算出各方案的利润，如表4–7所示。可见，各方案利润相差较大，最多相差达数百万元，可见调整产品结构，优化生产计划是很有必要的。

表4-7 生产计划选优试验

试验号 \ 因子	X 合成酒精	Y 粮食酒精	U 油胶	W 丁腈	试验结果 利润/万元
1	1 2.5	1 3.0	3 1.2	2 0.42	3194
2	2 3.0	1	1 0.4	1 0.44	3265
3	3 3.5	1	2 0.8	3 0.40	3434
4	1	2 2.0	2	1	3023
5	2	2	3	3	3191
6	3	2	1	2	3258
7	1	3 2.5	1	3	2952
8	2	3	2	2	3228
9	3	3	3	1	3504
极差分析 K_{1j}	9169	9893	9475	9792	K=29049
极差分析 K_{2j}	9684	9472	9685	9680	
极差分析 K_{3j}	10196	9684	9889	9577	
极差分析 $R_j(K)$	1027	421	414	215	
因子主次	X Y U W				
最优组合	X_3 Y_1 U_3 W_1				

利用极差分析，求得最优组合为X_3 Y_1 U_3 W_1，即合成酒精35000 t，粮食酒精30000 t，油胶12000 t，丁腈4400 t。由此定出其他11种产品、原料和燃料的数量，计算出利润为3575万元。该厂按此生产计划实施，半年增加利润271万元。

思考题与习题

1. 如何理解软试验设计是在非实物试验领域的突破？
2. 参考附录Ⅶ，建议开展学生成绩影响因素调查研究。
3. 思考软试验设计的应用。

第五章 回归分析

在社会经济和生产领域，许多研究和预测对象为一个变量与一个或多个影响因素即另一些变量之间的关系。人们将变量之间的关系分为确定性关系和不确定性关系，如果变量之间的关系能够用函数关系精确表达那就是确定性关系，在数学上称为函数关系，例如物理和数学分析中所研究的变量关系。所谓不确定性关系是指变量之间存在密切关联，具有内在规律，但变量之间的关系又不能够用函数关系精确表达出来，例如年龄与血压、发动机功率与油耗、农作物产量与施肥量、商品零售额与居民收入之间的关系。随着年龄的增加，人的血压正常值会提高，功率与油耗成正比。这是一种内在规律，但是对应同样的年龄和功率，血压和油耗却不确定，具有随机性。这种虽无确定的函数关系，但在随机性后面存在某种统计规律的变量关系又称为相关关系。回归分析就是依据这些变量之间过去和现在的已知关联数据，透过随机性，分析变量之间的相互影响及其变化规律，并用回归方程近似表达。

回归分析的主要内容是：

(1)从一组统计或试验数据出发，确定研究对象(试验指标)与影响因素(变量)之间的定量关系式；

(2)对这些关系式的可信程度进行统计检验；

(3)从影响研究对象(因变量)的多个变量中，判断哪一些变量的影响是显著的，哪一些的影响不显著；

(4)利用经检验合格的回归方程开展预测、预报、控制，指导生产过程和科学研究；

(5)回归分析还是回归试验设计、均匀设计的数据处理方法。

一般回归分析方法称为古典方法。"回归"概念是英国著名生物学家、统计学家高尔顿(Francis Galton，1822 ~ 1911，达尔文的表弟)在研究人类遗传问题时提出的。高尔顿研究父代与子代身高的关系，搜集了1078对父亲及其儿子的身高数据，发现了一个有趣现象：回归效应，即子代身高有向他们父辈的平均身高回归的趋势，使人类身高的分布相对稳定而不两极分化。1855年，高尔顿发表《遗传的身高向平均数方向的回归》，分析出儿子身高y与父亲身高x为线性关系：

$$y = 0.8567 + 0.516x \text{ (m)}$$

如父辈的平均身高为1.75m，则预测子女的身高为1.7597m。

回归方程表明父亲身高每增加1个单位，其成年儿子的身高平均增加0.516个单位。这就是回归(regression)最初的遗传学含义。

古典回归分析是根据一组数据总结分析变量间的相关关系，这是单纯的数据处理，能够建立回归方程，指导预测实践。古典回归分析的缺点是：

(1)被动性,无试验设计,被动处理数据;

(2)回归系数之间的相关性对优化回归方程带来困难;

(3)对回归方程的精度研究较少;

(4)预测值的方差 $D(\hat{y}_0)$的分布复杂。

回归分析主要分为一元线性回归分析、一元非线性回归分析、多元线性回归分析、多元非线性回归分析等。

§5-1 一元线性回归分析

一元线性回归分析是处理两个变量 x,y 之间线性相关关系的方法。设 y 为因变量,x 为自变量,下面举例分析。

例5-1 某地区健康普查获得一组不同年龄的血压正常值,如表5-1所示。为了解血压与年龄之间的统计规律,希望能够建立它们之间的关系式。

一、散点图与数学模型

作散点图有利于分清变量之间的关系,确定数学模型。依据表5-1的统计数据做出血压与年龄的散点图5-1。

表5-1 不同年龄的血压平均值/mmHg

序 号 n	1	2	3	4	5	6	7	8
年 龄 x	18	20	25	30	35	40	45	50
收缩压 y	115	121	123	131	136	142	143	149

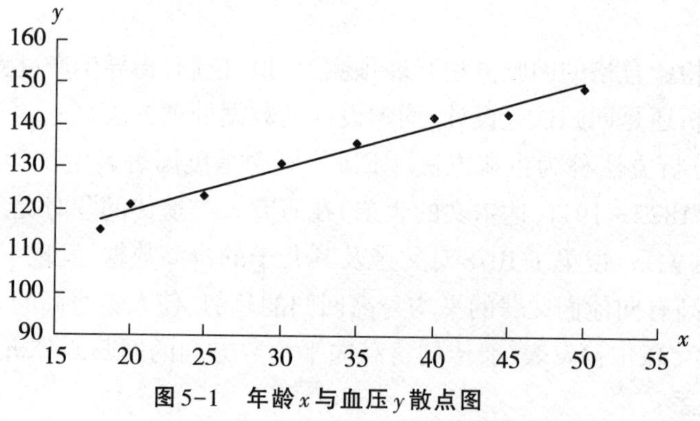

图5-1 年龄 x 与血压 y 散点图

由图5-1可知,散点大致落在一条斜直线的附近,其分布规律反映了血压随年龄增加而升高的趋势。可以推测血压 y 与年龄 x 之间存在近似线性关系,但是散点又不在直线上,这是因为除年龄外,血压还受体质、情绪等不确定因素的影响。这说明血压与年龄之间为一元线性相关关系。因此,选用下列线性结构式作为血压与年龄的一元线性回归数学模型

$$y_i = \beta_0 + \beta x_i + \varepsilon_i \quad (i = 1, 2, \cdots, N) \tag{5-1}$$

式中ε_i (i=1,2,⋯,N)为其他不确定因素对血压y影响的总和。一般假定它们为一组相互独立,且服从正态分布的随机变量,即$\varepsilon_i \sim N(0,\ \sigma^2)$。

根据数学模型,可用一元线性方程来近似表示两变量间的关系

$$\hat{y}_i = b_0 + bx_i \ (i=1,2,\cdots,N) \tag{5-2}$$

式(5-2)称为变量y对x的线性回归方程,其图形为回归直线;b_0,b称为回归系数,是β_0,β的估计值;$\hat{y}_i$称为回归值,是实际观测值y_i的均值的估计值。由式(5-2)知,对应一个x_i就可以获得y_i的一个回归值。问题的关键在于求解回归系数b_0,b。

二、回归系数 b_0,b 求解

实际上,有许多直线方程都可以近似地表示图5-2中散点所反映的相关关系,但只有一条与散点的拟合性最好,这就是回归直线。

设(x_i,y_i)(i=1,2,⋯,N)为变量x,y的一组观测数据。对于任一个x_i,由方程(5-2)可以确定一个回归值$\hat{y}_i$,实际观测值y_i与回归值$\hat{y}_i$之差 $y_i-\hat{y}_i=y_i-b_0-bx_i$ 刻画了每个观测点(散点)与回归直线$\hat{y}_i=b_0+bx_i$的偏离程度。$\hat{y}_i$与y_i的偏离越小,则认为直线与散点的拟合性越好。若$\hat{y}_i$与y_i的偏离最小,则认为直线与散点的拟合性最好。全部观测值与其回归值的离差平方和为

$$Q(b_0,b)=\sum_{i=1}^{N}(y_i-\hat{y}_i)^2=\sum_{i=1}^{N}(y_i-b_0-bx_i)^2 \tag{5-3}$$

反映了全部观测值与其回归直线的偏离程度,采用最小二乘法确定回归系数b_0,b,可以保证所配出的回归直线$\hat{y}_i=b_0+bx_i$与所有散点的拟合性最好。

根据极值原理,b_0,b为下列方程组的解

$$\begin{cases}\dfrac{\partial Q}{\partial b_0}=-2\sum\limits_{i=1}^{N}(y_i-b_0-bx_i)=0\\ \dfrac{\partial Q}{\partial b}=-2\sum\limits_{i=1}^{N}(y_i-b_0-bx_i)x_i=0\end{cases} \tag{5-4}$$

式(5-4)可进一步写成

$$\begin{cases}\sum(y_i-\hat{y}_i)=0 \quad 或 \quad Nb_0+b\sum x_i=\sum y_i\\ \sum(y_i-\hat{y}_i)x_i=0 \quad 或 \quad b_0\sum x_i+b\sum x_i^2=\sum x_iy_i\end{cases} \tag{5-5}$$

方程组(5-5)为正规方程组,系数行列式不为0,则有唯一解

$$\begin{cases}b_0=\bar{y}-b\bar{x}\\ b=\dfrac{\sum x_iy_i-\dfrac{1}{N}\sum x_i\sum y_i}{\sum x_i^2-\dfrac{1}{N}(\sum x_i)^2}\end{cases} \tag{5-6}$$

式中 $\bar{x}=\dfrac{1}{N}\sum\limits_{i=1}^{N}x_i$,$\bar{y}=\dfrac{1}{N}\sum\limits_{i=1}^{N}y_i$。

由式(5-6)求解回归系数的具体计算通常列表进行,为计算表达简便,引入下列符号和公式,如表5-2和表5-3所示。

表5-2 一元线性回归计算表(Ⅰ)

序号 n	x	y	x^2	y^2	xy
1	18	115	324	13225	2070
2	20	121	400	14641	2420
3	25	123	625	15129	3075
4	30	131	900	17161	3930
5	35	136	1225	18496	4760
6	40	142	1600	20164	5680
7	45	143	2025	20449	6435
8	50	149	2500	22201	7450
Σ	263	1060	9599	141466	35820

表5-3 一元线性回归计算表(Ⅱ)

$\sum x=263$	$\sum y=1060$	$N=8$
$\bar{x}=32.875$	$\bar{y}=132.5$	
$\sum x^2=9599$	$\sum y^2=141466$	$\sum xy=35820$
$(\sum x)^2/N=8646.125$	$(\sum y)^2/N=140450$	$\sum x\sum y/N=34847.5$

根据表5-2的计算,有

$$L_{xx}=\sum(x_i-\bar{x})^2=\sum x_i^2-\frac{1}{N}(\sum x_i)^2=952.875$$

$$L_{yy}=\sum(y_i-\bar{y})^2=\sum y_i^2-\frac{1}{N}(\sum y_i)^2=1016$$

$$L_{xy}=\sum(x_i-\bar{x})(y_i-\bar{y})=\sum x_iy_i-\frac{1}{N}\sum x_i\sum y_i=972.5$$

式中L_{xx},L_{yy}分别为x,y的离差平方和,L_{xy}为x,y的协方差之和。

回归系数计算为

$$b=\frac{\sum x_iy_i-\frac{1}{N}\sum x_i\sum y_i}{\sum x_i^2-\frac{1}{N}(\sum x_i)^2}=L_{xy}/L_{xx}=972.8/952.875=1.02$$

$$b_0=\bar{y}-b\bar{x}=132.5-1.02\times 32.875=98.97$$

于是,得到血压y与年龄x的回归方程为

$$\hat{y}_i=98.97+1.02x_i$$

也有采用经验公式 $\hat{y}_i=100+x_i$(mmHg)。

应该指出,现在利用Excel的"添加趋势线"功能,能够较方便地建立一元回归方程。

三、一元线性回归方程的显著性检验

对所求回归方程的显著性检验包括两方面内容:(1)检验回归方程是否符合y与x之间的线性相关关系;(2)判断用回归方程进行预测和控制的效果,即分析回归方程的精度。回归方程显著性检验的方法有两种:方差分析,即F检验和相关分析,即R检验。

(一)方差分析

对于具有相关关系的两个变量x与y来说,观测数据$y_1,y_2,\cdots,y_N$的波动是由两个方面的原因引起的:(1)自变量x_i的波动;(2)不确定因素的影响。

要检验这两方面的影响哪一个为主,应先把它们各自所引起的波动,从y的总波动中分解出来,再进行比较,并采用F检验,以判断x的影响是否显著,置信度多大。

数据y_i $(i=1,2,\cdots,N)$的总波动,可用y_i与其算术平均值的离差平方和表示,称为总离差平方和,记为

$$S_{总}=\sum_{i=1}^{N}(y_i-\bar{y})^2=L_{yy} \tag{5-7}$$

对式(5-7)分解有

$$\begin{aligned}S_{总}&=\sum_{i=1}^{N}(y_i-\bar{y})^2=\sum_{i=1}^{N}[(y_i-\hat{y})+(\hat{y}-\bar{y})]^2\\&=\sum_{i=1}^{N}(\hat{y}-\bar{y})^2+\sum_{i=1}^{N}(y_i-\hat{y})^2+2\sum_{i=1}^{N}(y_i-\hat{y}_i)(\hat{y}_i-\bar{y}_i)\end{aligned}$$

由式(5-5)知,交互项为0,即

$$\begin{aligned}\sum(y_i-\hat{y}_i)(\hat{y}_i-\bar{y}_i)&=\sum(y_i-\hat{y}_i)(b_0+bx_i-\bar{y}_i)\\&=(b_0-\bar{y})\sum(y_i-\hat{y}_i)+b\sum(y_i-\hat{y}_i)x_i\\&=0\end{aligned}$$

于是,得到总离差平方和的分解式

$$S_{总}=\sum_{i=1}^{N}(y_i-\bar{y})^2=\sum_{i=1}^{N}(\hat{y}-\bar{y})^2+\sum_{i=1}^{N}(y_i-\hat{y})^2 \tag{5-8}$$

即

$$S_{总}=S_{回}+S_{剩} \tag{5-9}$$

式中

$$S_{回}=\sum_{i=1}^{N}(\hat{y}-\bar{y})^2 \tag{5-10}$$

称为回归离差平方和,它是$S_{总}$中由于x与y的线性关系而引起的那一部分波动,其大小(与$S_{剩}$比较)反映了自变量x的重要程度。

$$S_{剩}=\sum_{i=1}^{N}(y_i-\hat{y})^2 \tag{5-11}$$

称为剩余离差平方和。它是由除x对y的线性关系之外剩余原因(包括误差在内的不确定因素和因素非线性关系)引起的,其大小反映了误差及其他原因的影响程度。

由于$S_{回}$和$S_{剩}$的求和项数不同,因而在进行显著性检验之前,需将各离差平方和除以各自的自由度,使其成为平均离差平方和。与总离差平方和的分解相似,总离差平方和的自由度也可以分解成回归平方和自由度和剩余平方和自由度,即

$$f_{总}=f_{回}+f_{剩} \tag{5-12}$$

式中 $f_{总}=N-1$，$f_{回}=p$，$f_{剩}=N-p-1$；p为自变量的数目。对于一元线性回归方程，$p=1$，则 $f_{回}=1$，$f_{剩}=N-2$。

要检验回归方程是否显著，可将平均回归平方和与平均剩余平方和比较，于是有统计量

$$F=\frac{\bar{S}_{回}}{\bar{S}_{剩}}=\frac{S_{回}/f_{回}}{S_{剩}/f_{剩}}=\frac{S_{回}(N-2)}{S_{剩}}\sim F_{\alpha}(1,N-2) \tag{5-13}$$

服从自由度为$(1,N-2)$的F分布，故采用F检验，具体步骤为

(1)计算统计量F；

(2)确定显著性水平α，查表找出临界值$F_{\alpha}(1,N-2)$，即$F_{\alpha}(f_1,f_2)$；

(3)比较F与$F_{\alpha}(f_1,f_2)$。

当$F>F_{\alpha}(f_1,f_2)$时，则认为在显著性α下，回归方程显著，方程有实际意义，其置信度为$(1-\alpha)100\%$，犯错误的可能为$100\alpha\%$；反之，则认为在α下，y与x之间不存在显著的相关关系。

α的取值不同，表示显著性检验水平或犯错误的可能性不同，一般采用以下标准：

当$F>F_{0.01}(f_1,f_2)$时，方程特别显著，记作**；

当$F_{0.01}(f_1,f_2)\geqslant F>F_{0.05}(f_1,f_2)$时，方程显著，记作*；

当$F_{0.05}\geqslant F>F_{0.1}$时，方程比较显著，记作(*)；

当$F_{0.1}\geqslant F>F_{0.25}$时，方程不显著，但存在一定的影响，室外试验可以采用；

当$F<F_{0.25}(f_1,f_2)$时，方程不显著，y与x之间不存在线性相关关系。

在F检验中，$S_{总}$，$S_{回}$和$S_{剩}$的具体计算式为

$$\begin{aligned}S_{总}&=\sum y_i^2-\frac{1}{N}\left(\sum y_i\right)^2=L_{yy}\\S_{回}&=b^2L_{xx}=bL_{xy}\\S_{剩}&=L_{yy}-bL_{xy}\end{aligned} \tag{5-14}$$

对例5-1所求回归方程做显著性检验，根据式(5-13)有

$$S_{回}=b^2L_{xx}=bL_{xy}=1.02\times972.5=991.95$$

$$S_{剩}=L_{yy}-bL_{xy}=1016-991.95=24.05$$

$$F=\frac{\bar{S}_{回}}{\bar{S}_{剩}}=\frac{S_{回}/f_{回}}{S_{剩}/f_{剩}}=\frac{S_{回}(N-2)}{S_{剩}}$$

$$=\frac{991.95\times6}{24.05}=247.47>F_{0.01}(1,6)=13.7$$

选定$\alpha=0.01$，查F分布表，$F_{0.01}(1,6)=13.7$，可见$F>F_{0.01}(f_1,f_2)$，故回归方程特别显著，有实际意义，其置信度为99%。检验过程可列入方差分析表5-4。

表5-4 一元线性回归方差分析表

方差来源	平方和	自由度	均方和	F	显著性α
回归	991.95	1	991.95	247.47	0.01**
剩余	24.05	6	4.01		
总和	1016	7			

(二)相关分析(R检验)

采用相关分析检验回归方程的显著性,包括两个方面的内容:衡量两变量线性相关程度和判断回归方程拟合程度。相关分析把注意力放在回归平方和与总离差平方和的比值上。认为比值$S_{总}/S_{回}$越大,回归方程越显著,并不强调误差及其他因素的影响。即

$$R^2=\frac{S_{回}}{S_{总}}=\frac{bL_{xy}}{L_{yy}}=\frac{L_{xy}^2}{L_{xx}L_{yy}} \tag{5-15}$$

$$R=\sqrt{\frac{S_{回}}{S_{总}}}=\frac{L_{xy}}{\sqrt{L_{xx}L_{yy}}} \tag{5-16}$$

式中R称为相关系数,L_{xy}为协方差和,其大小反映了x与y的线性相关程度,它与R成正比。因此,可以用R来衡量x与y的线性相关程度。

因$0\leqslant S_{回}\leqslant S_{总}$,故$0\leqslant |R|\leqslant 1$。当$R=0$时,$x$与$y$无线性关系;当$|R|=1$时,$x$与$y$为确定性关系;当$0<|R|<1$时,$x$与$y$或正相关,或负相关,而且$|R|$越大,$x$与$y$的相关程度越高。那么,$|R|$究竟多大,回归方程才显著呢?这需要用相关系数的临界值$R_{\alpha}(f_2)$来判断。检验步骤为

(1)计算相关系数R,确定显著性水平α;

(2)根据α和f_2(即$f_{剩}$),查相关系数的临界值表,得临界值$R_{\alpha}(f_2)$;

(3)比较R和$R_{\alpha}(f_2)$,当$|R|>R_{\alpha}(f_2)$时,称在α水平下,x与y线性相关,回归方程显著;否则,在α水平下,回归方程不显著。

式(5-15)中,R^2称为判别系数,用以判定回归方程的拟合程度。同样有$0\leqslant R^2\leqslant 1$,$R^2$越大,说明回归方程的拟合程度越高,例如$R$=0.9,$R^2$=0.81,说明回归直线与散点的拟合度较高,因为$x$与$y$之间线性相关关系占81%,不确定因素的影响占19%。下面对例5-1进行R检验和R^2判定。

$$R=\frac{L_{xy}}{\sqrt{L_{xx}L_{yy}}}=\frac{972.5}{\sqrt{952.875\times 1016}}=0.988$$

取α=0.01,f_2=6,查附表Ⅳ得$R_{0.01}(6)$=0.834,R=0.988 > $R_{0.01}(6)$=0.834,则回归方程显著。R^2=0.976,故回归方程拟合性很好。

上述回归方程显著性检验的两种方法,其实质是一致的,相关系数R与统计量F之间的关系为

$$F=\frac{bL_{xy}}{(L_{yy}-bL_{xy})/(N-2)}=\frac{R^2L_{yy}(N-2)}{L_{yy}-R^2L_{yy}}=\frac{R^2(N-2)}{1-R^2} \tag{5-17}$$

可见,$|R|$越大,F也越大,回归方程显著程度越高。

四、回归方程的应用

经检验显著的回归方程可用于预测和控制两个方面。

(一)预测

对于任意给定x_0,由回归方程可求得回归值

$$\hat{y}_0=b_0+bx_0$$

$\hat{y}_0$ 只是 x_0 处实际观测值 $y_0=\beta_0+\beta x_0+\varepsilon_0$ 的一个估计值，由于 x 与 y 之间的不确定性关系，y_0 不一定恰好等于 $\hat{y}_0$，而是落在以 $\hat{y}_0$ 为中心的某一范围内，预测实际是区间估计，即在显著性水平 α 下，寻找一正数 δ，使实际预测值 y_0 以 $(1-\alpha)100\%$ 的概率落在区间 $(\hat{y}_0-\delta, \hat{y}_0+\delta)$ 内，即

$$P\{\hat{y}_0-\delta<y_0<\hat{y}_0+\delta\}=(1-\alpha)100\%$$

为了确定 δ 值，需研究 $(y_0-\hat{y}_0)$ 的分布。因 $(y_0-\hat{y}_0)$ 的分布是较复杂的正态分布，所以一般认为 $(y_0-\hat{y}_0)\sim N(0,\sigma^2)$，即可用均方差 σ 来近似估计整数 δ。因总体方差 σ^2 未知，则可利用剩余平方和 $S_{剩}$ 对 σ^2 提供无偏估计。

$$\hat{\sigma}^2=S_{剩}/(N-2) \tag{5-18}$$

利用正态分布 $N(0,\sigma^2)$ 的性质有

$$\begin{gathered}P\{\hat{y}_0-\hat{\sigma}<y_0<\hat{y}_0+\hat{\sigma}\}=67\% \\ P\{\hat{y}_0-2\hat{\sigma}<y_0<\hat{y}_0+2\hat{\sigma}\}=95\% \\ P\{\hat{y}_0-3\hat{\sigma}<y_0<\hat{y}_0+3\hat{\sigma}\}=99\%\end{gathered} \tag{5-19}$$

式(5-19)可直接用于预测估计，若采用偏差 $2\hat{\sigma}$，则有95%的把握认为观测值 y 会落入两直线 $y_1=b_0+bx-2\hat{\sigma}$，$y_2=b_0+bx+2\hat{\sigma}$ 之间。如图5-2(a)所示，当取值 x_0 接近均值 $\bar{x}$ 时，且样本容量 N(数据个数)较大时，预测估计精度更高。

(二)控制

控制为预测的反问题，即若要求观测值在一定范围内取值，$y_1<y<y_2$，$(y_2-y_1>3\sigma)$，那么应把变量 x 控制在何处？也就是要寻找这样两个值 x_1,x_2，满足

$$y_1=b_0+bx_1-2\hat{\sigma},\quad y_2=b_0+bx_2+2\hat{\sigma}$$

解出 x_1,x_2，即得 x 的控制范围。只要把 x 控制在 x_1,x_2 之间，就有95%的把握保证 y 的取值在 y_1,y_2 之间，如图5-2(b)所示。

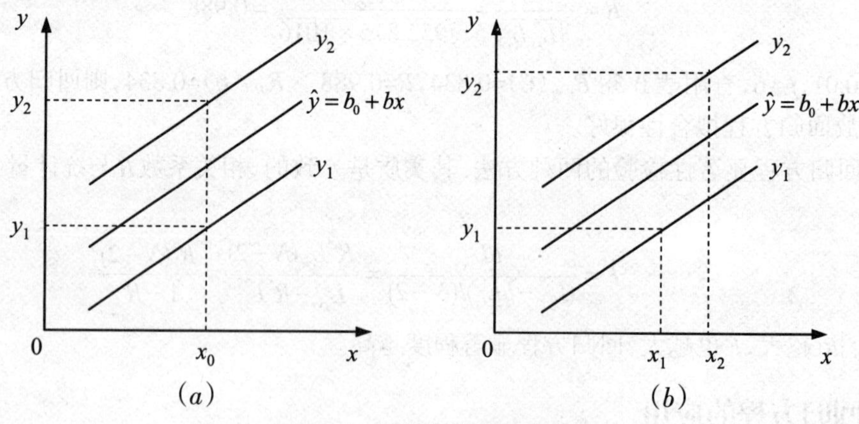

图5-2　预测与控制示意图

在例5-1中，若求年龄 x_0 为55岁的人的血压正常值范围，则属于预测问题，以 $2\hat{\sigma}$ 为偏差，则 $y_0=\hat{y}_0\pm2\hat{\sigma}=b_0+bx_1\pm2\hat{\sigma}$。

根据回归方程 $\hat{y}_0=b_0+bx_0$，求得 $\hat{y}_0=155$；$\hat{\sigma}=\sqrt{S_{剩}/(N-2)}=\sqrt{24.05/6}\approx2$；故有95%的把握认为，55岁的人血压(收缩压)的正常值范围为151～159 mmHg。

五、可线性化的一元非线性回归分析

事实上，两变量之间的相关关系多数为非线性的，属非线性回归问题，但是有一些非线性回归问题，可以通过变量代换即线性化处理，转化为线性回归问题来处理。

(一)数学模型与线性化处理

一元非线性回归分析的第一步仍然是确定y与x的数学模型，其方法有两种：(1)理论推导或凭经验确定；(2)据观测数据散点图的分布规律来确定。

例5-2 某地区2000～2012年逐年增加农业投入，使粮食产量稳步上升，见表5-5。为确定农业投入的量，需研究生产费用与产量之间的定量关系，即生产函数。

1. 根据统计数据作散点图，如图5-3所示。

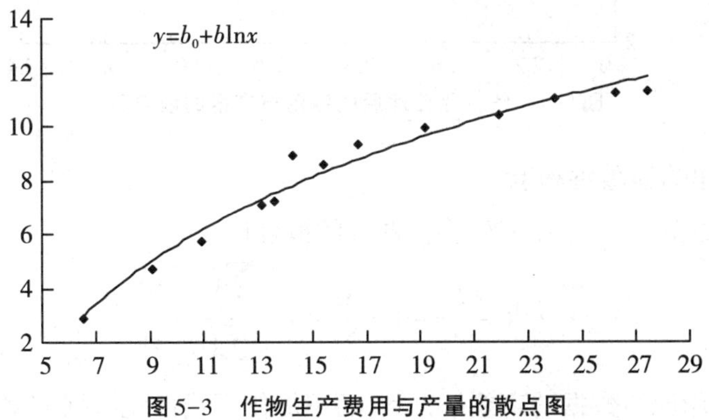

图5-3 作物生产费用与产量的散点图

2. 确定数学模型。根据散点图中的散点的分布规律，可选粮食产量y与生产费用x的回归数学模型为对数模型（非线性模型）

$$y_i=\beta_0+\beta\ln x+\varepsilon_i \quad (i=1,2,\cdots,12) \tag{5-20}$$

非线性回归方程为

$$\hat{y}_i=b_0+b\ln x$$

表5-5 某地区粮食产量与生产费用统计表

年份	生产投入x 千元/hm^2	产量y 10^3kg/hm^2	年份	生产投入x 千元/hm^2	产量y 10^3kg/hm^2
2000	6.5	2.85	2007	16.7	9.31
2001	9.1	4.74	2008	19.2	9.96
2002	10.9	5.72	2009	21.9	10.44
2003	13.1	7.06	2010	24.0	11.03
2004	13.6	7.20	2011	26.3	11.24
2005	14.3	8.93	2012	27.5	11.26
2006	15.4	8.56			

3. 线性化处理。对回归方程进行变量代换化为线性方程，令$x'=\ln x$，得到线性回归方程

$$\hat{y}_i=b_0+bx'$$

4. 求回归方程。将表5-5中的数据相应变成关于y与x'的数据，利用线性回归计算公式

计算得到线性化回归方程为 $\hat{y}=-8.5887+6.1659x'$，如图5-4所示。经过逆变换获得 y 对 x 的回归方程。

$$\hat{y}=-8.5887+6.1659\ln x \tag{5-21}$$

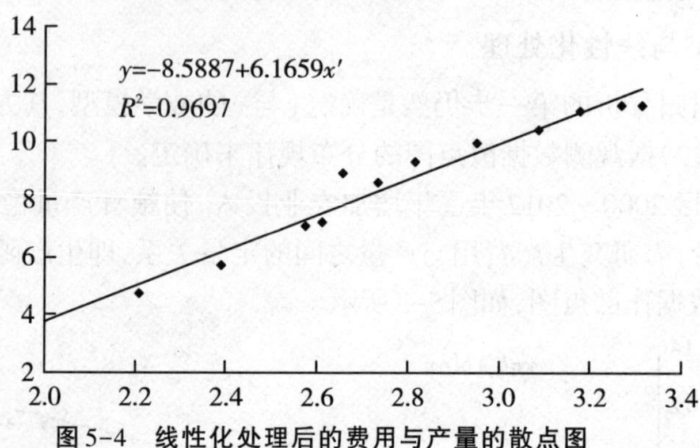

图5-4 线性化处理后的费用与产量的散点图

(二)回归方程的显著性检验

通常采用相关指数 R^2(判别系数)衡量曲线的拟合程度。

$$R^2=\frac{S_{回}}{S_{总}}=1-\frac{S_{剩}}{S_{总}}=1-\frac{\sum(y_i-\hat{y}_i)^2}{\sum(y_i-\bar{y})^2} \tag{5-22}$$

注意：式中采用原始数据的离差平方和，而不能使用线性化数据 y' 和 $\hat{y}'$ 来计算。当 R^2 接近1时，表明方程拟合性好，显著性高，一般要求 $R^2>0.81$。

$$\hat{\sigma}=\sqrt{S_{剩}/(N-2)}=\sqrt{\sum(y_i-\hat{y}_i)^2/N-2}$$

称为剩余标准误差，可作为预测的精度标准。下面计算例5-2的相关指数

$$S_{剩}=\sum(y_i-\hat{y}_i)^2=2.59$$

$$S_{总}=\sum y_i^2-\frac{1}{N}(\sum y_i)^2=85.39$$

$$R^2=1-\frac{S_{剩}}{S_{总}}=1-\frac{2.59}{85.39}=0.9697$$

相关系数 $R=0.9847$。

计算结果表明，回归方程(5-21)的拟合性较好。

(三)可线性化处理的曲线和变换公式

1. 双曲线 $\frac{1}{y}=b_0+b\frac{1}{x}$，图5-5，令 $y'=1/y, x'=1/x$，则 $y'=b_0+bx'$。
2. 指数曲线 $y=ae^{bx}$，图5-6，令 $y'=\ln y, b_0=\ln a$，则 $y'=b_0+bx$。
3. 指数曲线 $y=ae^{b/x}$，图5-7，令 $y'=\ln y, x'=1/x, b_0=\ln a$，则 $y'=b_0+bx'$。
4. 对数曲线 $y=b_0+b\log x$，图5-8，令 $x'=\log x$，则 $y=b_0+bx'$。
5. 幂函数 $y=ax^b$，图5-9，令 $y'=\ln y, x'=\ln x, b_0=\ln a$，则 $y'=b_0+bx'$。
6. S型曲线 $y=\frac{1}{b_0+be^{-x}}$，图5-10，令 $y'=1/y, x'=e^{-x}$，则 $y'=b_0+bx'$。

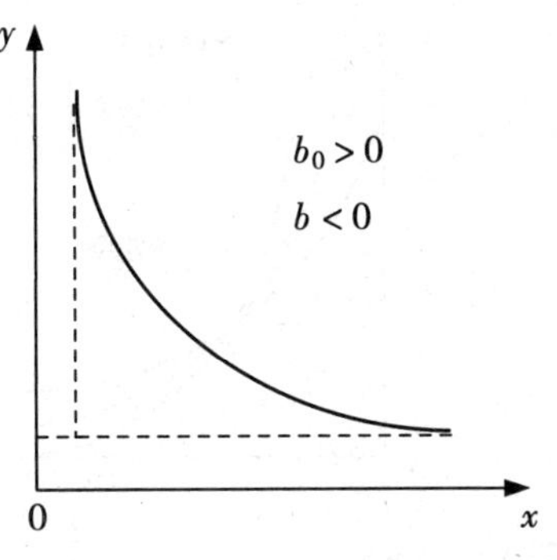

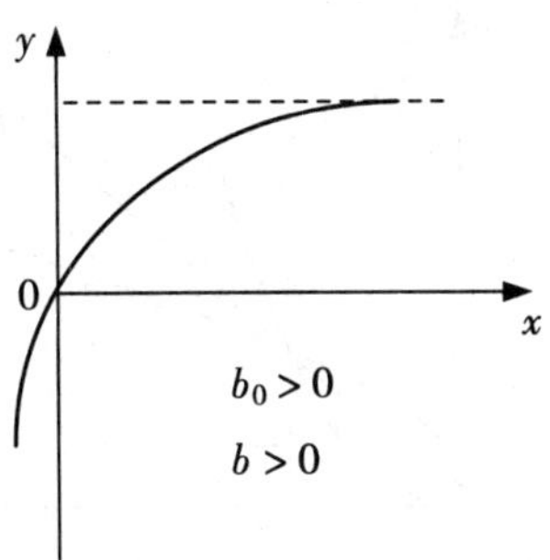

图 5-5 双曲线 $\frac{1}{y} = b_0 + b\frac{1}{x}$

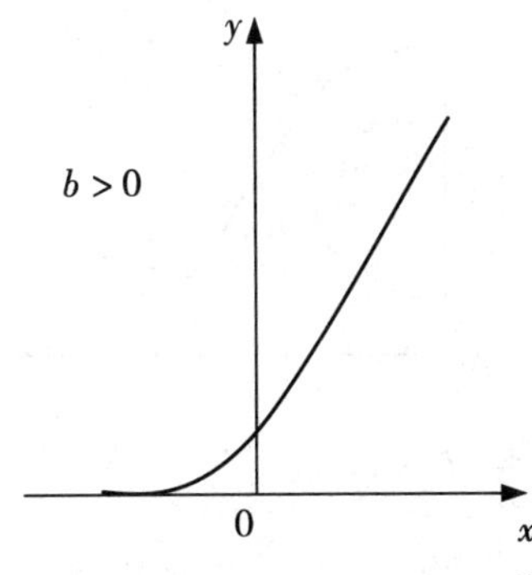

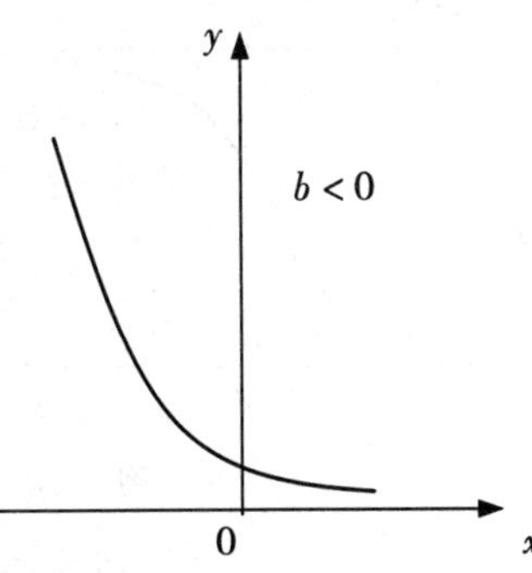

图 5-6 指数曲线 $y = ae^{bx}$

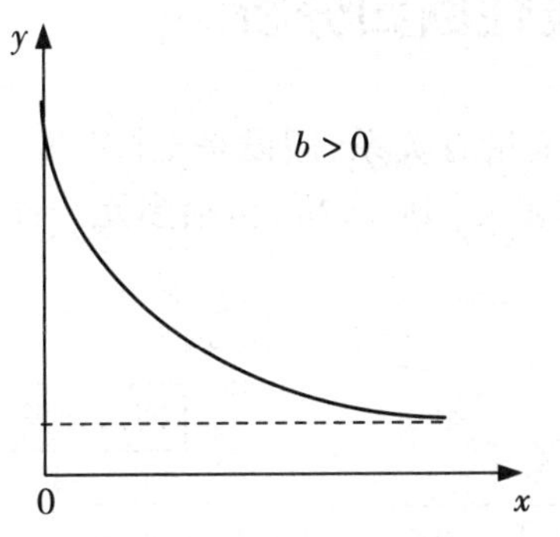

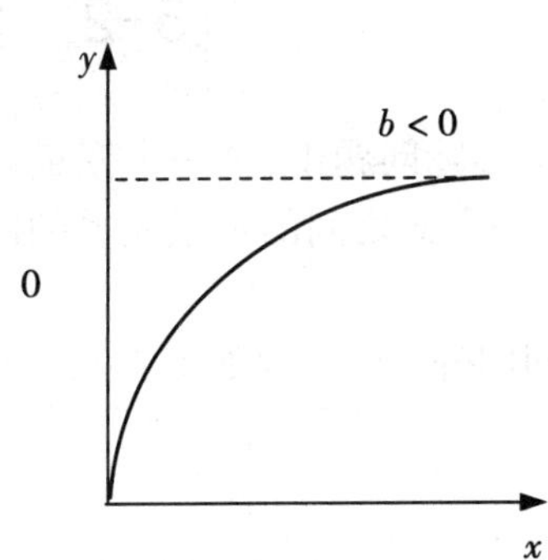

图 5-7 指数曲线 $y = ae^{b/x}$

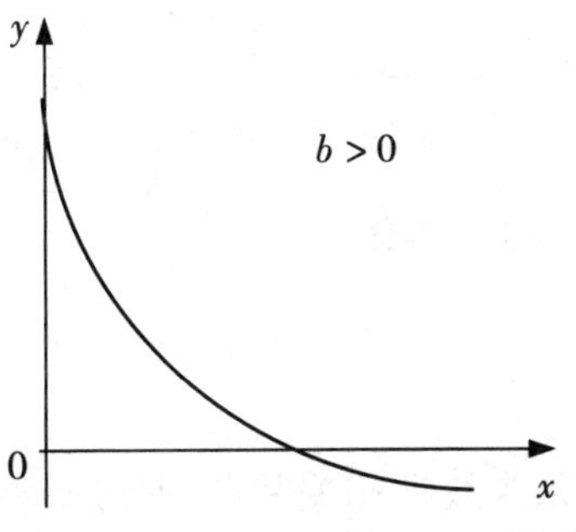

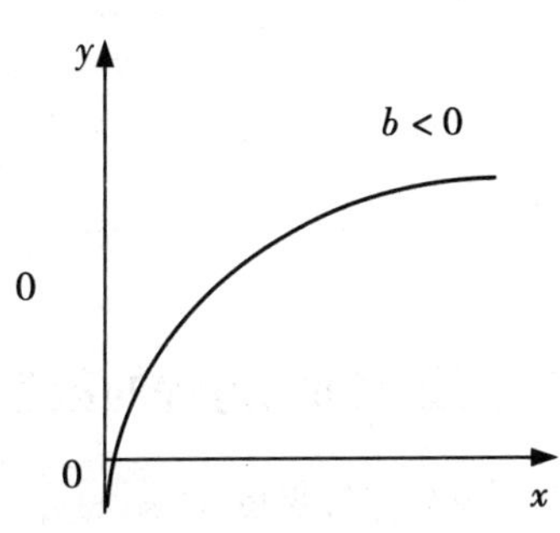

图 5-8 对数曲线 $y = b_0 + b\log x$

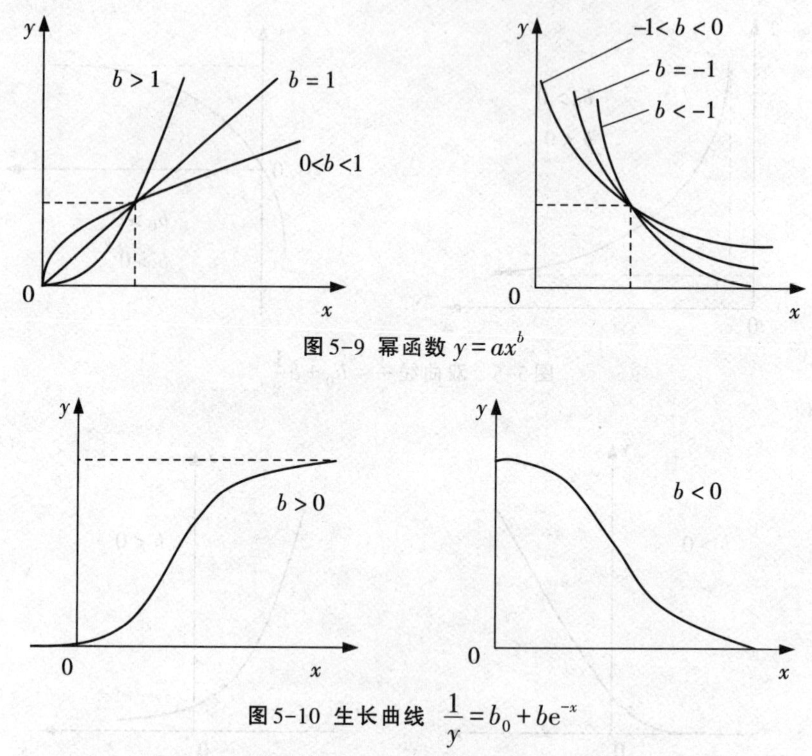

图 5-9 幂函数 $y = ax^b$

图 5-10 生长曲线 $\frac{1}{y} = b_0 + be^{-x}$

§5-2 多元线性回归分析

在许多实际问题中，某一个变量 y 与多个变量有关系，假设是 p 个变量：$x_1, x_2, \cdots, x_p$，研究 y 与 $x_1, x_2, \cdots, x_p$ 之间的定量关系的问题就是多元回归分析，包括多元线性回归和多元非线性回归。

多元回归分析的过程如图 5-11 所示。

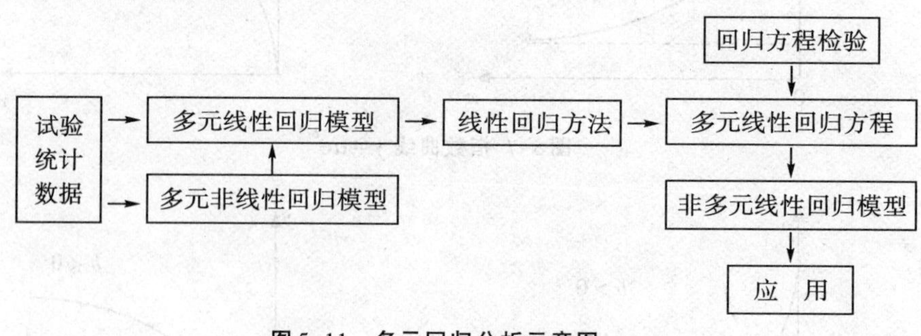

图 5-11 多元回归分析示意图

一、多元线性回归方程的数学模型

假如变量 y 与 p 个变量 $x_1, x_2, \cdots, x_p$ 的内在联系为线性相关关系，通过试验获得 N 组观测数据

$$(y_i, x_{i1}, x_{i2}, \cdots, x_{ip}), \quad i=1, 2, \cdots, N$$

那么,这批数据可以假设有如下结构式

$$\begin{aligned} y_i &= \beta_0 + \beta_1 x_{i1} + \beta_2 x_{i2} + \cdots + \beta_p x_{ip} + \varepsilon_i \\ y_1 &= \beta_0 + \beta_1 x_{11} + \beta_2 x_{12} + \cdots + \beta_p x_{1p} + \varepsilon_1 \\ y_2 &= \beta_0 + \beta_1 x_{21} + \beta_2 x_{22} + \cdots + \beta_p x_{2p} + \varepsilon_2 \\ &\cdots \\ y_N &= \beta_0 + \beta_1 x_{N1} + \beta_2 x_{N2} + \cdots + \beta_p x_{Np} + \varepsilon_N \end{aligned} \tag{5-23}$$

式中$\beta_0,\beta_1,\beta_2,\cdots,\beta_p$为$p$+1个待估计参数;$\varepsilon_1,\varepsilon_2,\cdots,\varepsilon_N$是$N$个相互独立,且服从同一正态分布$N(0,\sigma^2)$的随机变量。这就是多元线性回归数学模型。

二、多元线性回归方程的确定

(一)最小二乘估计

根据式(5-23),数学模型

$$y_i = \beta_0 + \beta_1 x_{i1} + \beta_2 x_{i2} + \cdots + \beta_p x_{ip} + \varepsilon_i$$

采用最小二乘法估计$\beta_0,\beta_1,\beta_2,\cdots,\beta_p$,设$b_0,b_1,b_2,\cdots,b_p$分别为参数$\beta_0,\beta_1,\beta_2,\cdots,\beta_p$的最小二乘估计。则回归方程为

$$\hat{y}_i = b_0 + b_1 x_{i1} + b_2 x_{i2} + \cdots + b_p x_{ip} \tag{5-24}$$

由最小二乘法知道,回归系数$b_0,b_1,b_2,\cdots,b_p$应使回归值$\hat{y}_i$与全部观测值y_i的离差平方和Q达到最小,即

$$\begin{aligned} Q &= \sum_{i=1}^{N}(y_i - \hat{y}_i)^2 \\ &= \sum_i (y_i - b_0 - b_1 x_{i1} - b_2 x_{i2} - \cdots - b_p x_{ip})^2 \to \min \end{aligned}$$

对于给定数据,Q是$b_0,b_1,b_2,\cdots,b_p$的非负二次式,最小值一定存在。根据极值原理,b_0,$b_1,b_2,\cdots,b_p$应是下列方程组的解:

$$\begin{cases} \dfrac{\partial Q}{\partial b_0} = -2\sum_i (y_i - \hat{y}_i) = 0 \\ \dfrac{\partial Q}{\partial b_j} = -2\sum_i (y_i - \hat{y}_i)x_{ij} = 0;\ j = 1,2,\cdots,p \end{cases} \tag{5-25}$$

或者

$$\begin{cases} \dfrac{\partial Q}{\partial b_0} = -2\sum_i (y_i - b_0 - b_1 x_{i1} - \cdots - b_p x_{ip}) = 0 \\ \dfrac{\partial Q}{\partial b_j} = -2\sum_i (y_i - b_0 - b_1 x_{i1} - \cdots - b_p x_{ip})x_{ij} = 0;\ j = 1,2,\cdots,p \end{cases} \tag{5-26}$$

方程组式(5-26)称为正规方程组,可以进一步写为:

$$\begin{cases} Nb_0 + (\sum_i x_{i1})b_1 + (\sum_i x_{i2})b_2 + \cdots + (\sum_i x_{ip})b_p = \sum_i y_i \\ (\sum_i x_{i1})b_0 + (\sum_i x_{i1}^2)b_1 + (\sum_i x_{i1}x_{i2})b_2 + \cdots + (\sum_i x_{i1}x_{ip})b_p = \sum_i x_{i1}y_i \\ (\sum_i x_{i2})b_0 + (\sum_i x_{i2}x_{i1})b_1 + (\sum_i x_{i2}^2)b_2 + \cdots + (\sum_i x_{i2}x_{ip})b_p = \sum_i x_{i2}y_i \\ \cdots \\ (\sum_i x_{ip})b_0 + (\sum_i x_{ip}x_{i1})b_1 + (\sum_i x_{ip}x_{i2})b_2 + \cdots + (\sum_i x_{ip}^2)b_p = \sum_i x_{ip}y_i \end{cases} \tag{5-27}$$

(二)回归分析的矩阵形式

解线性方程组式(5–27),就可求出回归方程(5–24)的回归系数,一般采用矩阵方法来研究线性方程组。

1. 数学模型和回归方程的矩阵形式

在数学模型式(5–23)中,令

$$Y=\begin{pmatrix} y_1\\ y_2\\ \vdots\\ y_N \end{pmatrix},\ X=\begin{pmatrix} 1 & x_{11} & x_{12} & \cdots & x_{1p}\\ 1 & x_{21} & x_{22} & \cdots & x_{2p}\\ \vdots & \vdots & \vdots & & \vdots\\ 1 & x_{N1} & x_{N2} & \cdots & x_{Np} \end{pmatrix},\ \beta=\begin{pmatrix} \beta_0\\ \beta_1\\ \vdots\\ \beta_N \end{pmatrix},\ \varepsilon=\begin{pmatrix} \varepsilon_1\\ \varepsilon_2\\ \vdots\\ \varepsilon_N \end{pmatrix} \tag{5–28}$$

式中X称丙结构矩阵,则多元线性回归数学模型的矩阵形式为

$$\boldsymbol{Y}=\boldsymbol{X\beta}+\boldsymbol{\varepsilon} \tag{5–29}$$

回归方程矩阵形式为

$$\hat{\boldsymbol{Y}}=\boldsymbol{Xb} \tag{5–30}$$

2. 正规方程组的矩阵形式

同样,正规方程组也可写成矩阵形式。由式(5–27)可知,正规方程组的系数矩阵为对称矩阵,用$\boldsymbol{A}$表示,且$\boldsymbol{A}=\boldsymbol{X'X}$,即

$$A=\begin{pmatrix} N & \sum x_{i1} & \sum x_{i2} & \cdots & \sum x_{ip}\\ \sum x_{i1} & \sum x_{i1}^2 & \sum x_{i1}x_{i2} & \cdots & \sum x_{i1}x_{ip}\\ \sum x_{i2} & \sum x_{i1}x_{i2} & \sum x_{i2}^2 & \cdots & \sum x_{i2}x_{ip}\\ \vdots & \vdots & \vdots & \ddots & \vdots\\ \sum x_{ip} & \sum x_{i1}x_{ip} & \sum x_{i2}x_{ip} & \cdots & \sum x_{ip}^2 \end{pmatrix}$$

$$=\begin{pmatrix} 1 & 1 & \cdots & 1\\ x_{11} & x_{21} & \cdots & x_{N1}\\ x_{12} & x_{22} & \cdots & x_{N2}\\ \vdots & \vdots & \ddots & \vdots\\ x_{1p} & x_{2p} & \cdots & x_{Np} \end{pmatrix}\cdot\begin{pmatrix} 1 & x_{11} & x_{12} & \cdots & x_{1p}\\ 1 & x_{21} & x_{22} & \cdots & x_{2p}\\ \vdots & \vdots & \vdots & \ddots & \vdots\\ 1 & x_{N1} & x_{N2} & \cdots & x_{Np} \end{pmatrix}$$

$$=X'X$$

正规方程组式(5–27)右端常数项矩阵$\boldsymbol{B}=\boldsymbol{X'Y}$为

$$B=\begin{pmatrix} \sum y_i\\ \sum x_{i1}y_i\\ \sum x_{i2}y_i\\ \vdots\\ \sum x_{ip}y_i \end{pmatrix}=\begin{pmatrix} 1 & 1 & \cdots & 1\\ x_{11} & x_{21} & \cdots & x_{N1}\\ x_{12} & x_{22} & \cdots & x_{N2}\\ \vdots & \vdots & \cdots & \vdots\\ x_{1p} & x_{2p} & \cdots & x_{Np} \end{pmatrix}\begin{pmatrix} y_1\\ y_2\\ y_3\\ \vdots\\ y_N \end{pmatrix}=X'Y$$

于是,得到正规方程组式(5–27)的矩阵形式为

$$(\boldsymbol{X'X})\boldsymbol{b}=\boldsymbol{X'Y}\ \text{或}\ \boldsymbol{Ab}=\boldsymbol{B} \tag{5–31}$$

式中$\boldsymbol{b}'=(b_0,b_1,b_2,\cdots,b_p)$是式(5–27)的未知参数。

在系数矩阵$\boldsymbol{A}$满秩的条件下(这个条件一般容易满足),$\boldsymbol{A}$的逆矩阵$\boldsymbol{A}^{-1}$存在,且是唯一确定的。设系数矩阵$\boldsymbol{A}$的逆矩阵$\boldsymbol{A}^{-1}$存在,$\boldsymbol{A}^{-1}=\boldsymbol{C}$。

3. 回归系数的矩阵表达形式

由式(5−31)可得到回归系数的矩阵表达形式为

$$\boldsymbol{b}=\boldsymbol{CB}=\boldsymbol{A}^{-1}\boldsymbol{B}=(\boldsymbol{X'X})^{-1}\boldsymbol{X'Y}$$

即

$$\begin{pmatrix} b_0 \\ b_1 \\ b_2 \\ \vdots \\ b_p \end{pmatrix}=\begin{pmatrix} c_{00} & c_{01} & c_{02} & \cdots & c_{0p} \\ c_{10} & c_{11} & c_{12} & \cdots & c_{1p} \\ c_{20} & c_{21} & c_{22} & \cdots & c_{2p} \\ \vdots & \vdots & \vdots & \vdots & \vdots \\ c_{p0} & c_{p1} & c_{p2} & \cdots & c_{pp} \end{pmatrix}\cdot\begin{pmatrix} B_0 \\ B_1 \\ B_2 \\ \vdots \\ B_p \end{pmatrix} \tag{5-32}$$

式中,系数矩阵 $\boldsymbol{A}$ 的逆矩阵 $A^{-1}=C$ 称为相关矩阵,因为 $\mathrm{cov}(b_i,b_j)=\sigma^2 c_{ij}$ $(i,j=1,2,\cdots,p)$。

$b_0,b_1,b_2,\cdots,b_p$ 为模型(5−23)参数 $\beta_0,\beta_1,\beta_2,\cdots,\beta_p$ 的最小二乘估计,也就是回归方程(5−24)的回归系数

$$\begin{aligned} b_k &= \sum_{j=0}^{p} c_{kj}B_j \\ &= c_{k0}B_0+c_{k1}B_1+\cdots+c_{kp}B_P,\quad k=0,1,2,\cdots,p \end{aligned} \tag{5-33}$$

回归系数相关矩阵为

$$\mathrm{cov}(b_i,\, b_j)=\sigma^2 c_{ij}\quad (i,j=0,1,2,\cdots,p) \tag{5-34}$$

即

$$\begin{pmatrix} D(b_0) & \mathrm{cov}(b_0,b_1) & \cdots & \mathrm{cov}(b_0,b_p) \\ \mathrm{cov}(b_1,b_0) & D(b_1) & \cdots & \mathrm{cov}(b_1,b_p) \\ \mathrm{cov}(b_2,b_0) & \mathrm{cov}(b_2,b_1) & \cdots & \mathrm{cov}(b_2,b_p) \\ \vdots & \vdots & \vdots & \vdots \\ \mathrm{cov}(b_p,b_0) & \mathrm{cov}(b_p,b_1) & \cdots & D(b_p) \end{pmatrix}=\sigma^2\begin{pmatrix} c_{00} & c_{01} & c_{02} & \cdots & c_{0p} \\ c_{10} & c_{11} & c_{12} & \cdots & c_{1p} \\ c_{20} & c_{21} & c_{22} & \cdots & c_{2p} \\ \vdots & \vdots & \vdots & \vdots & \vdots \\ c_{p0} & c_{p1} & c_{p2} & \cdots & c_{pp} \end{pmatrix} \tag{5-35}$$

式中 $\mathrm{cov}(b_i,b_j)(i,j=0,1,2,\cdots,p)$ 为矩阵元素;其中 $\mathrm{cov}(b_i,b_j)(i\neq j;i,j=0,1,2,\cdots,p)$ 为协方差;$D(b_i)(i=0,1,2,\cdots,p)$ 为方差。

三、最小二乘估计 $b=CB$ 的统计性质

1. 最小二乘估计 b 是参数 β 的无偏估计量

$$E(b_j)=\beta_j \tag{5-36}$$

2. 回归系数 b 的相关矩阵等于 σ^2 与系数矩阵逆矩阵 $C=A^{-1}$ 的乘积

$$\mathrm{cov}(b_i,b_j)=\sigma^2 c_{ij}\quad (i,j=0,1,2,\cdots,p) \tag{5-37}$$

第2条性质说明最小二乘法求出的回归系数 $b_0,b_1,b_2,\cdots,b_p$ 之间存在相关性。

综合上述2点统计性质,可以认为回归系数的估计值 b_j 服从正态分布[3],即

$$b_j\sim N(\beta_j,\sigma^2 c_{jj}) \tag{5-38}$$

一般情况下,$\mathrm{cov}(b_i,b_j)\neq 0(i\neq j)$,回归系数之间的相关性导致回归分析比较复杂。正交试验设计就是要使 $\mathrm{cov}(b_i,b_j)\neq 0(i\neq j)$,简化回归分析。

四、多元线性回归的计算

归纳起来,求解多元线性回归方程的回归系数就是要计算4个矩阵:

$$X,\ A=X'X,\ C=(X'X)^{-1},\ B=X'Y$$

例5-3 统计10个地区货运量$y(10^4t)$与工业增加值x_1(亿元)和农业增加值x_2(亿元)的资料，如表5-6所示，试对x_1,x_2与y做线性回归分析。

表5-6 回归分析计算表

地区	y	x_1	x_2	x_1^2	x_2^2	y^2	x_1y	x_2y	x_1x_2
1	160	70	35	4900	1225	25600	11200	5600	2450
2	260	75	40	5625	1600	67600	19500	10400	3000
3	210	65	40	4225	1600	44100	13650	8400	2600
4	265	74	42	5476	1764	70225	19610	11130	3108
5	240	72	38	5184	1444	57600	17280	9120	2736
6	220	68	45	4624	2025	48400	14960	9900	3060
7	275	78	42	6084	1764	75625	21450	11550	3276
8	160	66	36	4356	1296	25600	10560	5760	2376
9	275	70	44	4900	1936	75625	19250	12100	3080
10	250	65	42	4225	1764	62500	16250	10500	2730
Σ	2315	703	404	49599	16418	552875	163710	94460	28416

例5-3是一个二元线性回归问题。

1. 数学模型与回归方程

数学模型为

$$y_i=\beta_0+\beta_1x_{i1}+\beta_2x_{i2}+\varepsilon_i,\quad i=1,2,\cdots,10$$

回归方程形式为

$$\hat{y}_i=b_0+b_1x_{i1}+b_2x_{i2}$$

2. 回归系数的矩阵解

根据式(5-32)有

$$\boldsymbol{b}=\boldsymbol{CB}=\boldsymbol{A}^{-1}\boldsymbol{B}=(\boldsymbol{X}'\boldsymbol{X})^{-1}\boldsymbol{X}'\boldsymbol{Y}$$

其中，根据表5-6得到结构矩阵为

$$X=\begin{pmatrix}1 & x_{11} & x_{12}\\ 1 & x_{21} & x_{22}\\ 1 & x_{31} & x_{32}\\ 1 & x_{41} & x_{42}\\ \vdots & \vdots & \vdots\\ 1 & x_{10,1} & x_{10,2}\end{pmatrix}=\begin{pmatrix}1 & 70 & 35\\ 1 & 75 & 40\\ 1 & 65 & 40\\ 1 & 74 & 42\\ \vdots & \vdots & \vdots\\ 1 & 65 & 42\end{pmatrix}$$

系数矩阵为

$$A=X'X=\begin{pmatrix}N & \sum x_{i1} & \sum x_{i2}\\ \sum x_{i1} & \sum x_{i1}^2 & \sum x_{i1}x_{i2}\\ \sum x_{i2} & \sum x_{i1}x_{i2} & \sum x_{i2}^2\end{pmatrix}$$

$$=\begin{pmatrix}10 & 703 & 404\\ 703 & 49599 & 28416\\ 404 & 28416 & 16418\end{pmatrix}$$

常数项矩阵为

$$B=X'Y=\begin{pmatrix}\sum y_i\\ \sum x_{i1}y_i\\ \sum x_{i2}y_i\end{pmatrix}=\begin{pmatrix}2315\\ 163710\\ 94460\end{pmatrix}$$

系数矩阵的逆矩阵为

$$\begin{aligned}A^{-1}&=\frac{1}{|A|}A^*\\&=\begin{pmatrix}40.40 & -0.365 & 0.363\\ -0.365 & 5.687\times10^{-3} & -8.732\times10^{-4}\\ 0.363 & -8.732\times10^{-4} & 1.051\times10^{-2}\end{pmatrix}\end{aligned}$$

回归系数的矩阵解为

$$\begin{aligned}b&=A^{-1}\cdot B\\&=\begin{pmatrix}40.40 & -0.365 & 0.363\\ -0.365 & 5.687\times10^{-3} & -8.732\times10^{-4}\\ 0.363 & -8.732\times10^{-4} & 1.051\times10^{-2}\end{pmatrix}\begin{pmatrix}2315\\ 163710\\ 94460\end{pmatrix}\\&=\begin{pmatrix}-459.62\\ 4.68\\ 8.97\end{pmatrix}\end{aligned}$$

3.回归方程

将回归系数代入回归方程形式得到二元线性回归方程为

$$\hat{y}=-459.62+4.68x_1+8.97x_2$$

常用的多元线性回归数学模型除式(5–23)外,还有所谓"中心化"的多元线性回归模型

$$y_i=\mu+\beta_1(x_{i1}-\bar{x}_1)+\beta_2(x_{i2}-\bar{x}_2)+\cdots+\beta_p(x_{ip}-\bar{x}_p)+\varepsilon_i \quad (i=1,2,\cdots,N) \tag{5–39}$$

式中$\bar{x}_j=\frac{1}{N}\sum_i x_{ij}$,$j=1,2,\cdots,p$

回归模型式(5–23)和式(5–39)并无本质区别,但"中心化"模型可使回归系数b_0与其他回归系数$b_j(j=1,2,\cdots,p)$之间无相关性,而且使矩阵运算降低一阶,减少运算量[3]。

§5–3　多元回归分析的显著性检验

多元回归方程求解出来后,需要估计回归方程的精度,便于指导应用;同时,因为是多个变量的回归问题,还需要分析各个变量$x_1,x_2,\cdots,x_p$对y影响的显著程度。因此,多元线性回归的显著性检验包括两个方面:

1.回归方程检验,检验回归方程的精度,$x_1,x_2,\cdots,x_p$对y的线性关系是否显著;

2.回归系数检验,检验$x_1,x_2,\cdots,x_p$分别对y影响的显著程度。

一、回归方程的显著性检验

(一)回归方程F检验

在求解回归方程前,线性回归模型式(5–24)只是一种假设,尽管这种假设也有一些根据,如式(5–23)所示。

$$y_i=\beta_0+\beta_1x_{i1}+\beta_2x_{i2}+\cdots+\beta_px_{ip}+\varepsilon_i$$

然而，我们仍然不能事先判定$x_1,x_2,\cdots,x_p$对y是否确有线性相关关系？相关程度如何？可信度多大？

因此，在求解出回归方程之后，还必须对其进行显著性检验，给出肯定或否定的结论。只有回归方程检验合格，方程才能够应用。

在回归方程(5-24)

$$\hat{y}_i=b_0+b_1x_{i1}+b_2x_{i2}+\cdots+b_px_{ip},\ i=1,2,\cdots,N$$

的假设下，$\hat{y}_i$为第i个试验点$(x_{i1},x_{i2},\cdots,x_{ip})$上的回归值，则可以给出$y$的各离差平方和的定义式、计算式和自由度为

$$\begin{aligned}S_{总}&=\sum(y_i-\bar{y})^2=\Sigma y_i^2-\frac{1}{N}(\sum y_i)^2,\quad f_{总}=N-1\\S_{回}&=\sum(\hat{y}_i-\bar{y})^2=\sum_{j=0}^{p}b_jB_j-\frac{1}{N}(\sum y_i)^2,\quad f_{回}=p\\S_{剩}&=\sum(y_i-\hat{y}_i)^2=S_{总}-S_{回},\quad f_{剩}=N-p-1\end{aligned}\tag{5-40}$$

式中$S_{回}$反映由变量$(x_1,x_2,\cdots,x_p)$与y的线性相关关系引起y变化的部分；$S_{剩}$反映由试验误差和其他未加控制或未考虑的因素产生的影响。式中右端部分为离差平方和的计算式。

$$S_{总}=S_{回}+S_{剩},\quad f_{总}=f_{回}+f_{剩}$$

如y与$(x_1,x_2,\cdots,x_p)$无线性相关关系，则方程(5-24)中，$b_0,b_1,b_2,\cdots,b_p$均为0，因而，回归方程显著性检验就是要检验假设

$$H_0:\ \beta_1=\beta_2=\cdots=\beta_p=0$$

是否成立。为此，可以通过比较$S_{回}$与$S_{剩}$来实现。

可以证明，在满足结构矩阵X满秩和假设H_0成立的条件下，

$$\begin{cases}S_{回}/\sigma^2\sim\chi^2(p)\\S_{剩}/\sigma^2\sim\chi^2(N-p-1)\end{cases}$$

$S_{回}$与$S_{剩}$相互独立，从而统计量

$$F=\frac{S_{回}/f_{回}}{S_{剩}/f_{剩}}=\frac{S_{回}/p}{S_{剩}/(N-p-1)}\sim F(p,N-p-1)$$

那么，则有式(5-41)所示小概率事件成立。

$$P\left\{F=\frac{S_{回}/p}{S_{剩}/(N-p-1)}>F(p,N-P-1)\right\}=\alpha\tag{5-41}$$

这样就可以用上述统计量F来检验假设H_0是否成立。如果对于给定的一组数据

$$(y_i,\ x_{i1},\ x_{i2},\ \cdots,\ x_{ip}),\ i=1,2,\cdots,N$$

计算得到

$$F>F_\alpha(p,N-p-1)$$

则可以认为在显著性水平α下，回归方程(5-24)显著，$(x_1,x_2,\cdots,x_p)$与y线性相关关系显著；否则，认为线性关系不显著，需要改变数学模型。

上述讨论可以总结在方差分析表内，如表5-7所示。

表5-7 方差分析表

方差来源	平方和	自由度	均方和	$F_{比}$
回归	$S_{回}=\sum_i(\hat{y}_i-\bar{y})^2=-\frac{1}{N}(\sum y_i)^2+\sum_{j=0}^{p}b_jB_j$	p	$S_{回}/p$	$\frac{S_{回}/p}{S_{剩}/N-p-1}$
剩余	$S_{剩}=\sum_i(y_i-\hat{y}_i)^2=S_{总}-S_{回}$	$N-p-1$	$S_{剩}/N-p-1$	—
总和	$S_{总}=\sum_i(y_i-\bar{y})^2=\sum_i y_i^2-\frac{1}{N}(\sum y_i)^2$	$N-1$	—	

对例5-3计算所得回归方程做显著性检验

$$S_{总}=\sum y_i^2-\frac{1}{N}(\sum y_i)^2=16952.5,\qquad f_{总}=N-1=10-1=9$$

$$S_{回}=-\frac{1}{N}(\sum y_i)^2+\sum_{j=0}^{p}b_jB_j=13526.2,\qquad f_{回}=p=2$$

$$S_{剩}=S_{总}-S_{回}=3426.3,\qquad f_{剩}=N-p-1=10-2-1=7$$

计算统计量F为

$$F=\frac{S_{回}/p}{S_{剩}/(N-p-1)}=\frac{13527.2/2}{3426.3/7}=13.82$$

查阅临界值$F_\alpha(p,N-P-1)=F_\alpha(2,7)$，当$\alpha$分别为0.05，0.01时的临界值为

$$F_{0.05}(2,7)=4.74,\qquad F_{0.01}(2,7)=9.55$$

因为

$$F=13.82>F_{0.01}(2,7)=9.55$$

检验结果表明，例5-3的回归方程在显著性水平$\alpha=0.01$下，特别显著，置信度99%。方差分析表见表5-8。

表5-8 方差分析表

方差来源	平方和	自由度	均方和	$F_{比}$	显著性
回归	$S_{回}$=13526.2	2	6763.1	13.82	α = 0.01
剩余	$S_{剩}$=3426.3	7	489.47	—	
总和	$S_{总}$=16952.5	9	—		

（二）回归方程全相关系数R检验

$$R=\sqrt{S_{回}/S_{总}}\tag{5-42}$$

在给定α下，查临界值$R_\alpha(p,N-p-1)$，当$R>R_\alpha$，则认为在α条件下，回归方程显著。

对例5-3回归方程全相关系数R检验

$$R=\sqrt{S_{回}/S_{总}}=\sqrt{13526.2/16952.5}=0.893$$
$$>R_{0.01}(2,7)=0.855$$

说明回归方程在显著性水平$\alpha=0.01$下，特别显著，置信度99%。

（三）F检验与R检验的关系

统计量F与全相关系数R的关系分析如下：

$$F=\frac{S_{回}/p}{S_{剩}/N-p-1}=\frac{S_{回}/(N-p-1)}{(S_{总}-S_{回})p}=\frac{S_{回}(N-p-1)/S_{总}}{(1-S_{回}/S_{总})p}$$
$$=\frac{R^2(N-p-1)}{(1-R^2)p}$$

将全相关系数的计算结果R=0.893代入上式

$$F=\frac{R^2(N-p-1)}{(1-R^2)p}=\frac{0.893^2\times(10-2-1)}{(1-0.893^2)\times 2}\approx 13.8$$

可见，F检验与R检验的结果是一致的。

二、回归系数的显著性检验

在多元回归分析中，仅满足线性回归方程显著是不够的，因为回归方程显著并不能说明每个x_j对y的影响都显著；检验回归系数就是要考察在诸因素$x_{i1},x_{i2},\cdots,x_{ip}$中，哪些是影响$y$的主要因素，哪些是次要因素，以便在回归方程中保留重要因素，剔除那些可有可无的次要因素；重新建立更为简单的回归方程，以利于回归方程的应用。

(一)回归系数检验方法

如果某个变量x_j对y的作用不显著，那么在多元线性回归模型中，应有x_j的系数β_j=0。因此，检验因子x_j是否显著等同于检验假设：

$$H_0:\beta_j=0$$

由最小二乘估计的性质式(5-38)可知，最小二乘估计b_j服从正态分布，即

$$b_j\sim N(\beta_j,\sigma^2c_{jj})$$
$$E(b_j)=\beta_j,\quad D(b_j)=\sigma^2c_{jj} \tag{5-43}$$

式中c_{jj}为相关矩阵$C=A^{-1}$对角线上的元素。

将b_j服从一般正态分布化为标准正态分布：

$$\frac{b_j-\beta_j}{\sqrt{\sigma^2c_{jj}}}\sim N(0,1) \tag{5-44}$$

将其平方后，化为χ^2分布

$$\frac{(b_j-\beta_j)^2}{\sigma^2c_{jj}}\sim\chi^2(1) \tag{5-45}$$

另有

$$\frac{S_{剩}}{\sigma^2}\sim\chi^2(N-P-1)$$

因为b_j与$S_{剩}$相互独立，于是有统计量

$$F=\frac{(b_j-\beta_j)^2/c_{jj}\cdot 1}{S_{剩}/(N-p-1)}\sim F_\alpha(1,N-p-1)$$

或 (5-46)

$$|t|=\frac{(b_j-\beta_j)/\sqrt{c_{jj}}}{\sqrt{S_{剩}/(N-p-1)}}\sim t_\alpha(N-p-1)$$

则有小概率事件成立

$$P\left\{F=\frac{(b_j-\beta_j)^2/c_{jj}\cdot 1}{S_{剩}/(N-p-1)}>F_\alpha(1,N-p-1)\right\}=\alpha$$

在假设H_0: β_j=0 下，式(5-46)的统计量为

$$F=\frac{b_j^2/c_{jj}}{S_{剩}/(N-p-1)}=\frac{S_j}{S_{剩}/(N-p-1)} \tag{5-47}$$

或者

$$|t|=\frac{b_j\Big/\sqrt{c_{jj}}}{\sqrt{S_{剩}/(N-p-1)}} \tag{5-48}$$

式(5-47)中 $S_j=b_j^2/c_{jj}$ 反映x_j对y的影响程度，称S_j为y对x_j的偏回归平方和。

根据式(5-47)，对例5-3回归系数进行F检验。依据§5-2对例5-3的回归系数的矩阵解，得知c_{11}=5.687×10^{-3}，c_{22}=1.051×10^{-2}，代入式(5-47)，对回归系数b_1，b_2分别有：

$$F_1=\frac{b_1^2/c_{11}}{S_{剩}/(N-p-1)}=\frac{4.68^2/5.687\times10^{-3}}{3426.3/7}=7.868$$

$$F_2=\frac{b_2^2/c_{22}}{S_{剩}/(N-p-1)}=\frac{8.97^2/1.051\times10^{-2}}{3426.3/7}=15.63$$

查表得到 $F_{0.01}$(1，7)=12.25；$F_{0.05}$(1，7)=5.59。

F_1>$F_{0.05}$(1，7)=5.59，有95%的把握认为x_1对y影响显著；

F_2>$F_{0.01}$(1，7)=12.25，有99%的把握认为x_2对y影响特别显著。

根据式(5-48)，对例5-3的回归系数进行t检验。

$$t_1=\frac{b_1\Big/\sqrt{c_{11}}}{\sqrt{S_{剩}/(N-p-1)}}=\frac{4.68\Big/\sqrt{0.005687}}{\sqrt{3426.3/7}}=2.805$$

$$t_2=\frac{b_2\Big/\sqrt{c_{22}}}{\sqrt{S_{剩}/(N-p-1)}}=\frac{8.97\Big/\sqrt{0.01051}}{\sqrt{3426.3/7}}=3.955$$

查t分布表：$t_{0.01}$(7)=3.499；$t_{0.05}$(7)=2.365。

t_1>$t_{0.05}$(7)=2.365，有95%的把握认为x_1对y影响显著；

t_2>$t_{0.01}$(7)=3.499，有99%的把握认为x_2对y影响特别显著。

回归系数检验可能有3种结果：(1)x_j全部显著；(2)x_j全部不显著；(3)x_j部分显著。第3种情况出现最多。

(二)新回归方程的建立

当检验表明某个b_j不显著时，应从回归方程中去掉x_j；若有多个因子对y的影响不显著，那么也只能先去掉F值比较小的那个因子。

由于回归系数之间存在相关性，即c_{ij}≠0，这就是古典回归分析的主要缺点之一。当从回归方程中去掉一个因子x_i后，需根据剩余的 p-1个因子，重新估计回归系数，建立新方程，再检验，直到全部合格。

新回归方程为

$$\hat{y}' = b_0^* + b_1^* x_1 + \cdots + b_{i-1}^* x_{i-1} + b_{i+1}^* x_{i+1} + \cdots + b_p^* x_p \tag{5-49}$$

式中 $b_j^*(j \neq i)$ 是新回归系数，一般 $b_j^* \neq b_j (j=1,2,\cdots,i-1,i+1,\cdots,p)$。

这是因为回归系数之间存在相关性，$c_{ij} \neq 0$，造成从原回归方程中去掉一个因子 x_i 后，其他变量，特别是与 x_i 密切相关的一些变量的回归系数就会受到影响，有时影响会较大，甚至会引起回归系数正负号发生改变。因此，在第一次显著性检验中即使原方程中有多个因子不显著，也只能先去掉 F 值最小的一个，待建立起新的回归方程以后，再进行检验，多次重复，直到新方程中所有因子显著为止。

为简化新回归系数的计算，有必要建立新旧回归系数之间的关系。对于 p 元回归分析，当取消一个变量 x_i 后，余下的 $p-1$ 变量的新回归系数 $b_j^*(j \neq i)$ 与原回归系数 b_j 之间的关系如式(5-50)所示[3]。

$$b_j^* = b_j - \frac{c_{ij}}{c_{ii}} b_i, \quad j \neq i \tag{5-50}$$

式中 c_{ii}，c_{ij} 是原 p 元相关矩阵 $C=(c_{ij})$ 的元素；当原方程中去掉了 x_i，新方程中就不再有 b_i 了。

综上所述，回归系数的相关性 $c_{ij} \neq 0$，给多元回归分析增添了许多困难。由式(5-50)可知，若能够通过试验设计，使回归系数之间无关，即相关矩阵 C 成为对角阵，$c_{ij}=0(j \neq i)$，则式(5-50)中新旧回归系数相等：

$$b_j^* = b_j$$

就是说，当从原回归方程中剔除一个变量后，其余回归系数不变；也就可以同时剔除多个不显著 x_i，其余 b_j 不需要重新计算，这就是回归正交设计的出发点。

（三）偏回归平方和

以下对 F 统计量式(5-47)作统计解释。已知总离差平方和可以分解为回归平方和与剩余平方和两项，其中回归平方和 $S_回$ 反映所有变量 x_j 对 y 的影响，所考虑的自变量 x_j 越多，回归平方和 $S_回$ 的值就应该越大。因此，若在所考虑的因子中去掉一个，$S_回$ 只会减小，不会增大；$S_回$ 减小的数值越大，说明该因子在 $S_回$ 中所起作用越大，越重要。

设 $S_回$ 是 p 个变量 $(x_1, x_2, \cdots, x_p)$ 所引起的回归平方和，$S'_回$ 是 $p-1$ 个变量 $(x_1, x_2, \cdots, x_{i-1}, x_{i+1}, \cdots, x_p)$ 所引起的回归平方和。二者的差值

$$S_i = S_回 - S'_回 \tag{5-51}$$

就是去掉变量 x_i 后，回归平方和所减小的量，它反映了 x_i 对 y 的影响，称 S_i 为 y 对 x_i 的偏回归平方和。可见，利用偏回归平方和 S_i 可以衡量每个变量 x_i 在回归平方和 $S_回$ 中所起的作用大小。

由式(5-40)知，当 p 个变量的回归系数分别为 $b_1, b_2, \cdots, b_p$，它们的回归平方和为

$$S_回 = \sum_{j=1}^{p} b_j B_j$$

当 $p-1$ 个变量的回归系数分别为 $b_1^*, b_2^*, \cdots, b_{i-1}^*, b_{i+1}^*, \cdots, b_p^*$ 时，它们的回归平方和为

$$S'_回 = \sum_{\substack{j=1 \\ j \neq i}}^{p} b_j^* B_j$$

于是，偏回归平方和为

$$S_i = S_{回} - S'_{回} = \sum_{j=1}^{p} b_j B_j - \sum_{\substack{j=1 \\ j \neq i}}^{p} b_j^* B_j \tag{5-52}$$

将式(5-50)代入式(5-52)得

$$\begin{aligned} S_i &= \sum_{j=1}^{p} b_j B_j - \sum_{\substack{j=1 \\ j \neq i}}^{p} b_j B_j + \frac{b_i}{c_{ii}} \sum_{\substack{j=1 \\ j \neq i}}^{p} c_{ij} B_j \\ &= b_i B_i + \frac{b_i}{c_{ii}} \sum_{\substack{j=1 \\ j \neq i}}^{p} c_{ij} B_j \\ &= b_i B_i + \frac{b_i}{c_{ii}} \sum_{j=1}^{p} c_{ij} B_j - \frac{b_i}{c_{ii}} \cdot c_{ii} B_i \\ &= \frac{b_i}{c_{ii}} \sum_{j=1}^{p} c_{ij} B_j \end{aligned} \tag{5-53}$$

由式(5-33)得知，

$$b_i = \sum_{j=1}^{p} c_{ij} B_j, \quad i = 1, 2, \cdots, p$$

代入式(5-53)得

$$\begin{aligned} S_i &= \frac{b_i}{c_{ii}} \sum_{j=1}^{p} c_{ij} B_j = \frac{b_i}{c_{ii}} \cdot b_i \\ &= \frac{b_i^2}{c_{ii}} \end{aligned} \tag{5-54}$$

将偏回归平方和S_i表达式(5-54)与统计量F计算式(5-47)对比，发现统计量F的分子就是偏回归平方和，F是偏回归平方和与平均剩余离差平方和之比。因此，偏回归平方和可以用来检验某个因子的显著性；而且，凡是偏回归平方和很大的变量，一定是显著的；凡是偏回归平方和小的变量，却不一定不显著，但可以肯定偏回归平方和最小的变量，必然是所有变量中对y作用最小的一个。

§5-4 多元线性回归方程的应用

为了利用回归方程进行预测和控制，需要计算出在点$(x_{01}, x_{02}, \cdots, x_{0p})$处的观测值

$$y_0 = \beta_0 + \beta_1 x_{01} + \beta_2 x_{02} + \cdots + \beta_p x_{0p} + \varepsilon_0 \tag{5-55}$$

与回归值

$$\hat{y}_0 = b_0 + b_1 x_{01} + b_2 x_{02} + \cdots + b_p x_{0p} \tag{5-56}$$

之间的离差$(y_0 - \hat{y}_0)$的分布。与一元线性回归分析相似，离差$(y_0 - \hat{y}_0)$服从正态分布，即

$$y_0 - \hat{y}_0 \sim N\left(0, \ \sigma\sqrt{1 + \frac{1}{N} + \sum_{i=1}^{p}\sum_{j=1}^{p} c_{ij}(x_{0i} - \bar{x}_i)(x_{0j} - \bar{x}_j)}\right)$$

式中 c_{ij}为相关矩阵C的元素。

当N比较大($N\to\infty$),x_{0i},x_{0j}分别接近于 $\bar{x}_i$, $\bar{x}_j$ 时,可以近似认为

$$y_0-\hat{y}_0\sim N(0,\sigma)$$

因此,可用式(5-57)进行预报和控制:

$$\begin{cases}P\{\hat{y}_0-\sigma<y_0<\hat{y}_0+\sigma\}=68\%\\P\{\hat{y}_0-2\sigma<y_0<\hat{y}_0+2\sigma\}=95.4\%\\P\{\hat{y}_0-3\sigma<y_0<\hat{y}_0+3\sigma\}=99.1\%\end{cases}\tag{5-57}$$

常用2σ和3σ来估计区间控制范围。在无重复试验的条件下,可由剩余离差平方和提供σ的无偏估计

$$\hat{\sigma}^2=S_{剩}/f_{剩}=\sum_i(y_i-\hat{y}_i)^2/(N-p-1)\tag{5-58}$$

在重复试验情况下,由误差平方和$S_{误}$提供σ^2的无偏估计,即

$$\hat{\sigma}^2=\frac{S_{误}}{N(T-1)}\tag{5-59}$$

式中T为重复试验次数。

§5-5　逐步回归分析

在古典回归分析中,通过回归系数的检验,希望建立的回归方程,以及在回归方程中每个x_i(i=1,2,…)变量对y(试验指标、预报量、估计值)的影响都是显著的,这是否就是"最优"方程呢?

一、"最优"方程的理解

回归方程中自变量越多,回归平方和$S_{回}$就大,剩余平方和$S_{剩}$及其自由度$f_{剩}$就越小,有助于提高预测估计的精度,所以希望回归方程包括尽可能多的变量,尤其是不能漏掉对y有显著影响的变量。但是,方程中所含变量多,也有不利的一面:

(1)预测估计时,需要测定许多变量,增加工作量;

(2)如果回归方程中含有对y影响较小的变量,导致$S_{剩}$及$f_{剩}$减小,使平均剩余平方和$S_{剩}/f_{剩}$增大以及检验的临界值$F(1,f_{剩})$较大,降低了显著性检验的水平;

(3)如果回归方程中含有对y影响不显著的变量,那么会影响到方程预测估计的稳定性。因而,"最优"回归方程应该是包含所有对y影响显著的因子和部分有较大影响(不显著)的因子。

二、寻求"最优"回归方程的方法

选择"最优"回归方程有几种不同的方法,举例说明[3]。

例5-4 某种水泥在凝固时释放热量y(cal/g)与水泥中4种化学成分有关:

x_1:$3CaO\cdot Al_2O_3$的成分,%;

x_2:$3CaO \cdot SiO_2$的成分,%;

x_3:$4CaO \cdot Al_2O_3\ Fe_2O_3$的成分,%;

x_4:$2CaO \cdot SiO_2$的成分,%;

测得13组试验数据,如表5-9所示,试建立y关于这些因子的“最优”回归方程。

表5-9　水泥凝固释放热量与化学成分的关系

编号	x_1	x_2	x_3	x_4	y
1	7	26	6	60	78.5
2	1	29	15	52	74.3
3	11	56	8	20	104.3
4	11	31	8	47	87.6
5	7	52	6	33	95.9
6	11	55	9	22	109.2
7	3	71	17	6	102.7
8	1	31	22	44	72.5
9	2	54	18	22	93.1
10	21	47	4	26	115.9
11	1	40	23	34	83.8
12	11	66	9	12	113.3
13	10	68	8	12	109.4

方法一:全面寻优法,即从所有可能的变量组合的回归方程中挑选最优者。

表5-10　例5-4的回归系数和显著性

方程序号	b_0	b_1	b_2	b_3	b_4	$S_{剩}$	$f_{剩}$	σ^2
						2715.76	12	
(1)	81.479	1.869**				1265.69	11	115.06
(2)	57.424		0.789**			906.34	11	82.39
(3)	110.203			−1.255(*)		1939.40	11	176.31
(4)	117.568				−0.738**	883.87	11	80.35
(5)	52.577	1.468**	0.662**			57.90	10	5.79
(6)	72.349	2.313*		0.495		1227.07	10	122.71
(7)	103.097	1.440**			−0.614**	74.76	10	7.48
(8)	72.075		0.731**	−1.008**		415.44	10	41.54
(9)	94.160		0.311		−0.457	868.88	10	86.89
(10)	131.282			−1.200**	−0.725**	175.74	10	17.57
(11)	48.194	1.696**	0.657**	0.250		48.11	9	5.35
(12)	71.648	1.452**	0.416(*)		−0.237	47.97	9	5.33
(13)	111.684	1.052**		−0.410(*)	−0.643**	50.84	9	5.65
(14)	203.642		−0.923**	−1.448**	−1.557**	73.82	9	8.2
(15)	62.405	1.551(*)	0.510	0.102	−0.144	47.86	8	5.98

注:数字右上角注**为在α=0.01水平上显著;注*为在α=0.05水平上显著;注(*)为在α=0.10水平上显著。

这种方法就是把所有包含1个,2个……直至所有变量的线性回归方程全部计算出来,对每个方程及自变量作显著性检验,并从中挑选一个方程,要求该方程中所有变量全部显著,而且剩余均方和 $\hat{\sigma}^2$ 较小。

在例5-4中,包含1个因子的方程共有 $C_4^1=4$ 个,包含2个因子的方程共有 $C_4^2=6$ 个,包含3个因子的方程可建立 $C_4^3=4$ 个,包含4个因子的方程可建立1个,共计15个方程,它们的系数、显著性及剩余方差 $\hat{\sigma}^2$,如表5-10所示。

从这15个方程中,可以看出 $\hat{\sigma}^2$ 最小的为方程(12),但此方程中含有不显著因子,因而它不是最优的,而全部因子显著,且 $\hat{\sigma}^2$ 较小的为方程(5),即

$$\hat{y}=52.577+1.468x_1+0.662x_2$$

为"最优"方程。

用这种方法总可以在全部方程中找到一个"最优"方程。然而工作量实在太大。例如,有10个因子的话,就要建立 $2^{10}-1=1023$ 个方程,因而这种方法是不适用的。

方法二:后退法,即从包含全部变量的回归方程中逐次剔除不显著因子。

在例5-4中,首先建立回归方程(15),对每一个因子做显著性检验,剔除不显著因子中偏回归平方和(或回归系数绝对值)最小的一个因子 x_3;重新建立回归方程(12),再次对各因子做显著性检验,剔除不显著的因子 x_4,再重新建立方程(5),在方程(5)中,所有因子都显著,故方程(5)是"最优"的。

方法三:前进法,即从一个自变量开始,把变量逐个引入回归方程。

在例5-4中,先计算各因子与 y 的相关系数,将绝对值最大的一个因子 x_4 引入方程,得方程(4),对回归平方和的检验结果是显著的,然后找出余下的因子中与 y 的偏回归系数(除去已引入的因子的影响后,二者间的相关系数)最大的那个因子 x_1,将其引入方程,检验结果显著,得到方程(7),再找到余下因子中与 y 偏回归系数最大的 x_2,经检验,该因子也要引入,求得方程(12),最后 x_3 经检验不显著,不再引入。这样得到的方程,并不保证其中所有因子都是显著的。例如,在方程(12)中,因子 x_4 就不再是显著的。前进法并不能保证所得方程为"最优",还需进一步做检验,剔除不显著因子,同时每步都要计算偏相关系数,比较烦琐。

结合方法二和方法三,产生了第四种筛选变量的方法:逐步回归分析。

它的基本思想是:将因子一个个引入,引入因子的条件是,该因子经检验是显著的;同时,每引入一个新因子后,要对原有因子逐个检验,将变化为不显著的因子剔除,保证最后所得方程中所有因子都是显著的。逐步回归法不需要计算偏相关系数,计算较简单。

逐步回归分析的步骤是:首先,将对 y 贡献最大(回归系数绝对值最大)的变量选入方程,预先确定两个阀值 F_{in} 和 F_{out},用于决定变量是否选入或剔除。逐步回归的每一步有3种可能产生的功能:

(1)将1个新变量引入回归方程,这时相应的 F 统计量必须大于 F_{in};

(2)将1个变量从回归方程中剔除,这时相应的 F 统计量必须小于 F_{out};

(3)将回归方程中的1个变量与方程外的1个变量交换位置。

在实现上述功能(1)和(2)时,要注意以下原则:

设在当前步骤中有 s 个变量不在回归方程中,有 t 个变量已经在回归方程中。要从 s 个变量中挑选1个进入回归方程,显然应该从 s 个变量中挑选1个变量使 F 值达到极大。类似

地，若要从回归方程的t个变量中剔除1个，我们就要选择剔除后能够使回归效果更好的变量，或者说，选择对当前回归方程贡献最小的变量。如果在某一步骤中，能够同时实现(1)(2)功能，也就是实现功能(3)。

对于均匀设计的结果分析，使用的主要工具就是逐步回归分析。大部分统计软件都有逐步回归分析的功能。

§5-6　多元非线性回归与多项式回归

一、多元非线性回归

在实际生产中，某一个变量y与多个变量之间存在非线性关系，假设是p个变量：x_1，x_2，…，x_p，研究y与x_1，x_2，…，x_p之间的定量非线性关系的问题就是多元非线性回归分析。例如，金属切削中，切削温度、刀具磨损程度不仅与切削速度有关，而且还与进给量、切削深度、刀具角度有关；同时，它们之间的关系是复杂的非线性关系；作物产量与光照、温度、水分、施肥量等之间也是多元非线性关系。

对于多元非线性回归问题有许多可以转化为多元线性回归分析。

对于任一非线性回归数学模型

$$y_i=\beta_0+\beta_1 f_1(z_{i1})+\beta_2 f_2(z_{i2})+\cdots+\beta_p f_p(z_{ip})+\varepsilon_i \tag{5-60}$$

模型中，$f_j(z_{ij})$表示y与z_j的非线性关系；只要$f_j(z_{ij})$为自变量的已知函数，而无未知参数存在，则令

$$\begin{aligned}x_1&=f_1(z_1)\\x_2&=f_2(z_2)\\&\cdots\\x_j&=f_j(z_j)\end{aligned}$$

则原非线性数学模型转化为

$$y_i=\beta_0+\beta_1x_{i1}+\beta_2x_{i2}+\cdots+\beta_px_{ip}+\varepsilon_i \tag{5-61}$$

回归方程为

$$\hat{y}_i=b_0+b_1x_{i1}+b_2x_{i2}+\cdots+b_px_{ip} \tag{5-62}$$

例如，道格拉斯生产函数(Cobb-Douglas)的转化

$$Y=A(t)K^{\alpha}(t)L^{\beta}(t)$$

线性化处理

$$\ln Y=\ln A(t)+\alpha\ln K(t)+\beta\ln L(t)$$

令　$$y'=\ln Y, a=\ln A(t), k=\ln K(t), l=\ln L(t)$$

则　$$y'=a+\alpha k+\beta l$$

再如金属材料的断裂时间y与温度T和持久强度x之间的回归模型为[18]

$$\lg y_i=\beta_0+\beta_1\lg x_i+\beta_2\lg^2x_i+\beta_3\lg^3x_i+\frac{\beta_4}{2.3RT_i}+\varepsilon_i$$

$$(i=1,2,\cdots,n)$$

式中T为绝对温度：工作温度+273℃；R=1.986 cal/g·℃；$\beta_0,\beta_1,\cdots,\beta_4$为5个待估计参数。

令
$$y'=\lg y,\ x_1=\lg x,\ x_2=\lg^2 x,\ x_3=\lg^3 x,\ x_4=\frac{1}{2.3RT}$$

则本问题的线性回归模型为
$$y'_i=\beta_0+\beta_1 x_{i1}+\beta_2 x_{i2}+\beta_3 x_{i3}+\beta_4 x_{i4}+\varepsilon_i$$

回归方程为
$$\hat{y}_i=b_0+b_1 x_{i1}+b_2 x_{i2}+b_3 x_{i3}+b_4 x_{i4}$$

二、多项式回归

多项式回归包括一元多项式回归和多元多项式回归，下面介绍多项式回归的线性化方法。

（一）一元多项式回归

在一元回归模型中，如果y与x的关系为k次多项式，且在x_i处对y的观测值的随机误差$\varepsilon_i\sim N(0,\sigma^2)(i=1,2,\cdots,N)$，则多项式回归模型为
$$y_i=\beta_0+\beta_1 x_i+\beta_2 x_i^2+\cdots+\beta_k x_i^k+\varepsilon_i\quad(i=1,2,\cdots,N)\tag{5-63}$$

多项式回归可以化为多元线性回归问题。令
$$x_{i1}=x_i,\ x_{i2}=x_i^2,\ \cdots,\ x_{ik}=x_i^k$$

则
$$\hat{y}_i=b_0+b_1 x_i+b_2 x_i^2+\cdots+b_k x_i^k\tag{5-64}$$

（二）多元多项式回归

多元多项式回归问题也可化为多元线性回归问题。对于包含多变量的任意多项式回归模型
$$y_i=\beta_0+\beta_1 z_{i1}+\beta_2 z_{i2}+\beta_3 z_{i1}^2+\beta_4 z_{i1}z_{i2}+\beta_5 z_{i2}^2+\cdots+\varepsilon_i\tag{5-65}$$

令
$$x_{i1}=z_{i1},\ x_{i2}=z_{i2},\ x_{i3}=z_{i1}^2,\ x_{i4}=z_{i1}z_{i2},\ x_{i5}=z_{i2}^2,\cdots$$

则多元线性回归模型为
$$\hat{y}_i=\beta_0+\beta_1 x_{i1}+\beta_2 x_{i2}+\beta_3 x_{i3}+\beta_4 x_{i4}+\beta_5 x_{i5}+\cdots+\varepsilon_i\tag{5-66}$$

这样，多项式回归可以处理相当一些非线性问题。

思考题与习题

1. 一元线性回归模型与一元一次函数有什么联系和区别？
2. 设表5-11中为试验数据，试分别分析x与y_1，y_2和y_3的关系。

表5-11 试验数据表

试验号	x	y_1	y_2	y_3
1	49.00	16.60	16.70	16.65
2	49.30	16.80	16.80	16.80
3	49.50	16.80	16.90	16.85
4	49.80	16.90	17.00	16.95
5	50.00	17.00	17.10	17.05
6	50.20	17.00	17.10	17.05

3. 研究电机过载保护的试验数据见表5-12，试分析电流过载情况I_k与保护延时t的关系。过载情况$I_k=I/I_e$，为电机电流与额定电流之比，即I/I_e=150%～490%。

表5-12 过载延时保护试验数据

试验号	过载 I_k	延时 t/s	试验号	过载 I_k	延时 t/s
1	1.5	17.481	6	3.5	1.376
2	1.7	11.350	7	4.0	1.501
3	2.0	7.375	8	4.5	0.647
4	2.5	3.776	9	4.7	0.568
5	3.0	2.185	10	4.9	0.502

4. 在掌握线性回归分析方法的基础上，利用Excel分析第2，3题数据。

5. 查阅国家统计年鉴，分析近10年我国研发经费R&D、科研人员数量与GDP的关系。

第六章　均匀设计

均匀设计(Uniform Design,简称UD)由中国科学院应用数学研究所方开泰教授和中国科学院王元院士于1978年创立。1980年在《应用数学学报》发表"均匀设计—数论方法在试验设计的应用",成为均匀设计的奠基文献[19]。

王元为数论学家,方开泰为应用数学家和试验设计专家。20世纪70年代(1970~1978),方开泰在定量分析不等水平对正交试验结果的影响方面有突破,但成果并不完美,后有我校袁振邦教授的奇妙发现为其圆满[9]。

1978年,当时七机部为导弹设计提出了一个5因子试验,要求每个因子的水平大于10,试验总次数不超过50。如果采用正交试验需选表L_{100}以上,试验次数超过100次,不能满足导弹设计的要求。为此,王元与方开泰经过数月研究,提出了均匀设计,并在导弹设计中取得显著成效。1993年,内刊报道:"我国独创的均匀设计在国际领先,其社会经济效益不可估量。"

§6-1　均匀设计与正交设计对比

一、正交设计的特点及不足

各种试验设计方法本质上就是在试验范围内给出挑选试验代表点的方法。正交设计依据正交性准则选择代表点,并由此设计出正交表以确定试验点和试验方案。正交表是具有正交性、代表性和综合可比性(整齐可比性)的一种数学表格。利用正交表安排的试验具有"均匀分散,整齐可比"的特点。"均匀分散"的特点即为均匀性,使试验点均匀地分布在试验范围内,让每个试验点都具有一定的代表性。因此,即使在正交表各列都排满的情况下,也能够得到比较满意的结果。

"整齐可比"即为综合可比性,使试验数据易于分析,易于估计各因素效应和交互作用,从而可分析各因素及交互作用对指标的影响大小和变化规律。

为保证整齐可比性,正交设计要求的试验次数至少为m^2次,即水平数的平方,正交表为$L_n(m^k)$,也就是对任意2个因子,必须是全面试验,每个因子的水平必然有重复。这将产生两个后果:(1)试验点在试验范围内不能充分均匀分散;(2)试验点数目比较多。

可见,正交设计为照顾整齐可比性,牺牲了部分均匀性,并增加了试验次数。这对于水平数大于5 的高水平数试验显得尤为重要,而对低水平数试验的影响不大。

二、均匀设计的产生

正交设计为照顾综合可比性在高水平试验设计时所表现出的不足，启发方开泰产生了“均匀设计的思想”，即不考虑综合可比性，而让试验点在试验范围内充分均匀分散，增强试验点的代表性，减少试验次数，以适应多因素、高水平试验设计的需要。均匀设计就是只考虑试验点分散的均匀性的一种试验设计方法。

均匀设计放弃综合可比性后，使试验数据分析较烦琐，一般需利用计算机采用多元回归分析，但在当前来看，这并非缺点，这相当于采用回归设计。

三、均匀性对比

均匀设计与正交设计相比，放弃了正交性、整齐可比性，完全保证均匀性，明显地减少了试验点，而且仍能够保证得到反映试验体系主要特征的试验结果，就是说，所得到的适宜条件虽然未必是全面试验的最优条件，但接近最优条件。

例如，对于3因子5水平试验，全面试验为5^3=125次，正交设计需要选表$L_{25}(5^6)$，做25次试验，每个因子的各水平都重复5次。如果每个水平都只做1次试验，同样做25次，这样每个因子就可以分为25个水平，试验点的散布会更加均匀，试验点更具代表性。如果试验费用高，希望在试验次数不少于5的前提下，尽可能减少试验次数n，则试验次数就可以为$5 \le n \le 25$，其中$n=5$（水平数）为最少次数，这时每个试验点具有更强的代表性。这样，试验结果不仅能够满足一般的试验要求，而且为深入研究各因子的变化规律和进一步利用计算机寻优创造了条件。

§6-2 均匀设计的基本方法

一、均匀设计表简介

根据均匀设计思想，方开泰与王元1980年以后为使用者提供了一套均匀设计表（简称均匀表）和与之相配套的使用表。

（一）均匀设计表构造

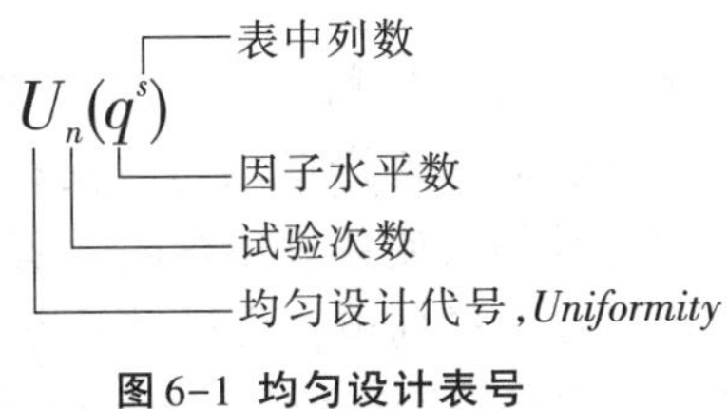

图6-1 均匀设计表号

每张均匀设计表有一个表号，如图6-1所示。

例如，均匀设计表$U_5(5^4)$，$U_6(6^6)$的构造，见表6-1和表6-2。

表6-1　$U_5(5^4)$ 构造

试验号 \ 列号	1	2	3	4
1	1	2	3	4
2	2	4	1	3
3	3	1	4	2
4	4	3	2	1
5	5	5	5	5

表6-2　$U_6(6^6)$ 构造

试验号 \ 列号	1	2	3	4	5	6
1	1	2	3	4	5	6
2	2	4	6	1	3	5
3	3	6	2	5	1	4
4	4	1	5	2	6	3
5	5	3	1	6	4	2
6	6	5	4	3	2	1

均匀表分为3个部分，第一行为表头，即列号；第一列为试验号列；余下部分为均匀设计表主体。表 $U_5(5^4)$ 表明5次试验，5水平，4列。

均匀表主体无正交性，列间存在相关性。由主体构成的 $q×s$ 阶矩阵的秩为 $\leqslant(\frac{s}{2}+1)$，这样，均匀表 $U_n(q^s)$ 最多可安排 $k=x+1$ 个因子，x 为 $s/2$ 的最大整数。因此，$U_5(5^4)$ 最多可以安排3个因子；$U_6(6^6)$ 最多可以安排4个因子。

（二）均匀设计表的性质和特点

1. 每个因子各水平仅做1次试验；

2. 任两个因子的试验点画在平面的格子点上，每行每列恰好有1个试验点。如图6-2（a）中圆点"·"所示为 $U_6(6^6)$ 的第1与第2列各水平组合在平面格子上的分布，每行每列恰好有1个试验点。

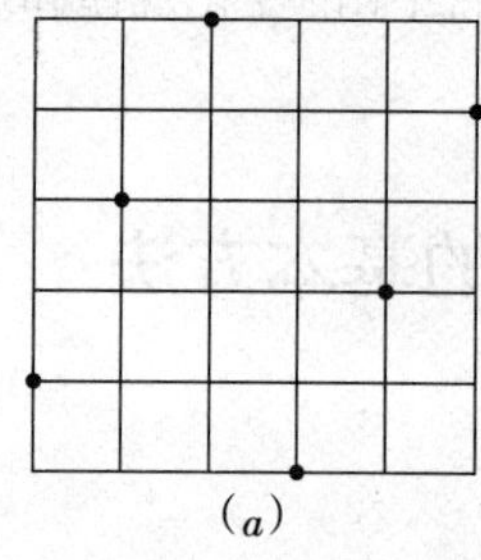
（a）

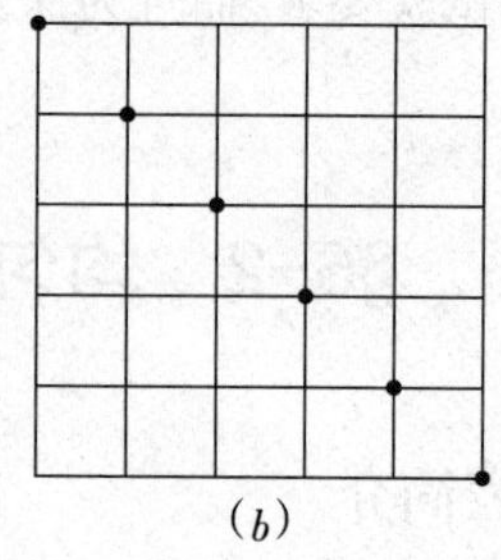
（b）

图6-2　均匀表不同列组合的均匀性

性质1，2反映了试验安排的"均衡性"，即对每个因子各水平一视同仁。

3. 均匀表任两列组成的试验方案一般并不等价，如图6-2（b）所示为 $U_6(6^6)$ 的第1与第6列各水平组合在平面格子上的分布。

可见，图6-2（a）与（b）所示的均匀性就有区别。（a）的均匀性较好，（b）的均匀性较差。因此，均匀设计不宜随意选列，而应该选择均匀性较好的列组合，这与正交表不同。为此，每张均匀设计表都配有一张使用表，使用表中标明了衡量不同列组合的均匀性度量：偏差 D（discrepancy），帮助使用者正确选择列组合安排试验方案。

4. 水平数为偶数的设计表与水平数为奇数的设计表之间存在确定的关系。将奇数表删去最后一行就得到水平数比原奇数少1的偶数表，而使用表不变。

设 n 为偶数，将均匀表 U_{n+1} 删去最后一行所得均匀表记为 U_n^*，通常具有更好的均匀性。例如，$U_7(7^6)$ 删去最后一行后为 $U_6^*(6^6)$。

5. 均匀表的试验次数n与水平数q相等，因此，当q增加时，试验次数n作等量增加，工作量增加不多，这是均匀设计的最大优点。

6. 均匀表中各列的因子水平不能像正交表那样可以任意改变次序（即随机安排），而只能按原来的顺序，水平值从小到大进行平滑，就是将原来的第一个水平与最后一水平首尾连接，组成一个回路，然后从任一处开始定为一水平，再按原方向或反方向排出第二、第三水平……例如，图6-3表示$U_{10}(10^{10})$第1列因素水平的平滑，"*"表示从此处开始为第1水平，箭头方向表示水平依次顺序。

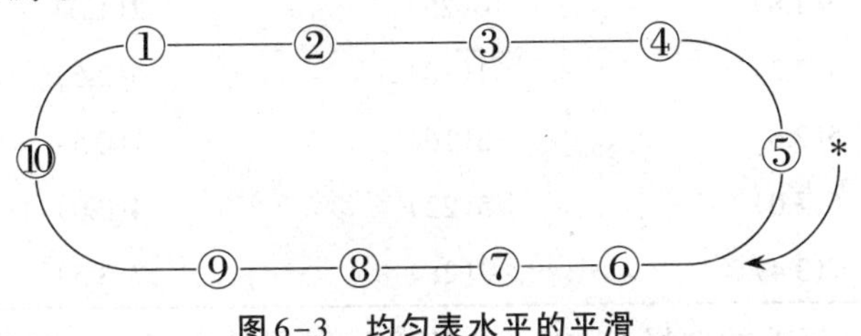

图6-3 均匀表水平的平滑

二、均匀设计步骤

1. 根据试验目的，确定试验指标；

2. 根据试验目的、要求和试验条件，确定试验因子和水平，列出因子水平表，水平值可取从小到大的顺序；

3. 根据因子水平表，选择均匀设计表，并按对应的使用表选列号，采用"因子顺序上列，水平对号入座"安排试验方案；

4. 试验、记录，整理数据；

5. 表中选优；

6. 逐步回归分析，建立多元回归方程，并进行显著性检验；

7. 利用回归方程优化计算，预测估计。

由于均匀设计要求的试验数据较少，无法直接估计出各因子对指标的作用和交互作用，只能通过多元回归分析，建立回归方程，以实现试验设计的目的：(1)建立指标与因子之间的回归方程；(2)利用方程寻优。

例6-1 在阿魏酸的合成工艺试验中，为了提高产量，选取了3个因子：原料配比x_1，吡啶量x_2和反应时间x_3，各取7个水平。按照均匀设计步骤进行试验研究如下。

第一，目的指标。以提高阿魏酸合成产量为目标，选取合成收率y/%为试验指标。

第二，因子水平。编制3因子7水平的因子水平表，见表6-3。

表6-3 阿魏酸试验因子水平表

因子	1	2	3	4	5	6	7
原料配比 x_1	1.0	1.4	1.8	2.2	2.6	3.0	3.4
吡啶量 x_2/mL	10	13	16	19	22	25	28
反应时间 x_3/h	0.5	1.0	1.5	2.0	2.5	3.0	3.5

第三，选表方案。根据因子水平表，查附录Ⅴ均匀设计表，选择均匀表 $U_7(7^6)$；再根据使用表选择1，2，3列；采用"因子顺序上列，水平对号入座"，安排试验方案，见表6-4。

表6-4 制备阿魏酸的均匀设计方案 $U_7(7^3)$

试验号	原料配比 x_1	吡啶量 x_2 /mL	反应时间 x_3 /h	收率 y/%
1	1(1.0)	2(13)	3(1.5)	33.0
2	2(1.4)	4(19)	6(3.0)	36.6
3	3(1.8)	6(25)	2(1.0)	29.4
4	4(2.2)	1(10)	5(2.5)	47.6
5	5(2.6)	3(16)	1(0.5)	20.9
6	6(3.0)	5(22)	4(2.0)	45.1
7	7(3.4)	7(28)	7(3.5)	48.2

必须指出，表6-4反映的选择 $U_7(7^6)$ 的方案并不是最佳方案。1994年方开泰等人创立了星号表 U_n^* 系列[8]，现在看来，此例应选择表 $U_7^*(7^4)$ 的第2，3，4列（也就是 $U_7^*(7^6)$ 的3，5，7列），当 s=3时，$U_7(7^3)$ 和 $U_7^*(7^3)$ 两张表的偏差分别为0.3721和0.2132，星号表的均匀性较好，试验方案见表6-5。

表6-5 制备阿魏酸的均匀设计方案 $U_7^*(7^3)$

试验号	原料配比 x_1	吡啶量 x_2 /mL	反应时间 x_3 /h	收率 y/%
1	3(1.8)	5(22)	7(3.5)	
2	6(3.0)	2(13)	6(3.0)	
3	1(1.0)	7(28)	5(2.5)	
4	4(2.2)	4(19)	4(2.0)	
5	7(3.4)	1(10)	3(1.5)	
6	2(1.4)	6(25)	2(1.0)	
7	5(2.6)	3(16)	1(0.5)	

第四，试验数据记入表6-4中。

第五，表中选优。可以看出第7号为试验的最佳工艺条件，即配比3.4，吡啶量28 mL，反应时间3.5 h，这个工艺条件一般与最优条件接近。

第六，建立回归方程。依赖逐步回归分析方法，建立回归方程为

$$\hat{y}=0.06232+0.251x_3-0.06x_3^2+0.0235x_1x_3$$

其相应的 $\hat{\sigma}=0.0217$，$R^2=0.9777$。

一般地，该模型只在试验范围内成立，原料配比 x_1=1.0～3.4，吡啶量 x_2=10～28 mL，反应时间 x_3=0.5～3.5 h。寻求最优工艺条件，即为在此范围内寻求极大值条件。从回归方程中看，收率 y 与 x_2 无关。

第七，优化计算。有多种优化计算方法，根据回归方程的特点，可以选择最方便的方法。例6-1采用极值法，由于 x_3 在试验范围内恒正，由方程知，x_1 越大，y 越高，故取边界值 x_1=3.4，代入回归方程，对方程求偏微分，并令

$$\frac{\partial y}{\partial x_3} = 0.3309 - 0.12x_3 = 0$$

$$x_3 = 2.7575$$

得到收率极值y_{max}=51.85%。其工艺条件为x_1=3.4，x_3=2.7575，并未出现在原试验方案之中，故应该在这个条件下追加试验，并在x_1=3.4的边界处扩大试验范围。

值得注意，利用回归分析处理均匀设计数据时，回归方程中的项数受限，当试验次数较少，且因子（项数）较多时，可能出现误差自由度f_e=0，或f_e=1（很小），导致难以进行显著性检验，或显著性水平明显降低，或计算机程序失常，一般要求$f_e \geq 5$。

§6-3 不等水平的均匀设计

第二节介绍的均匀设计各因子均为相同水平，选择均匀表$U_n^*(q^s)$或$U_n(q^s)$进行设计。但在实际应用中，常会遇见多因子试验中因子水平不等的情形。例如，在一个$3^2 \times 2^1$的三因子试验中，因子A，B为3水平，因子C为2水平。若采用正交设计可以选择拟水平设计，选用正交表$L_9(3^4)$；或者直接选用混合表$L_{18}(2 \times 3^7)$安排试验，这时，试验次数为全面试验次数。若采用均匀设计，很明显也不能直接使用均匀表$U_n^*(q^s)$或$U_n(q^s)$，可以参照正交设计方法，采用拟水平法构造不等水平表或者直接采用混合水平表来解决不等水平的均匀设计问题。

一、拟水平法

运用拟水平法可以将等水平表$U_n(q^s)$改造成为不等水平表$U_n(q_1^{s_1} \times q_2^{s_2})$。拟水平设计的步骤为：

1.选择适宜的等水平均匀设计表；

2.根据该U表的使用表所推荐的列号选定与试验因子数相等的列；

3.将试验因子安排在选定的各列上，并分别对各列的不同水平进行虚拟合并组成新的水平即拟水平，任一列拟水平数应与安排在该列上的因子水平数相等。

例6-2 对前述A，B，C三因子，$3^2 \times 2^1$试验进行均匀设计。

选用$U_6^*(6^6)$表，按使用表推荐选用1，2，3列，见表6-6。

表6-6 均匀表$U_6^*(6^6)$前3列

n \ s	1	2	3
1	1	2	3
2	2	4	6
3	3	6	2
4	4	1	5
5	5	3	1
6	6	5	4

表6-7 拟水平设计的不等水平表$U_6(3^2 \times 2^1)$

n \ s	(1) A	(2) B	(3) C
1	(1) 1	(2) 1	(3) 1
2	(2) 1	(4) 2	(6) 2
3	(3) 2	(6) 3	(2) 1
4	(4) 2	(1) 1	(5) 2
5	(5) 3	(3) 2	(1) 1
6	(6) 3	(5) 3	(4) 2

将因子A和B安排在前2列，C因子安排在第3列。将第1,2列的水平合并为3个水平：(1,2)→1,(3,4)→2,(5,6)→3；同时将第3列的水平合并为2个水平：(1,2,3)→1,(4,5,6)→2，即获得不等水平表$U_6(3^2 \times 2^1)$，见表6-7。

由于A列与B列，B列与C列两因子的所有组合都出现，正好组成它们的全面试验方案。A列与B列的二因子设计中没有重复试验，可见表$U_6(3^2 \times 2^1)$具有很好的均衡性。具有好的均衡性也是用拟水平法改造不等水平表的基本要求。若采用"水平对号入座"，将$U_6(3^2 \times 2^1)$表中数码代换成因子水平值，就得到不等水平均匀设计方案。

例6-3 对A,B,C三因子，$5^2 \times 2^1$试验进行均匀设计。

该试验若采用正交设计的拟水平法，可以选取正交表$L_{25}(5^6)$，或者直接选用混合表$L_{50}(2\times 5^6)$，试验次数都较多。若采用均匀设计，可选用均匀表$U_{10}^*(10^{10})$，按其使用表推荐选定1,5,7列。对1,5列采用水平合并：(1,2)→1,…,(9,10)→5；对第7列采用水平合并：(1,2,3,4,5)→1,(6,7,8,9,10)→2，于是得表6-8。这个设计中A和C两列组合中有2个(2,2)，但没有(2,1)；有2个(4,1)，但没有(4,2)，显然其均衡性较差。

表6-8 拟水平设计的不等水平表$U_{10}(5^2 \times 2^1)$

n \ s	(1) A	(2) B	(3) C
1	(1) 1	(5) 3	(7) 2
2	(2) 1	(10) 5	(3) 1
3	(3) 2	(4) 2	(10) 2
4	(4) 2	(9) 5	(6) 2
5	(5) 3	(3) 2	(2) 1
6	(6) 3	(8) 4	(9) 2
7	(7) 4	(2) 1	(5) 1
8	(8) 4	(7) 4	(1) 1
9	(9) 5	(1) 1	(8) 2
10	(10) 5	(6) 3	(4) 1

如果选用$U_{10}^{*}(10^{10})$的第1,2,5列,用同样的拟水平法可以获得见表6-9的$U_{10}(5^2×2^1)$表,其均匀性明显改善。

表6-9 改进的不等水平表$U_{10}(5^2×2^1)$

n \ s	(1) A	(2) B	(3) C
1	(1) 1	(2) 1	(5) 1
2	(2) 1	(4) 2	(10) 2
3	(3) 2	(6) 3	(4) 1
4	(4) 2	(8) 4	(9) 2
5	(5) 3	(10) 5	(3) 1
6	(6) 3	(1) 1	(8) 2
7	(7) 4	(3) 2	(2) 1
8	(8) 4	(5) 3	(7) 2
9	(9) 5	(7) 4	(1) 1
10	(10) 5	(9) 5	(6) 2

上述两例表明,拟水平设计时,应充分考虑U表的均衡性,而不必拘于使用表推荐列的限制。

二、直接选用混合水平表

当多个因子水平数不等,且只有两种水平时,既可以采用拟水平法完成均匀设计,也可以直接选用混合水平表,但是,若不等水平≥3时,建议直接选用混合水平表。

应用数学家们已经研究出许多混合水平的均匀设计表[8],见附录V(三)混合水平的均匀设计表。

例6-4 塑料温室大棚使用一段时间后,薄膜表面就会覆盖一层苔藓与尘埃的混合物,降低薄膜的透光性,对此需要清洗。经研究,可采取在棚顶喷水,使用圆盘刷旋转移动清洗薄膜。以透光率(%)作为试验指标,做圆盘刷清洗效果的试验,优化工况参数,初步确定因子水平表6-10。

表6-10 圆盘刷清洗效果试验因子水平表

水平 \ 因子	圆盘刷转速n r/min	移动速度v m/min	喷水量w L/min	圆刷加压配重z /kg
1	60	1.0	3.6	0
2	70	1.5	5.4	1
3	80	2.0	7.2	
4	90	2.5		
5	100	3.0		
6	110	3.5		

为了考察清洗薄膜的生产率，刷体移动速度和圆盘刷转速各选取6水平；喷水量为3个水平；配重0表示自重，喷水管为独立系统。可直接选用混合水平表 $U_6(6^2\times3\times2)$ 进行均匀设计，见表6-11。

表6-11 单圆盘喷头清洗效果均匀设计试验方案

因子 水平	圆盘刷转速 n r/min	移动速度 v m/min	喷水量 w L/min	圆刷加压配重 z /kg
1	1（60）	2（1.5）	2（5.4）	2（1）
2	2（70）	4（2.5）	3（7.2）	1（0）
3	3（80）	6（3.5）	1（3.6）	1
4	4（90）	1（1.0）	3	2
5	5（100）	3（2.0）	1	2
6	6（110）	5（3.0）	2	1

§6-4 均匀设计原理初步

为了帮助更好地理解和运用均匀设计，本节将初步介绍均匀设计表的构造原理、使用表的来源以及均匀性度量方法。

一、均匀设计表构造原理

定义6.1 每一张均匀设计表的主体为一个 $n\times m$ 阶矩阵，每一列是列向量 $(1,2,\cdots,n)^{\mathrm{T}}$ 的一个置换（即 $1,2,\cdots,n$ 的重新排列）；表的第一行是 $(1,2,\cdots,n)$ 的一个子集。

这实际上是从 q^m 个点中选出的代表点，但是所选代表点数 $n=q$ 比正交设计还少。

布点或选点原则如下：

（一）唯一原则

每个因子的每个水平各做1次试验，共 q 次。仅有此原则，可能的组合很多。

（二）一般布点原则

一般布点原则，即布点原则（1），也称为**好格子点法**（good lattice point[8]）。

设因子水平 q，因子数为 m，取自然数 $a_1,a_2,\cdots,a_m$；要求满足条件：

（1）$a_i<q$，即给定因子水平 q，寻找小于 q 的整数 a_i；

（2）$(a_i,q)=1,i=1,2,\cdots,n$；$(a_i,q)=1$ 即为 a_i 与 q 的最大公约数为1。

符合这两个条件的正整数组成一个向量 $a=(a_1,a_2,\cdots,a_m)$。

则布点原则（1）为

$$P_n(k)=(ka_1,ka_2,\cdots,ka_m)(\bmod\ q),k=1,2,\cdots,q \tag{6-1}$$

式中 $P_n(k)$ 为第 k 行布点，n 为试验次数 $n=q$，$(a_1,a_2,\cdots,a_m)$ 称为生成向量；$(\bmod\ q)$ 为同余运算，即

$$P_n^i(k)=\begin{cases}ka_i\ , & 当ka_i\leq q\\ ka_i-cq\ , & 当ka_i>q\end{cases} \tag{6-2}$$

i=1,2,…,m;k=1,2,…,q;c=1,2,…,整数。

也就说,当ka_i超过q时,则将其减去q的一个适当倍数cq,使其差值(ka_i-cq)落在[1,n]之中。

例如,当$n=q=9$时,符合第(1)条件的自然数a有:1,2,3,4,5,6,7,8;同时满足第(2)条件的a有:1,2,4,5,7,8;而a=3和a=6时不满足条件(2),因为最大公约数(3,9)=3,(6,9)=3,均大于1;因此,U_9最多只可能有6列,生成向量$a=(a_1,a_2,\cdots,a_6)$=(1,2,4,5,7,8)。

当a_3=4时,采用式(6-2)生成该列,其计算结果$P_9^3(k)$依次为

$ka_3=1a_3=4$,$2a_3=2\times4=8$,$3a_3=3\times4=12=3(\mathrm{mod}\ 9)$,

$4a_3=4\times4=16=7(\mathrm{mod}\ 9)$,$5a_3=5\times4=20=2(\mathrm{mod}\ 9)$,

$6a_3=6\times4=24=6(\mathrm{mod}\ 9)$,$7a_3=7\times4=28=1(\mathrm{mod}\ 9)$,

$8a_3=8\times4=32=5(\mathrm{mod}\ 9)$,$9a_3=9\times4=36=9(\mathrm{mod}\ 9)$

以此类推可以计算出均匀表$U_9(9^6)$的全部布点,见表6-12,上述计算结果列入表中第3列。

表6-12 均匀设计表 $U_9(9^6)$ 构造

试验号	1	2	3	4	5	6
1	1	2	4	5	7	8
2	2	4	8	1	5	7
3	3	6	3	6	3	6
4	4	8	7	2	1	5
5	5	1	2	7	8	4
6	6	3	6	3	6	3
7	7	5	1	8	4	2
8	8	7	5	4	2	1
9	9	9	9	9	9	9

一般布点原则(1)还可以采用递推公式表示为

$$P_n^i(1)=a_i,\quad i=1,2,\cdots,m$$

$$P_n^i(k+1)=\begin{cases}P_n^i(k)+P_n^i(1)\ , & 当P_n^i(k)+P_n^i(1)\leq q\\ P_n^i(k)+P_n^i(1)-q\ , & 当P_n^i(k)+P_n^i(1)>q\end{cases} \tag{6-3}$$

k=1,2,…,q−1

例如,当q=5,m=3,a_1=1,a_2=2,a_3=4,则

$$P_5(1)=(1,2,4);\quad P_5(2)=(2,4,3);\quad P_5(3)=(3,1,2);$$
$$P_5(4)=(4,3,1);\quad P_5(5)=(5,5,5)$$

这正是均匀表$U_5(5^4)$的第1,2,4列(参见附录Ⅴ,均匀设计表)。若生成向量$a=(a_1,a_2,\cdots,a_m)$选择不同,则布点结果就会不一样。这一方法来自数值积分,并非王元、方开泰首创。从方开泰的论文[19]中看出,苏联1963年就有应用报道。

从布点原则(1)看出,生成向量$a=(a_1,a_2,\cdots,a_m)$是布点的关键。布点原则(1)存在两方面的问题:

(1)在各种q值(素数、奇数、偶数)下,$(a_1,a_2,\cdots,a_m)$该取何值?

(2)在各种q值下,s为多少?即均匀表应有多少列?

(三)定列原则,即布点原则(2)

记均匀设计表$U_n(q^m)$为$U_n(a)$,生成向量$a=(a_1,a_2,\cdots,a_m)$,当给定q后,可求出m,即m是q的函数。

定义6.2 $m=E(q)$表示不大于q且与q互素,即$(a_i,q)=1$的自然数的个数m,称为**欧拉函数**。满足$(a,q)=1$的$E(q)$个自然数$(a_1,a_2,\cdots,a_m)$,$(m<q)$,称为q的缩剩余系,简称缩系。缩系$(a_1,a_2,\cdots,a_m)$可作为均匀表布点的生成向量;$a_i(i=1,2,\cdots,m<q)$为生成元。瑞士大数学家欧拉(Euler. L,1707~1783)研究过此函数。

$E(q)$表示按布点原则(1)布点的m上界,即最多允许的列数或因子个数。

据初等数论,欧拉函数$E(q)$有3种计算形式:

1. 当$q=p$为素数时,$E(q)=p-1$。所谓素数是指一个大于1的正整数,它与其所有比它小的正整数的最大公约数均为1。例如,2,3,5,7,11,13,…;素数中只有2为偶数,其余为奇数。

2. 当q为素数幂时,即$q=p^l$,l为正整数,则

$$E(q)=q(1-\frac{1}{p}) \tag{6-4}$$

例如,$n=q=9$,可以表示为素数幂,即$q=3^2$,于是

$$E(9)=9(1-\frac{1}{3})=6$$

即U_9至多可以有6列。这和式(6-2)的举例分析结果是一致的。

同样,$q=8=2^3$, $E(8)=8(1-\frac{1}{2})=4$

3. 当q不属于上述两种情形时,则q一定可以表示成为不同素数的方幂积,即

$$q=p_1^{l_1}\cdot p_2^{l_2}\cdots p_s^{l_s} \tag{6-5}$$

式中$p_1<p_2<\cdots<p_s$为s个不同素数,$l_1,l_2,\cdots,l_s$为正整数,这时

$$E(q)=q(1-\frac{1}{p_1})\cdots(1-\frac{1}{p_s})=q\prod_{i=1}^{s}(1-\frac{1}{p_i}) \tag{6-6}$$

例如,$n=q=12$,可以表示为素数的方幂积,即$q=2^2\times3$,于是

$$E(12)=12(1-\frac{1}{2})(1-\frac{1}{3})=4$$

即U_{12}最多可以有4列。

同样,

$$q=6=2\times3,\ E(6)=6(1-\frac{1}{2})(1-\frac{1}{3})=2$$

$$q=20=2^2\times5,\ E(20)=20(1-\frac{1}{2})(1-\frac{1}{5})=8$$

按照布点原则(2),采用$E(q)$定列,q的缩系$a=(a_1,a_2,\cdots,a_m)$即为生成向量,a_i $(i=1,2,\cdots,m)$为生成元。上述举例的缩系分别为

当$q=6$,$a=(1,5)$,$(a_i,q)=1$,$i=1,2$

当q=9，a=(1，2，4，5，7，8)，(a_i,q)=1，i=1，2，…，6

当q=20，a=(1，3，7，9，11，13，17，19)，(a_i,q)=1，i=1，2，…，8

在上述三种情形中，当q为素数时，情形最好，$E(q)$取得极大值p-1；而q为某些偶数时，如q=6，均匀表仅有2列。因此，王元和方开泰(1981)建议，利用$p=q+1$的素数表，删去最后一行而获得偶数表。例如，由$U_7(7^6)$表删去最后一行而获得$U_6^*(6^6)$，见表6-13和表6-14。标注“*”以区别布点方法并非来自式(6-2)和式(6-3)，详见布点原则(4)。

表6-13 均匀表$U_7(7^6)$

n	1	2	3	4	5	6
1	1	2	3	4	5	6
2	2	4	6	1	3	5
3	3	6	2	5	1	4
4	4	1	5	2	6	3
5	5	3	1	6	4	2
6	6	5	4	3	2	1
7	7	7	7	7	7	7

表6-14 均匀表$U_6^*(6^6)$

n	1	2	3	4	5	6
1	1	2	3	4	5	6
2	2	4	6	1	3	5
3	3	6	2	5	1	4
4	4	1	5	2	6	3
5	5	3	1	6	4	2
6	6	5	4	3	2	1

二、均匀设计表选列原则

在$U_n(q^m)$表中，选择的列不同，试验结果就不同，原因在于均匀性不同，这就需考虑选列的均匀性。在古典回归分析时，为使回归系数有解，安排的因子个数s不能超过($n×m$)矩阵的秩，即回归分析要求

$$s \leqslant \frac{E(q)}{2}+1 \quad \text{或} \quad s \leqslant \frac{E(q+1)}{2}+1$$

在表$U_n(q^m)$中选择s列，就是确定s个生成向量元素$a=(a_1,a_2,\cdots,a_s)$。对于较大的素数，a的组合较多，共计C_m^s个，可以表示为从生成向量$a=(a_1,a_2,\cdots,a_m)$中选择s个元素(s列)。

(一)选列原则，即布点原则(3)

当q为素数p时，采用布点原则(1)的特例作为选列原则，即布点原则(3)为

$$\begin{aligned}&P_p(k)=(k,ka,ka^2,\cdots,ka^{s-1})(\mathrm{mod}\,p)\\&k=1,2,\cdots,p\end{aligned} \tag{6-7}$$

式中a为一个整数，称为生成元；$0<a<q$，且a为$(a_1,a_2,\cdots,a_m)$中之一，当s确定后，选择适当的a，按式(6-7)布点，可使布点最均匀。关键在于如何确定s，再依据s选择a，即在$(a_1,a_2,\cdots,a_m)$中选择1个a。

这一过程，我们既可以看成是新构造了一张设计表$U_n(q^s)$—布点原则(3)，也可以看作是在$U_n(q^m)$中选择了s列—选列原则。

例如，当q为素数$p=7$，确定$s=4$，选择生成元$a=3$，则按照式(6-7)

$$P_p(k)=(k,ka,ka^2,\cdots,ka^{s-1})(\mathrm{mod}\,p)$$

有 $$P_7(1)=(1,3,3^2,3^3)(\mathrm{mod}\,7)\Rightarrow(1,3,2,6)\Rightarrow(1,2,3,6)$$

这正是表6-13的第1,2,3,6列，也可以理解为从$U_7(7^6)$中选取了$U_7(7^4)$。

(二)选列原则，即布点原则(4)

当q为偶数，p为素数，$q=p-1$时，往往$E(q)$较小，且$s\leqslant E(q)$。这时，采用布点原则(4)为

$$\begin{aligned}&P_q(k)=(k,ka,ka^2,\cdots,ka^{s-1})(\mathrm{mod}\,p)\\&k=1,2,\cdots,q\end{aligned}\qquad(6\text{-}8)$$

即利用素数p均匀表(简称素数表)，删去最后一行即得到$q=p-1$表(简称偶数表)。经验证明，采用布点原则(4)造出的设计表比用偶数q本身缩系造出的设计表，不仅列多，而且布点更均匀。

布点原则(3)早在1963年苏联就有应用报道[19]，王元和方开泰成功探索用布点原则(4)构造设计表，用$U_n^*(q^s)$表示。此方法后推广到q=自然数范围[8]，以改善设计表的均匀性。

$$\begin{aligned}&P_q(k)=(k,ka,ka^2,\cdots,ka^{s-1})(\mathrm{mod}\,q+1)\\&k=1,2,\cdots,q\end{aligned}\qquad(6\text{-}9)$$

例如，$U_6^*(6^4)$是按布点原则(4)由$U_7(7^4)$得到的；而$U_9^*(9^4)$则是在布点原则(4)推广后按式(6-9)由$U_{10}(10^4)$获得的。

(三)U_n^*与U_n表的比较

1. 所有U_n^*是由U_{n+1}表删去最后一行而获得。

2. U_n表最后一行全部是n水平；U_n^*则不然。这样可以避免在某些化工试验中，所有最高水平组合，造成反应剧烈，甚至爆炸；或者所有最低水平组合，又无法反应。

3. 若n为偶数，U_n^*比U_n有更多列。

4. 若n为奇数，U_n^*比U_n的列要少一些。

5. U_n^*表比U_n表有更好的均匀性，应该优先选用。

三、均匀性标准与使用表的建立

对于均匀表$U_n(q^m)$，要选择s列，有C_m^s种可能，当然希望选择最好的，这就需要一种标准。由选列布点原则(3)得知，从$U_n(q^m)$中选择较好的s列，实质上是要选好生成元a。

前述举例，当$q=7$，确定$s=4$，选择生成元$a=3$时，则按式(6-7)计算有

$$P_7(1)=(1,3,3^2,3^3)(\mathrm{mod}\,7)\Rightarrow(1,3,2,6)\Rightarrow(1,2,3,6)$$

就是在表6-13的$U_7(7^6)$中，选择了第1,2,3,6列构成$U_7(7^4)$。那么，(1)若取a=2或4，又会选择那4列？(2)若$s=3$，生成元a应取值多少？

(一)生成向量元素a的近似求解

因为比较各种a的工作量较大,则采用整数的同余幂来产生a,以减少a的数量。

定义6.3 设$a < q$为一整数,$(a,q)=1$,且$a,a^2(\text{mod q}),\cdots,a^t(\text{mod q})$互不相同,满足$a^t\equiv1(\text{mod q})$的最小正整数$t$,称为$a$对模$q$的次数,或称$t$为$a$的次数。

设p为素数,在次数t中,次数为$p-1$的数a,称为p的原根。

定理 素数p的原根个数为$\varphi(p-1)$,若a为p原根,则$(a^0,a^1,a^2,\cdots,a^{s-1})(\text{mod } p)$两两互不同余,$(a^0,a^1,a^2,\cdots,a^{s-1})$即为$p$的缩系。

因此,可采用素数p的原根a作为生成元,由式(6-7)和式(6-8)布点。但p的原根往往有多个,即$\varphi(p-1)$个,究竟使用哪一个原根作为生成元,这就需要对p的各原根作均匀性分析验证。

下面依据定义6.3举例求解原根。

对于$p=5$,$2^1=2,2^2=4,2^3=3(\text{mod }5),2^4=1(\text{mod }5)$;

$3^1=3,3^2=4(\text{mod }5),3^3=2(\text{mod }5),3^4=1(\text{mod }5)$;

则2对5和3对5的次数都为$4=p-1$,即$a_1=2,a_2=3$均为$p=5$的原根,那么对于选择不同的列s,选用哪一个原根作为生成元构造设计表的均匀性更好呢?

又例如,对于$p=11$,$2^1=2,2^2=4,2^3=8,2^4=5(\text{mod }11),2^5=10(\text{mod }11)$,

$2^6=9(\text{mod }11),2^7=7(\text{mod }11),2^8=3(\text{mod }11),2^9=6(\text{mod }11),2^{10}=1(\text{mod }11)$;

$3^1=3,3^2=9,3^3=5(\text{mod }11),3^4=4(\text{mod }11),3^5=1(\text{mod }11)$。

则数$a=2$对$p=11$的次数为$10=p-1$,数$a=3$对$p=11$的次数为$5 < p-1$,即$a=2$为$p=11$的原根之一,而$a=3$不是原根。

表6-15列出了17以内素数的原根、原根个数$\varphi(p-1)$和次数[19]。

表6-15 a对素数p的次数及p的原根个数$\varphi(p-1)$

p \ a	2	3	4	5	6	7	8	9	10	11	12	13	14	15	16	$\varphi(p-1)$
5	4	4	2													2(2,3)
7	3	6	3	6	2											2(3,5)
11	10	5	5	5	10	10	10	5	2							4
13	12	3	6	4	12	12	4	3	6	12	2					4
17	8	16	4	16	16	16	8	8	16	16	16	4	16	8	2	8

(二)生成元a优选与均匀性准则

度量均匀性的准则有许多,王元、方开泰1981年提出近似偏差(Discrepancy)的均匀性准则[19,21];1986年丁元利用最优设计中的A-最优和D-最优准则给出了相应的使用表[22],方开泰认为这只是均匀设计与回归设计的混合物,不是从均匀性出发;1987~1989年,蒋声、陈瑞琛从几何的观点提出了体积距离的度量[23];1992年,方开泰、郑胡灵也从几何角度建议用最大对称差准则度量均匀性;同年,方开泰与张金廷总结归纳各种均匀性准则,推荐由设计矩阵所诱导矩阵的特征根的方差作为均匀性标准[8]。

目前,普遍接受的均匀性准则是历史悠久的偏差。在此引用方开泰的部分研究成果[8,19],见表6-16和表6-17,仅供参考。

表6-16 部分奇数 U_n 表和偶数 U_n^* 的生成元及其设计的偏差

n \ s	2	3	4	5	6	7
5	2 (0.310)	2 (0.457)				
6	3 (0.1875)	3 (0.2656)	3 (0.2990)			
7	3 (0.2398)	2 (0.3721)	3 (0.4760)			
8	2 (0.1992)	2 (0.2556)	2 (0.2625)	2 (0.4154)		
9	4 (0.1944)	2 (0.3101)	2 (0.4066)	2 (0.4870)		
10	3 (0.1525)	3 (0.2419)	2 (0.2989)	2 (0.3291)	2 (0.3723)	
11	5 (0.1632)	3 (0.2649)	2 (0.3528)	2 (0.4286)	2 (0.4942)	
12	5 (0.1198)	3 (0.1867)	2 (0.2732)	7 (0.3120)	2 (0.3304)	2 (0.3820)
13	5 (0.1405)	3 (0.2308)	4 (0.3107)	2 (0.3814)	2 (0.4439)	2 (0.4992)

表6-17 奇数 n 的 U_n^* 的生成元及其设计的偏差

n	s	生成向量	D	偏差减少/%
7	2	1,5	0.1786	25.52
	3	1,3,5	0.2132	1.96
9	2	1,3	0.1574	19.03
	3	1,3,7	0.3061	1.29
11	2	1,7	0.1302	20.22
	3	1,5,7	0.3254	
	4	1,5,7,11	0.3327	5.70
13	2	5,11	0.1307	6.98
	3	1,3,5	0.1975	14.43
	4	1,3,5,11	0.2975	4.31

四、均匀设计与正交设计比较

正交设计与均匀设计是目前最常用的两种试验设计方法。它们各有所长，相互补充，给使用者提供了更多的选择。

（一）优良性不同

正交设计具有正交性，采用正交设计试验可以估计出因子的主效应和因子之间的交互效应。均匀设计无正交性，更具均匀性，它不能估计出方差分析模型中的主效应和交互效应，但是可以估计出回归模型中因子的主效应和交互效应。

（二）因子水平的适应性不同

正交试验适用于因子水平数不多的试验，它的试验次数至少为水平数的平方。例如，对于5因子，每个因子11水平，全部组合为11^5=161051个；若采用正交设计，至少要做11^2=121次试验；而采用均匀设计只需要做11次试验，可见均匀设计适宜于多因素多水平试验。

选用均匀设计表有较多的灵活性，例如，对于4因子4水平试验可以选用正交表$L_{16}(4^5)$来安排。若因子水平改为5，则需要采用$L_{25}(5^6)$，试验次数跳跃增加9次；而对于均匀设计，若原计划采用$U_{13}^*(13^5)$来安排5个13水平的因子，当每个因子改为14个水平，这时可用

$U_{14}^*(14^5)$ 来安排，只增加1次试验。可见，均匀设计的水平数增加具有连续性，正交设计的水平数增加具有跳跃性。

（三）试验数据处理方法不同

正交设计的数据处理简单直观，采用Excel就能够分析试验指标随各因子水平变化的规律，包括因子主次、因子显著性、最优组合、因子指标图、试验误差等。均匀设计的数据要用回归分析来处理，通常采用逐步回归分析方法筛选因子变量。

（四）均匀性比较

采用偏差作为度量均匀性的准则，比较均匀设计与正交设计在试验次数相同时的均匀性，见表6-18。均匀设计的偏差明显小于正交设计，均匀性更好。

表6-18 试验数相同时两种设计的偏差比较

设计种类	s=2	s=3	s=4	s=5
$L_8(2^7)$	0.4375	0.5781	0.6836	
$U_8^*(8^7)$	0.1445	0.2000	0.2709	
$L_9(3^4)$	0.3056	0.4213	0.5177	
$U_9(9^5)$	0.1944	0.3102	0.4066	
$L_{12}(2^{11})$	0.4375	0.5781	0.6836	0.7627
$U_{12}^*(12^{10})$	0.1163	0.1838	0.2233	0.2272
$L_{16}(4^5)$	0.4375	0.5781	0.6836	0.7627
$U_{16}^*(16^{12})$	0.0908	0.1262	0.1705	0.2070

五、软试验设计在建模研究中的应用

在§4-1中介绍了软试验设计的基本体系，作者探索了软试验设计在多因素敏感性分析中的建模方法[1,4]。

例6-5 在建设项目论证中，现行敏感性分析为单因素分析，不符合多因素同时变化影响评价指标的事实。20世纪90年代以来，人们探索了多种多因素敏感性分析方法。例如，连环代替法、综合图示法、微分法、函数法、临界值法等，这些方法的不足在于：误差较大且不易估计；难以判明项目评价指标与各敏感因素之间的定量关系及其交互作用；不便计算机模拟因素变化对指标的影响过程。试利用软试验设计建立多因素敏感性分析的数学模型。

（1）评价指标与净现金流量

内部收益率IRR是建设项目财务评价最重要的动态指标，它是指在项目计算期内累计净现金流量现值为0时所对应的折现率，即

$$\sum_{t=1}^{n}(CI-CO)_t(1+i)^{-t}=0$$

式中 $(CI-CO)_t$ 表示第t年的净现金流量；n为计算期，年；$(1+i)^{-t}$ 为第t年的折现系数，其中折现率i即为内部收益率IRR，%。

以下用实例分析采用软试验均匀设计实现多因素敏感性分析建模的方法和过程。

某建设项目一个方案的设计规模为年产某种产品5×10^5t，投产期2年，生产负荷分别为40%和60%，第3年达产；产品售价为250元/t；经营成本中单位产品的原料成本为85元/t，其

他可变成本为47元/t；固定成本为1400万元/年；销售税金5%，计算期12年。全部投资现金流量表见表6-19。

表6-19 项目论证全部投资现金流量表

项目	合计	建设期		投产期		达产期			
		1	2	3	4	5	6	7	12
计算产量		–	–	20	30	50	50	50	50
一、现金流入									
1销售收入	112500	–	–	5000	7500	12500	12500	12500	12500
2回收固定资产余值	100								100
3回收流动资金	2200								2200
流入小计	114800			5000	7500	12500	12500	12500	14800
二、现金流出	28275								
1基建投资	5300	2300	3000						
2流动资金	2200			1000	400	800			
3经营成本	73400			4040	5360	8000	8000	8000	8000
4销售税金	5625			250	375	625	625	625	625
流出小计	86525	2300	3000	5290	6135	9425	8625	8625	8625
三、净现金流量	28275	–2300	–3000	–290	1365	3075	3875	3875	6175
IRR=33.957%									

注：计算期第8～11年省略。

选取计算期1～12年"三、净现金流量"，利用Excel计算出内部收益率IRR=33.957%。

(2)软试验设计方案

影响IRR的主要敏感因素有产品价格z_1，单位产品原料成本z_2和生产规模z_3。为建立IRR与z_1，z_2和z_3之间的二次回归方程，采用均匀设计表$U_{12}^*(12^3)$安排试验，即3因子各取12水平，做12次试验，因子水平变化范围为：z_1=220～275元/t；z_2=65～110元/t；z_3=380000～600000 t。试验方案见表6-20。

表6-20 软试验设计方案$U_{12}^*(12^3)$

试验号	1	z_1/元·t^{-1}	2	z_2/元·t^{-1}	3	z_3/万t	y_i/%	$\hat{y}_i$/%
1	1	220	3	65	9	54	33.65	33.59
2	2	225	6	80	5	46	22.34	22.29
3	3	230	9	95	1	38	10.53	10.64
4	4	235	12	110	10	56	19.51	19.51
5	5	240	2	60	6	48	38.30	38.47
6	6	245	5	75	2	40	27.27	27.10
7	7	250	8	90	11	58	38.47	38.64
8	8	255	11	105	7	50	27.29	27.12
9	9	260	1	55	3	42	40.51	40.51
10	10	265	4	70	12	60	54.81	54.70
11	11	270	7	85	8	52	43.43	43.48
12	12	275	10	100	4	44	31.85	31.91

（3）多因素敏感性分析的回归方程

根据软试验设计方案表6–20，利用Excel的IRR函数重新计算12个因子水平组合的内部收益率IRR，见表6–20中y_i列所示；再采用Excel 2003（Excel 2010的分析结果相同）的回归分析功能建立起IRR与z_1，z_2和z_3的三元二次回归方程为

$$\hat{y}=-39.2884+0.4579z_1-0.9224z_2+0.00316z_1z_2+0.00453z_1z_3-0.00141z_2z_3 \\ -0.00109z_1^2-0.00131z_2^2-0.00123z_3^2 \qquad (6\text{–}10)$$

t检验表明z_3的一次项无影响；复相关系数R=0.99995，剩余标准差S=0.2201。说明回归方程特别显著，表6–20右侧第1列为回归方程的估计值$\hat{y}_i$（i=1，2，…，12）。通常软试验的误差很小，这是与实物试验的区别之一。

（4）回归方程的应用

在式（6–10）中，只改变z_1，z_2，z_3中的一个因素，保持另两个不变，就是单因素敏感性分析。值得指出，由于IRR与各因素之间存在非线性关系，使得各单因素变化对IRR的影响之和与多因素同时变化对IRR的影响不等，见表6–21。

表6–21 单因素与多因素变化对IRR的影响

z_1	z_2	z_3	IRR/%	ΔIRR/%
250	85	50	33.82	–
20%	–	–	51.45	17.63
–	20%	–	26.22	–7.60
–	–	20%	42.58	8.76
20%	20%	20%	57.33	23.51
	影响差异ΔIRR			4.72

当因素不变，即z_1=250元/t，z_2=85元/t，z_3=50t时，由式（6–10）计算得IRR=33.82%；当z_1，z_2，z_3分别变化20%时，对应IRR的变化之和为18.79%；而当z_1，z_2，z_3同时变化20%时，IRR变化达到23.51%，影响差异为4.72%。可见，多因素敏感性性分析精度更高。

思考题与习题

1. 均匀设计与正交设计各自的特点。
2. 为什么均匀设计表要配套一张使用表，分析均匀设计表$U_7^*(7^6)$及其使用表。
3. 试以5为生成元，利用布点原则（3）式（6–7），写出构造均匀设计表$U_7(7^4)$和$U_6^*(6^4)$。
4. 均匀设计的数据处理方法是什么？有什么特点？
5. 根据式（6–10），分析因素z_1，z_2，z_3对指标IRR的影响规律。
6. 学习利用Excel和专用统计软件处理数据。
7. 分析例6–5的软试验设计方案有什么问题？试完成改进设计，重新建立回归方程。

第七章　一次回归设计

§7-1　回归设计的概念

一、古典回归分析的特点

古典回归分析根据一组数据总结分析变量间的相关关系，是单纯的数据处理；它在一定的可信度和一定范围内反映变量之间的相关关系，能够通过建立回归方程，指导和预测实践。

古典回归分析有以下缺点：

1.试验数据处理的被动性。古典回归分析只是被动地处理已有的试验数据，几乎没有试验设计要求。

2.回归系数之间存在相关性。回归系数之间的相关性使计算回归系数，建立和检验回归方程的计算量增加，而且复杂。

3.对回归方程的精度研究较少，无拟合性检验。

4.预测值的方差$D(\hat{y}_0)$的分布较复杂。

这样往往会盲目增加试验次数，而且试验数据还不能提供充分的信息。

二、回归设计的基本思想

20世纪50年代提出回归设计，把试验设计与回归分析结合起来，主动把试验的安排、数据的处理和回归方程的精度统一起来进行研究。例如在工艺最优化问题中，试验设计寻求最优工艺区，回归分析在最优工艺区建立回归方程。这样，对试验数据的处理就由被动变为主动了。

在寻求生产过程的最优化问题过程中，需要先寻求最优化区域，再在这个最优化区域上建立数学模型（回归方程）。在还不完全了解生产过程的物理原理、化学原理和生物原理的情况下，采用回归分析来解决生产过程的最优化问题还是一个比较有效的方法。

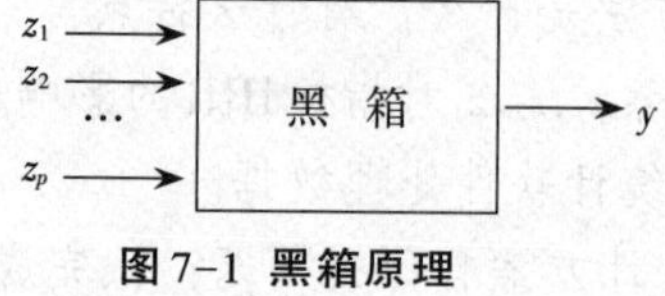

图 7-1　黑箱原理

回归设计的基本思想是控制论中的“黑箱”理论的拓展。在控制论中，“黑箱”作为一个系统，它的输入和输出都是可以知道的，但对系统的内部结构往往不太清楚。我们研究的生产过程可视为一个“黑箱”，输入的是因素$z_1,z_2,\cdots,z_p$，输出的是一个需要优化的指标y，如图

7-1所示。虽然我们不知道“黑箱”的内部结构，但是通过回归分析总能够建立起指标y与因素$z_1,z_2,\cdots,z_p$之间的一个函数：

$$y=f(z_1,z_2,\cdots,z_p)$$

而且可以用一个多项式来近似表达此函数为

$$y=\beta_0+\sum_{j=1}^{p}\beta_j z_j+\sum_{i<j}\beta_{ij}z_i z_j+\sum_{j=1}^{p}\beta_{jj}z_j^2+\cdots$$

在回归设计中，我们称以因素$z_1,z_2,\cdots,z_p$为坐标的空间为因子空间，上面的函数就是因子空间的一个曲面，称为响应曲面。回归设计就是要通过试验来探索“黑箱”的秘密，关键是如何在因子空间适当选择较少的试验点，而能够建立较高精度的回归方程。

回归设计一般分为一次回归设计、二次回归设计，回归正交设计、回归旋转设计等。课程主要介绍一次回归正交设计与二次回归组合设计（正交设计与旋转设计）。

§7-2　一次回归正交设计

一次回归正交设计是解决回归模型中，变量的最高次数为一次（不含交叉项）的多元线性回归问题。一次回归正交设计具有两个特点：一是采用2水平正交表，例如$L_4(2^3)$，$L_8(2^7)$，安排试验点，使试验方案具有正交性。注意：试验设计与回归设计的正交性的表述有所不同。二是采用回归分析处理数据，计算回归系数，建立回归方程。

设一次多元回归数学模型为

$$\begin{cases}y_i=\beta_0+\beta_1 z_{i1}+\beta_2 z_{i2}+\cdots+\beta_p z_{ip}+\varepsilon_i\\ \quad=\beta_0+\sum_{j=1}^{p}\beta_j z_{ij}+\varepsilon_i\\ i=1,2,\cdots,n;\ j=1,2,\cdots,p;\ \varepsilon_i\text{相互独立，且}\varepsilon_i\sim N(0,\sigma^2)\end{cases}\tag{7-1}$$

其回归方程为

$$\begin{cases}\hat{y}_i=b_0+b_1 z_{i1}+b_2 z_{i2}+\cdots+b_p z_{ip}\\ \quad=b_0+\sum_{j=1}^{p}b_j z_{ij}\\ i=1,2,\cdots,N;\ j=1,2,\cdots,p\end{cases}\tag{7-2}$$

一、一次回归正交设计原理

由多元线性回归分析过程可知，b_j的计算和检验比较复杂，其根本原因是古典回归分析对试验安排无要求，或随意确定试验点，使b_j之间存在相关性（$c_{ij}\neq0,i\neq j$），造成由试验点上变量x_j的取值所构成的系数矩阵A在求其逆矩阵$C=A^{-1}$时很烦琐。

数学模型（7-1）为表示变量y与变量$z_1,z_2,\cdots,z_p$之间相关关系的数据结构式。其结构矩阵为

$$Z=\begin{pmatrix}1 & z_{11} & z_{12} & \cdots & z_{1p}\\ 1 & z_{21} & z_{22} & \cdots & z_{2p}\\ \vdots & \vdots & \vdots & \ddots & \vdots\\ 1 & z_{n1} & z_{n2} & \cdots & z_{np}\end{pmatrix}\tag{7-3}$$

正规方程组的系数矩阵为

$$A = Z'Z = \begin{pmatrix} N & \sum z_{i1} & \sum z_{i2} & \cdots & \sum z_{ip} \\ & \sum z_{i1}^2 & \sum z_{i1}z_{i2} & \cdots & \sum z_{i1}z_{ip} \\ & & \sum z_{i2}^2 & \cdots & \sum z_{i2}z_{ip} \\ & & & \ddots & \vdots \\ & 对称 & & & \sum z_{ip}^2 \end{pmatrix} \tag{7-4}$$

可以看出，结构矩阵中的元素z_j，除第一列外，都是变量在各试验点的取值，它决定了系数矩阵A的各元素。如果能够通过某种安排，选择适当的试验点，设计一种结构矩阵，使系数矩阵为对角阵，就能够简化逆矩阵的计算；同时，消除回归系数之间的相关性。

那么，如何设计试验，设计结构矩阵，使A为对角阵，实现：(1)简化逆矩阵$C=A^{-1}$计算；(2)消除b_j之间的相关性，即 $c_{ij}=0, i\neq j$，成为研究的重点。

要使系数矩阵A成为对角阵的必要条件是：

$$\begin{cases} \sum_i z_{ij} = 0; & i=1,2,\cdots,N;\ j=1,2,\cdots,p \\ \sum_i z_{ij}z_{it} = 0; & t=1,2,\cdots,p;\ j\neq t \end{cases} \tag{7-5}$$

即结构矩阵的任一列元素之和为零；任两列同行元素的积之和为零；也就是说，结构矩阵具有正交性(正交矩阵)。如何满足此要求呢？很明显，正交试验设计能够满足这一要求。

正交表数码替换后可以满足正交矩阵的条件。例如，表7-1是正交表$L_4(2^3)$，虽然具有正交性，但是，从线性代数的角度看，正交表主体并不满足使系数矩阵A成为对角阵的必要条件式(7-5)。因而，需要采用数码替换，用"-1"替换表7-1中的"2"水平，得到表7-2 。显然，表7-1和表7-2所代表的两种正交表之间并无本质区别。然而，替换后的表7-2能够明显地看出具有正交表矩阵意义下的正交性，满足式(7-5)，即每一列数码之和为0；任两列同行两数码乘积之和为0。

表7-1　$L_4(2^3)$正交表

试验号 \ 列号	1	2	3
1	1	1	1
2	1	2	2
3	2	1	2
4	2	2	1

表7-2　$L_4(2^3)$数码变换

试验号 \ 列号	1	2	3
1	1	1	1
2	1	-1	-1
3	-1	1	-1
4	-1	-1	1

由此可见，采用2水平正交表安排试验，可以使结构矩阵具有正交性。但仅此还不能完成正交试验设计，因为，表中的"1""-1"只代表试验因子的某个水平，并不代表因子水平的取值，这就需要对因子水平的取值进行编码(线性变换)。

二、一次回归正交设计步骤

回归设计中各因子的量纲、取值范围可能不同。为方便处理数据，需对因子作线性变

换,使因子的取值范围转化到中心在原点的一个"立方体"中,这一线性变换称为对因子水平的编码。

(一)确定因子z_j的变化范围

对因子水平取值编码,首先要确定每个因子z_j的变化范围。一次回归正交设计z_j取非零水平2个。

设z_{1j},z_{2j}分别表示因子z_j变化的下界和上界,

$$z_{1j} \leqslant z_j \leqslant z_{2j}, \quad j=1,2,\cdots,p$$

若试验就在z_{1j},z_{2j}范围内进行,那么分别称z_{1j},z_{2j}为因子z_j的下水平与上水平;并称它们的算术平均

$$z_{0j}=\frac{1}{2}(z_{1j}+z_{2j}) \tag{7-6}$$

为z_j的零水平;称z_{1j},z_{2j}差的一半

$$\Delta_j=\frac{1}{2}(z_{2j}-z_{1j}) \tag{7-7}$$

为z_j的变化区间(变化半径)。

(二)对因子z_j的水平进行编码

所谓因子水平的编码处理就是将因子水平从自然空间,通过线性变换进入编码空间;简单说,编码就是对因子水平做线性变换,见式(7-8)。

$$\begin{aligned}
x_{ij}&=\frac{z_{ij}-z_{0j}}{\Delta_j}=\frac{2z_{ij}-(z_{1j}+z_{2j})}{z_{2j}-z_{1j}}, \quad j=1,2,\cdots,p \\
x_{1j}&=\frac{2z_{1j}-(z_{1j}+z_{2j})}{z_{2j}-z_{1j}}=-1 \\
x_{2j}&=\frac{2z_{2j}-(z_{1j}+z_{2j})}{z_{2j}-z_{1j}}=1 \\
z_{ij}&=x_{ij}\Delta_j+z_{0j}
\end{aligned} \tag{7-8}$$

把自然因子z_j变换成编码因子x_j,图7-2表示了z_j与x_j取值的一一对应关系。

下水平 $z_{1j} \longleftrightarrow -1$

零水平 $z_{0j} \longleftrightarrow 0$

上水平 $z_{2j} \longleftrightarrow +1$

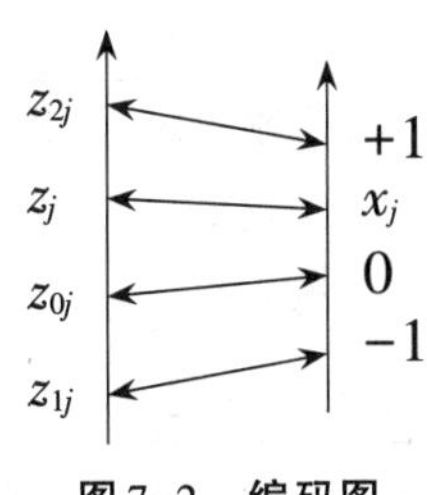

图7-2 编码图

具体编码工作可在因子水平编码表中进行,如表7-3所示。

表7-3 因子水平编码表

因子	z_{i1}	z_{i2}	…	z_{ip}
x_{1j} 下水平(-1)	z_{11}	z_{12}	…	z_{1p}
x_{2j} 上水平(+1)	z_{21}	z_{22}	…	z_{2p}
变化区间Δ_j	Δ_1	Δ_2	…	Δ_p
x_0 零水平(0)	z_{01}	z_{02}	…	z_{0p}

因子水平编码后，无论自然因子z_j的变化范围$[z_{1j}, z_{2j}]$在自然空间中处于何种状态，编码因子的变化范围总是在[-1,+1]。如图7-3所示，当因子数p=2时，z_j在自然空间（平面）的变化范围为矩形；通过编码后，x_j在编码空间的变化范围则是正方形。

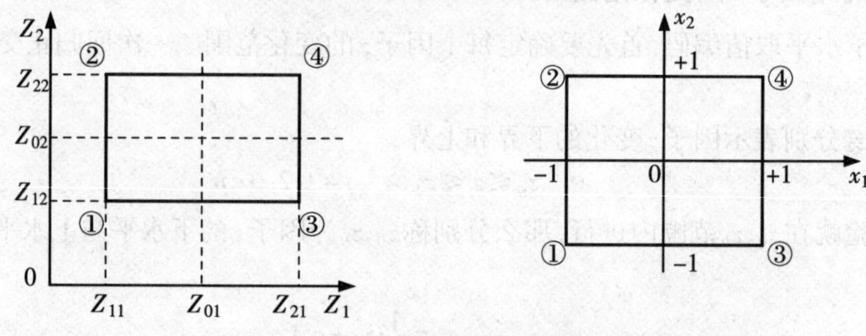

图7-3　z_j和x_j的不同变化范围

通过编码过程，使试验指标y对自然因子z_j的回归问题，转化为y对编码因子x_j的回归问题。这样就可以在以$x_j(x_1, x_2, \cdots, x_p)$为坐标轴的编码空间，利用二水平正交表选择试验点，进行回归设计，见表7-4和表7-5。

表7-4　正交表$L_4(2^3)$

试验号	x_1	x_2	x_3
	1	2	3
1	−1	−1	−1
2	−1	1	1
3	1	−1	1
4	1	1	−1

表7-5　自然与编码空间因子水平值对照（例1-2 轴承圈退火试验）

水平	x_j	z_j		
	x_1, x_2, x_3	z_1上升温度/℃	z_2保温时间/h	z_3出炉温度/℃
下水平z_{1j}	−1	800	6	400
上水平z_{2j}	+1	820	8	500
零水平z_{0j}	0	810	7	450
变化区间Δ_j		10	1	50

这时，正交表的“-1”“+1”表示两层含义：(1)因子水平的不同状态；(2)编码空间因子不同水平的取值大小，因而，结构矩阵Z具有正交性；系数矩阵A为对角阵。应该说明，以后对于二次回归设计，仍然是先对自然因子编码，再求y对$x_1, x_2, \cdots, x_p$的回归方程。

(三)选择二水平正交表，设计试验方案

选取二水平正交表时，应考虑因子个数和交互作用；当考察交互作用时，必须采用标准表；正交表中的交互作用列可直接由对应列元素（数码）相乘得到，如表7-6所示。

表 7-6 正交表 $L_8(2^7)$ 编码空间

试验号 \ 列号	1 x_1	2 x_2	4 x_3	3 x_1x_2	5 x_1x_3	6 x_2x_3	7 $x_1x_2x_3$
1	−1	−1	−1	1	1	1	−1
2	−1	−1	1	1	−1	−1	1
3	−1	1	−1	−1	1	−1	1
4	−1	1	1	−1	−1	1	−1
5	1	−1	−1	−1	−1	1	1
6	1	−1	1	−1	1	−1	−1
7	1	1	−1	1	−1	−1	−1
8	1	1	1	1	1	1	1

由表7-6知，正交表主体编码后满足正交性，即满足式(7-9)。

$$\begin{cases}\sum_{i=1}^{8}x_{ij}=0;\ j=1,2,3\\ \sum_{i=1}^{8}x_{ij}x_{it}=0;\ t=1,2,3;\ j\neq t\end{cases}\tag{7-9}$$

正交表确定后，应遵循试验设计中关于表头设计的一般原则进行表头设计，把因子和交互作用安排在相应的列上，组成试验计划。

（四）回归系数的计算

若按正交表进行 N 次试验，设 x_{ij} 表示第 i 次试验第 j 个变量的编码值，其试验结果为 y_i，数学模型，即数据结构式为

$$\begin{cases}y_i=\beta_0+\beta_1x_{i1}+\beta_2x_{i2}+\cdots+\beta_px_{ip}+\varepsilon_i\\ \quad=\beta_0+\sum_{j=1}^{p}\beta_jx_{ij}+\varepsilon_i\\ i=1,2,\cdots,n;\ j=1,2,\cdots,p;\ \varepsilon_i\text{相互独立，且}\varepsilon_i\sim N(0,\sigma^2)\end{cases}\tag{7-10}$$

如表7-6所示，由于采用二水平正交表构造编码空间，在编码空间的一次回归方程实际上包含了交互项，即

$$\begin{cases}\hat{y}_i=b_0+b_1x_{i1}+b_2x_{i2}+\cdots+b_px_{ip}+b_{hj}x_hx_j+\cdots\\ \quad=b_0+\sum_{j=1}^{p}b_jx_{ij}+\sum_{h<j}b_{hj}x_hx_j\\ i=1,2,\cdots,n;\ h,j=1,2,\cdots,p\end{cases}\tag{7-11'}$$

为简化起见，在以下的一次回归正交设计的计算中，未考虑交互项

$$x_1x_2,\cdots,x_hx_j,\cdots,x_{p-1}x_p \qquad (j=1,2,\cdots,p;h<j)$$

这并不会影响到一次回归正交设计的正确性，而且很容易扩展到交互项的回归系数 b_{hj} 的计算与检验。则编码空间的一次回归方程为

$$\begin{cases}\hat{y}_i=b_0+b_1x_{i1}+b_2x_{i2}+\cdots+b_px_{ip}\\ \quad=b_0+\sum_{j=1}^{p}b_jx_{ij}\\ i=1,2,\cdots,n;\ j=1,2,\cdots,p\end{cases}\tag{7-11}$$

其结构矩阵为

$$X=\begin{pmatrix}1 & x_{11} & \cdots & x_{1p}\\ 1 & x_{21} & \cdots & x_{2p}\\ \vdots & \vdots & \ddots & \vdots\\ 1 & x_{n1} & \cdots & x_{np}\end{pmatrix}=\begin{pmatrix}1 & -1 & \cdots & 1\\ 1 & 1 & \cdots & -1\\ \vdots & \vdots & \ddots & \vdots\\ 1 & -1 & \cdots & 1\end{pmatrix}$$

系数矩阵为

$$A=X'X=\begin{pmatrix}n & & & & 0\\ & \sum_i x_{i1}^2 & & & \\ & & \sum_i x_{i2}^2 & & \\ & & & \ddots & \\ 0 & & & & \sum_i x_{iP}^2\end{pmatrix}$$

$$=\begin{pmatrix}n & & & 0\\ & n & & \\ & & n & \ddots & \\ 0 & & & n\end{pmatrix}=\begin{pmatrix}D_0 & & & & 0\\ & D_1 & & & \\ & & D_2 & & \\ & & & \ddots & \\ 0 & & & & D_P\end{pmatrix}$$

相关矩阵为

$$C=(X'X)^{-1}=\begin{pmatrix}1/N & & & 0\\ & 1/N & & \\ & & \ddots & \\ 0 & & & 1/N\end{pmatrix}$$

常数项矩阵为

$$B=X'Y=\begin{pmatrix}\sum_i y_i\\ \sum_i x_{i1}y_i\\ \vdots\\ \sum_i x_{ip}y_i\end{pmatrix}=\begin{pmatrix}B_0\\ B_1\\ \vdots\\ B_P\end{pmatrix}$$

于是，回归系数$\boldsymbol{b}=\boldsymbol{A}^{-1}\boldsymbol{B}$，即

$$\begin{cases}\boldsymbol{b}_0=B_0/N=\sum_i y_i/N=\bar{y},\ i=1,2,\cdots,N\\ \boldsymbol{b}_j=B_j/N=\sum_i x_{ij}y_i/N,\ j=1,2,\cdots,p\end{cases}\tag{7-12}$$

综上分析，在编码空间用正交表安排试验，消除了回归系数之间的相关性$c_{ij}=0$，简化了回归系数b_j的计算，可以列表进行计算，见表7-7。在表7-7中，列出了交互项

$$x_1x_2,\cdots,x_hx_j,\cdots,x_{p-1}x_p \qquad (j=1,2,\cdots,p;h<j)$$

可见，交互项x_hx_j的回归系数b_{hj}的计算与检验同因子x_j一样。

注意，在正交表第一列前，安排x_0列，x_{i0}恒等于1，即无水平变化，用于计算常数项系数b_0。

将计算所得回归系数

$$b_0,\ b_j(j=1,2,\cdots,p)$$

代入式(7-11)就得到回归方程。

表7-7 一次回归正交设计计算分析表

试验号	x_0	x_1	…	x_p	x_1x_2	…	$x_{p-1}x_p$	y_i
1	1	x_{11}	…	x_{1p}	$x_{11}x_{12}$	…	$x_{1p-1}x_{1p}$	y_1
2	1	x_{21}	…	x_{2p}	$x_{21}x_{22}$	…	$x_{2p-1}x_{2p}$	y_2
⋮	⋮	⋮	⋮	⋮	⋮	⋮	⋮	⋮
N	1	x_{N1}	…	x_{Np}	$x_{N1}x_{N2}$	…	$x_{Np-1}x_{Np}$	y_N
$D_j=\sum x_{ij}^2$	D_0	D_1	…	D_p	D_{12}	…	D_{p-1p}	$\sum y_i^2$
B_j	$\sum y_i$	$\sum x_{i1}y_i$	…	$\sum x_{ip}y_i$	$\sum x_{i1}x_{i2}y_i$	…	$\sum x_{ip-1}x_{ip}y_i$	$S_{总}=\sum y_i^2-B_0^2/N$ $f_{总}=N-1$
$b_j=B_j/N$	$b_0=\bar{y}$	b_1	…	b_p	b_{12}	…	$b_{p-1}p$	$S_{回}=\sum S_j^*$
$S_j=b_jB_j$	S_0	S_1	…	S_p	S_{12}	…	$S_{p-1}p$	$f_{回}=\sum f_j^*$
$F_j=\bar{S}_j/\bar{S}_e$		F_1	…	F_p	F_{12}	…	$F_{p-1}p$	$S_{剩}=S_{总}-S_{回}$
$F_{回}$	$\dfrac{S_{回}/f_{回}}{S_{剩}/f_{剩}}=\dfrac{\Sigma S_j^*/\Sigma f_j^*}{S_{剩}/f_{剩}}$							$f_{剩}=f_{总}-f_{回}$ $S_e=$ $f_e=$ $S_{lf}=$ $f_{lf}=$
F_{lf}	$\dfrac{S_{lf}/f_{lf}}{S_e/f_e}$							$F_j=\dfrac{S_j/f_j}{S_e/f_e}$

表中 $\sum S_j^*$ 表示经回归系数显著性检验,结果显著的因子平方和之和。

三、显著性检验

当回归方程式(7-11)求出后,需要进行显著性检验,检验内容包括三个方面:

(1)考察试验因子x_j ($x_1,x_2,\cdots,x_p$)对试验指标y的影响是否显著,称为回归系数显著性检验;

(2)考察整个回归方程对试验指标y的影响是否显著,称为回归方程显著性检验;

(3)考察事先假定的回归模型是否符合实际,称为拟合性检验。

在介绍回归分析时,介绍了3种检验方法:F检验法、相关系数R检验法和t检验法。在此,对于回归系数、回归方程和拟合性全部采用F检验方法。这是因为:① F检验法既可以进行不同正态总体间的方差比较,也能在同一正态总体内进行方差比较;② F检验法与R检验法和t检验法存在一定的关系:

$$F_\alpha(f_1,f_2)=t_\alpha^2(f_2)$$
$$F_\alpha(f_1,f_2)=f_2R_\alpha^2(f_2)/[1-R_\alpha^2(f_2)]f_1 \tag{7-13}$$

(一)各类平方和的计算

与多元线性回归分析的显著性检验相同,一次回归正交设计的显著性检验仍需要计算平方和$S_{总}$,$S_{回}$,$S_{剩}$等。

由式(5-40)和式(7-12)得

(1)总离差平方和及其自由度

$$S_{总}=\sum_{i=1}^{N}(y_i-\bar{y})^2=\sum y_i^2-(\sum y_i)^2/N=\sum y_i^2-B_0^2/N$$
$$f_{总}=N-1$$

(2)正交表各列偏回归平方和(含交互列)及其自由度,由式(5-47)知

$$S_j = b_j^2/c_{jj} = Nb_j^2 = b_jB_j \quad f_j = 1 \tag{7-14}$$

(3)回归平方和及其自由度

$$S_{回} = \sum_{i=1}^{n}(\hat{y}_i - \bar{y})^2 = \sum_{j=1}^{p} b_jB_j \quad f_{回} = \sum_{j=1}^{p} f_j = p \tag{7-15}$$

(4)剩余离差平方和及其自由度

$$S_{剩} = \sum_{i=1}^{n}(y_i - \hat{y}_i)^2 = S_{总} - S_{回} = S_{总} - \sum_{j=1}^{p} b_jB_j \quad f_{剩} = f_{总} - f_{回} = N - p - 1 \tag{7-16}$$

(5)剩余离差平方和$S_{剩}$的分解

在一般情况下,剩余离差平方和$S_{剩}$包含误差平方和S_e与失拟平方和S_{lf}两个部分。要分解二者,需要做重复试验。一般选择零水平($z_{01}, z_{02}, \cdots, z_{0p}$),做$m_0 \geqslant 3$次重复试验,即零点重复试验。这有三点好处:① 能够计算出误差平方和S_e,更方便检验回归系数的显著性。② 回归方程的显著性检验只能检验回归方程在试验点上与试验结果的拟合情况,但不能揭示试验中心区域,即包括0点在内的区域(-1,+1)的拟合情况。通过零点重复试验,就能够了解到F检验结果显著的一次回归方程在试验中心区域的拟合情况。③ 无空列时检验的需要。当2水平正交表上排满因子和交互作用,无空列时,采用零水平重复试验,可确保获得S_e和f_e,用于检验回归系数的显著性。

若零点重复试验m_0次,则误差平方和及其自由度为

$$S_e = \sum_{i=1}^{m_0}(y_{i_0} - \bar{y}_0)^2 = \sum_{i=1}^{m_0} y_{i_0}^2 - \frac{1}{m_0}\left(\sum_{i=1}^{m_0} y_{i_0}\right)^2 \quad f_e = m_0 - 1 \tag{7-17}$$

式中 $\bar{y}_0 = \frac{1}{m_0}\sum_{i=1}^{m_0} y_{i_0}$

失拟平方和S_{lf}及其自由度f_{lf}的定义式和计算式为

$$S_{lf} = S_{剩} - S_e \quad f_{lf} = f_{剩} - f_e \tag{7-18}$$

如果仅考察零水平点的拟合情况,则参考式(7-12),应该采用公式

$$S_{lf} = (b_0 - \bar{y}_0)^2 \quad f_{lf} = 1 \tag{7-19}$$

(二)三项检验

已知各类离差平方和及其自由度后,可以进行回归系数、回归方程和拟合性检验。对于一次回归正交设计,三项检验都可以在其计算分析表7-7中进行,包括交互项x_hx_j ($h<j$)。

1. 回归系数的检验

$$F_j = \frac{S_j/f_j}{S_e/f_e} \sim F_\alpha(f_j, f_e) \tag{7-20}$$

式中S_j,f_j为正交表各列因子的偏回归平方和(含交互列)及其自由度;S_e,f_e为误差平方和及其自由度。

当$F_j > F_\alpha(f_j,\ f_e)$时,认为回归系数$b_j$显著,$x_j$对试验指标$y$的影响显著,置信度为(1-α)100%;显著程度可视显著性水平α大小分为三个等级,当α=0.01,认为b_j特别显著;当α=0.05,或α=0.1时,认为b_j显著,或比较显著。应该指出:

(1)由于$S_j = b_j B_j = Nb_j^2$,即S_j与b_j^2成正比,说明在回归正交设计所得的回归方程中回归系数b_j(或b_{hj})绝对值的大小,反映了其对应变量x_j(或交互项$x_h x_j$)在回归方程中作用的大小。这是因为经过无量纲编码后,所有因子的取值都是+1和-1,它们在试验研究区域内是"平等"的,使得所求回归系数不受自然因子z_j的量纲和水平取值数量级的影响,而是直接反映了该因子作用的大小。回归系数的符号反映了因子作用的性质;同时,回归系数之间不存在相关性。因此,在精度要求不太高时,一次回归正交设计可以省略对回归系数的显著性检验,直接将回归系数绝对值近似为0的因子从回归方程剔除即可,而不需要重新计算其他回归系数。

(2)在回归系数检验中,为提高检验的灵敏度,可将回归方程中剔除的因子和交互项的平方和及自由度并入误差平方和S_e及其自由度f_e,用于检验余下因子和交互项的显著性。平均合并误差为

$$\bar{S}_e^\Delta = \frac{S_e^\Delta}{f_e^\Delta} = \frac{S_e + \sum S_j}{f_e + \sum f_j} \tag{7-21}$$

式中S_e^Δ,f_e^Δ为合并误差平方和及其自由度;$\sum S_j$,$\sum f_j$为被剔除的因子(含交互项)平方和及其自由度。采用平均合并误差$\bar{S}_e^\Delta$检验回归系数时,其临界值$F_\alpha(f_j, f_e^\Delta)$会减小,可提高回归系数的检验水平。

2.回归方程的检验

$$F_{回} = \frac{S_{回}/f_{回}}{S_{剩}/f_{剩}} \sim F_\alpha(f_{回}, f_{剩}) \tag{7-22}$$

当$F_{回} > F_\alpha(f_{回},\ f_{剩})$时,认为回归方程显著。

在回归方程检验之前,先将方程中$F_j \leqslant 1$和经检验$\alpha > 0.25$的x_j项从回归方程中去掉;对α=0.25的x_j项,有时剔除,有时保留,视实际情况而定。也就是说,$S_{回}$中只含有显著项x_j^*(或有一定影响)的离差平方和,即

$$S_{回} = \Sigma S_j^*,\ f_{回} = \Sigma f_j^*$$

式中S_j^*,f_j^*为因子的显著项x_j^*的离差平方和及其自由度。

3. 拟合性检验即失拟检验

$$F_{lf} = \frac{S_{lf}/f_{lf}}{S_e/f_e} \sim F_\alpha(f_{lf}, f_e) \tag{7-23}$$

当$F_{lf} < F_{0.25}(f_{lf}, f_e)$时,说明回归方程的拟合性好;当$F_{lf} > F_{0.25}(f_{lf}, f_e)$时,表明回归方程的拟合性差,方程失拟。这说明在$S_{lf}$中,除试验误差外,还可能含有条件因素及其交互作用的影响,或者还有试验因子x的非线性影响,需要分析原因,或更换模型。

值得注意,当试验误差S_e很小时,即使失拟平方和S_{lf}较小,也可能出现$F_{lf} > F_{0.25}(f_{lf}, f_e)$。这时,可利用失拟平方和$S_{lf}$的贡献率β来比较判断回归方程的拟合性。

失拟平方和S_{lf}的贡献率β为

$$\beta=\frac{S_{lf}-\frac{S_e}{f_e}\cdot f_{lf}}{S_{总}}\times 100\% \tag{7-24}$$

因试验误差S_e很小，当失拟自由度f_{lf}不多时，可将式(7-24)简化为

$$\beta=\frac{S_{lf}}{S_{总}}\times 100\% \tag{7-24′}$$

当计算所得5%≤β≤10%，可以认为回归方程拟合性好，方程不失拟；否则认为方程失拟。

四、回归方程的变换

在编码空间经过检验显著的回归方程，利用式(7-8)

$$z_{ij}=x_{ij}\Delta_j+z_{0j}$$

将其变换还原成为自然空间的回归方程。

§7-3 一次回归整体正交设计

整体设计是指将零点重复试验一并编入试验方案与计算分析表的设计方法，否则称为非整体设计。

表7-8为一次回归整体正交设计的计算分析表。由表7-8可知，与非整体设计相比，整体设计具有明显优点。

一、充分利用零点重复试验的信息

由于$D_0=N=n+m_0$（非整体设计$D_0=N=n$），提高了常数项b_0的精度，而对回归系数b_j无影响。即

$$b_0=B_0/N=\frac{1}{N}\sum_{i=1}^{N}y_i=\bar{y} \tag{7-25}$$

$$D(b_0)=D(\bar{y})=\sigma^2 c_{jj}=\sigma^2/N$$

二、总离差平方和$S_{总}$的构成

整体设计时，总离差平方和$S_{总}$为回归、误差和失拟平方和之和，如图7-4(a)所示。

$$\text{整体设计 } S_{总}\begin{cases}S_{回}\\ \left.\begin{matrix}S_e\\ S_{lf}\end{matrix}\right\}S_{剩}\end{cases} \qquad \text{非整体设计 } S_{总}\begin{cases}S_{回}\\ S_{剩}\begin{cases}S_e\\ S_{lf}\end{cases}\end{cases}$$

$$f_{总}=N-1=n+m_0-1 \qquad f_{总}=n-1$$

(a)　　　　(b)

图7-4　整体设计与非整体设计$S_{总}$的构成

在进行回归方程显著性检验时，剩余离差平方和的自由度

$$f_{剩}=f_{总}-f_{回}=(n+m_0-1)-f_{回}$$

可见，整体设计比非整体设计的剩余自由度增加了 m_0，提高了 F 检验的灵敏度。

表 7-8 一次回归整体正交设计计算分析表

试验号	x_0	x_1	…	x_p	x_1x_2	…	$x_{p-1}x_p$	y_i
1	1	x_{11}	…	x_{1p}	$x_{11}x_{12}$	…	$x_{1p-1}x_{1p}$	y_1
2	1	x_{21}	…	x_{2p}	$x_{21}x_{22}$	…	$x_{2p-1}x_{2p}$	y_2
⋮	⋮	⋮	⋮	⋮	⋮	⋮	⋮	⋮
n	1	x_{n1}	…	x_{np}	$x_{n1}x_{n2}$	…	$x_{np-1}x_{np}$	y_n
$n+1$	1	x_{01}		x_{0p}	$x_{01}x_{02}$		$x_{0p-1}x_{0p}$	y_{n+1}
⋮	⋮	⋮	⋮	⋮	⋮	⋮	⋮	⋮
$N=n+m_0$	1	x_{01}		x_{0p}	$x_{01}x_{02}$		$x_{0p-1}x_{0p}$	y_N
$D_j=\sum x_{ij}^2$	D_0	D_1	…	D_p	D_{12}	…	D_{p-1p}	$\sum y_i^2$
$B_j=\sum x_{ij}y_i$	$\sum y_i$	$\sum x_{i1}y_i$	…	$\sum x_{ip}y_i$	$\sum x_{i1}x_{i2}y_i$	…	$\sum x_{ip-1}x_{ip}y_i$	$S_{\text{总}}=\sum y_i^2-B_0^2/N$ $f_{\text{总}}=N-1$
$b_j=B_j/D_j$	$b_0=\bar{y}$	b_1	…	b_p	b_{12}	…	b_{p-1p}	$S_{\text{回}}=\sum S_j$，$f_{\text{回}}=p$
$S_j=b_jB_j$	S_0	S_1	…	S_p	S_{12}	…	S_{p-1p}	$S_{\text{剩}}=S_{\text{总}}-S_{\text{回}}$
$F_j=\bar{S}_j/\bar{S}_e$		F_1	…	F_p	F_{12}	…	F_{p-1p}	$f_{\text{剩}}=n+m_0-1-f_{\text{回}}$
$F_{\text{回}}$	$\frac{S_{\text{回}}/f_{\text{回}}}{S_{\text{剩}}/f_{\text{剩}}}=\frac{\Sigma S_j^*/\Sigma f_j^*}{S_{\text{剩}}/f_{\text{剩}}}$							$S_e=\sum_{i=1}^{m_0}(y_{i_0}-\bar{y}_0)^2$ $f_e=m_0-1$
F_{lf}	$\frac{S_{lf}/f_{lf}}{S_e/f_e}$							$S_{lf}=S_{\text{剩}}-S_e$ $f_{lf}=f_{\text{剩}}-f_e$

例 7-1 一次回归整体正交设计实例。为了研究液体导电率 y 与镓浓度 z_1 和碱浓度 z_2 的关系。试采用一次回归正交设计方法探索其定量关系。各因子试验考察的范围是：z_1=30～70 g/L，z_2=90～150 g/L。

例 7-1 是二元一次回归正交试验设计问题，适宜选用正交表 $L_4(2^3)$ 安排回归设计，零点重复试验 4 次（m_0=4），并进行整体设计。

1. 确定因子 z_j 的变化范围

镓浓度 z_{i1}：下水平 $z_{11}=30$，上水平 $z_{21}=70$，零水平 $z_{01}=\frac{1}{2}(30+70)=50$，

变化区间 $\Delta_1=\frac{1}{2}(70-30)=20$；

碱浓度 z_{i2}：下水平 $z_{12}=90$，上水平 $z_{22}=150$，零水平 $z_{02}=\frac{1}{2}(150+90)=120$，

变化区间 $\Delta_2=\frac{1}{2}(150-90)=30$。

2. 因子编码表

表7-9为因子编码表。

表7-9　因子编码表

x_j	z_j	z_1	镓浓度/g·L^{-1}	z_2	碱浓度/g·L^{-1}
$x_{1j}=-1$	z_{1j}	z_{11}	30	z_{12}	90
$x_{2j}=+1$	z_{2j}	z_{21}	70	z_{22}	150
$x_{0j}=0$	z_{0j}	z_{01}	50	z_{02}	120
	Δ_j	Δ_1	20	Δ_2	30
$x_j=(z_j-z_{0j})/\Delta_j$		$x_1=(z_1-50)/20$		$x_2=(z_2-120)/30$	

3. 安排试验方案

选用正交表$L_4(2^3)$,零水平重复试验m_0=4,见表7-10。

表7-10　一次回归整体正交设计试验方案及计算表

试验号＼因子	x_0	$x_1(z_1)$	$x_2(z_2)$	x_1x_2	y_i
1	1	1 (70)	1 (150)	1	5.0
2	1	1 (70)	−1 (90)	−1	6.7
3	1	−1 (30)	1 (150)	−1	8.5
4	1	−1 (30)	−1 (90)	1	2.0
5	1	0 (50)	0 (120)	0	2.8
6	1	0 (50)	0 (120)	0	3.2
7	1	0 (50)	0 (120)	0	3.4
8	1	0 (50)	0 (120)	0	3.0
$D_j=\sum x_{ij}^2$	8	4	4	4	$S_{总}=35.135$ $f_{总}=7$
$B_j=\sum x_{ij}y_i$	34.6	1.2	4.8	−8.2	$S_{回}=22.93$ $f_{回}=3$
$b_j=B_j/D_j$	4.325	0.3	1.2	−2.05	$\bar{S}_{回}=7.64$
$S_j=b_jB_j$	149.645	0.36	5.76	16.81	$S_{剩}=12.205$ $f_{剩}=4$
$F_j=\bar{S}_j/\bar{S}_e$		5.4	86.4	252.15	$\bar{S}_{剩}=3.051$
显著性α		0.1	0.01	0.01	$S_e=0.20$ $f_e=3$
$F_{回}$	$\bar{S}_{回}/\bar{S}_{剩}=2.504$				$\bar{S}_e=0.067$
F_{lf}	$\bar{S}_{lf}/\bar{S}_e=180.08$				$S_{lf}=12.005$ $f_{lf}=1$

4. 计算回归系数

如表7-10所示,依据回归系数的计算式和计算步骤,可以较为方便地利用Excel计算出回归系数:

$$b_0=4.325,\ b_1=0.3,\ b_2=1.20,\ b_{12}=-2.05$$

5. 三项检验

计算各类离差平方和及其自由度

$$S_{总}=\sum_{i=1}^{8}y_i^2-\frac{1}{8}(\sum_{i=1}^{8}y_i)^2=184.780-149.645=35.135$$

$$f_{总}=N-1=7$$

$$S_{回}=S_1+S_2+S_{12}=0.36+5.76+16.81=22.93$$

$$f_{回}=3$$

$$S_{剩}=S_{总}-S_{回}=35.135-22.93=12.205$$

$$f_{剩}=7-3=4$$

$$S_e=\sum_{i=1}^{4}(y_{i_0}-\bar{y}_0)=0.20$$

$$f_e=m_0-1=3$$

$$S_{lf}=S_{剩}-S_e=12.205-0.20=12.005$$

$$f_{lf}=f_{剩}-f_e=4-3=1$$

回归系数检验

$$F_j=\bar{S}_j/\bar{S}_e=\frac{S_j/f_j}{S_e/f_e}=\frac{S_j/1}{0.2/3}$$

计算结果F_1=5.4，F_2=86.4，F_{12}=252.15；

查F值表，得到临界值

$$F_{0.01}(1,3)=34.12,\quad F_{0.05}(1,3)=10.13,\quad F_{0.1}(1,3)=5.54,\quad F_{0.25}(1,3)=2.02$$

可见，回归系数b_1，b_2，b_{12}都显著，显著性水平分别为α=0.1，0.01和0.01，即有90%的把握认为镓浓度对试验指标液体导电率y的影响比较显著；有99%的把握认为碱浓度以及镓浓度与碱浓度的交互作用对液体导电率y的影响特别显著。

回归方程的检验

$$F_{回}=\bar{S}_{回}/\bar{S}_{剩}=\frac{S_{回}/f_{回}}{S_{剩}/f_{剩}}=\frac{22.93/3}{12.205/4}=2.504>F_{0.25}(3,4)=2.05$$

检验表明，回归方程的显著性较低，置信度仅为75%，通常要求F检验的置信度不低于90%。

拟合性检验

$$F_{lf}=\frac{\bar{S}_{lf}}{\bar{S}_e}=\frac{S_{lf}/f_{lf}}{S_e/f_e}=\frac{12.005/1}{0.20/3}=180.08>F_{0.25}(1,3)=2.02$$

因F_{lf}计算值远大于临界值，拟合性检验表明，回归方程严重失拟。还可以对试验中心点进一步做拟合性检验，根据式(7-19)，在试验中心处

$$S'_{lf}=(b_0-\bar{y}_0)^2=(4.325-\frac{1}{4}\sum_{i_0=1}^{4}y_{i_0})^2=(4.325-3.1)^2=1.501$$

$$f'_{lf}=1$$

$$F'_{lf}=\frac{S'_{lf}/f'_{lf}}{S_e/f_e}=\frac{1.501/1}{0.20/3}=22.515>F_{0.25}(1,3)=2.02$$

检验结果表明，回归方程在试验中心处仍然失拟。

通过三项检验，我们发现：例7-1的回归系数显著性较高，回归方程显著性较低，而回归方程失拟，未通过拟合性检验。这说明，镓浓度、碱浓度以及二者的交互作用对液体导电率y的影响是显著的，但回归方程失拟。这就需要我们思考，是否还有试验因子x的非线性影响？是否需要考虑进行二次回归正交设计？

6. 回归方程及其转换

在实际试验研究中，当编码空间回归方程检验不显著，或严重失拟时，就没有必要再转换成自然空间的回归方程。例7-1为了说明完整的设计过程而进行方程转换。

由表7-10的回归系数可知，编码空间的回归方程为

$$\hat{y}=4.325+0.30x_1+1.20x_2-2.05x_1x_2$$

利用表7-9的编码公式，将编码空间回归方程转换为自然空间的回归方程

$$\begin{aligned}\hat{y}&=4.325+0.30\times(\frac{z_1-50}{20})+1.20\times(\frac{z_2-120}{30})-2.05\times(\frac{z_1-50}{20})(\frac{z_2-120}{30})\\&=-21.728+0.425z_1+0.211z_2-0.00342z_1z_2\end{aligned}$$

思考题与习题

1. 回归设计有哪些特点？与古典回归分析的区别何在？
2. 在回归设计中如何重新理解和推导正交表的正交性？
3. 回归正交设计为什么要借助于编码表来实现？
4. 什么是下水平、上水平？如何确定多元回归正交设计的上下水平？
5. 考虑某产品的耐用度y与变量z_1,z_2,z_3有关，选取各变量的上水平和下水平见表7-11，采用一次正交回归设计方法写出它们的因子水平编码表并制定其试验方案（m_0=3）。

表7-11　因子上下水平表

水 平	z_1	z_2	z_3
上水平	0.3	0.06	120
下水平	0.1	0.02	80

6. 一次回归整体设计有什么特点和优势？

第八章　二次回归组合设计

§8-1　二次回归模型

一次回归正交设计能够解决线性回归分析问题，能够简化计算、消除回归系数之间的相关性、考察因子之间的交互作用，但在实际研发和生产过程中，需要解决更多的是非线性问题。采用二次回归组合设计可以解决大多数一般非线性问题。

二次回归组合设计是利用组合设计原理编制试验方案，配合计算分析表，寻求二次回归方程的一种非线性回归设计方法。

设有p个因子，二次回归组合设计研究的回归模型为

$$y_i = \beta_0 + \sum_{j=1}^{p}\beta_j z_j + \sum_{h<j}\beta_{hj} z_h z_j + \sum_{j=1}^{p}\beta_{jj} z_j^2 + \varepsilon_i \tag{8-1}$$

$$i = 1,2,\cdots,N$$

对于p元二次回归模型，通过组合设计的N个试验点数据可求得二次回归方程

$$\hat{y} = \hat{\beta}_0 + \sum_{j=1}^{p}\hat{\beta}_j z_j + \sum_{h<j}\hat{\beta}_{hj} z_h z_j + \sum_{j=1}^{p}\hat{\beta}_{jj} z_j^2 \tag{8-2}$$

它在编码空间的形式为

$$\hat{y} = b_0 + \sum_{j=1}^{p} b_j x_j + \sum_{h<j} b_{hj} x_h x_j + \sum_{j=1}^{p} b_{jj} x_j^2 \tag{8-3}$$

式中 $\hat{\beta}_{jj}$ 为第j个自然因子的二次回归系数β_{jj}的估计值；b_{jj}为第j个编码因子的二次回归系数；其余符号的含义与前述相同。

由式(8-3)知，p元二次回归方程的回归系数共有q个：

$$q = 1 + C_p^1 + C_p^2 + C_p^1 = C_{p+2}^2$$

例如，当p=3时，$C_5^2 = 10$；当p=4时 $C_6^2 = 15$。

为了求得二次回归方程，须满足以下两个条件：

1. $N \geqslant q$

若试验次数N 比回归系数个数q大得越多，则每个试验点获取的试验信息越少，剩余自由度越大，经济性差；反之，N 接近q时，每个试验点获取的信息就越多，剩余自由度越小，经济性好；当N=q时，则为饱和设计，每个试验点获取的试验信息最多，经济性最好。二次回归组合设计要求，在满足$N \geqslant q$的条件下尽量减小N。

2. 各因子水平数$m_j \geqslant 3$（j=1，2，⋯，p）

在回归设计中，因子应取的最小水平数$m_{j\min}$应等于该因子在回归方程中的最高次数+1，因而，二次回归设计的因子最小水平数$m_{j\min}$=3。

在二次回归方程中，一般都要考虑交互项，故需做全面试验，使得在$p \geq 4$时，$N >> q$，例如当$p=4$，试验次数$N=3^4=81$次，比回归系数个数q（$q=15$）大4倍多，剩余自由度为$f_{剩}=66$，经济性差，见表8-2。因此，不能以3水平的全面试验作为二次回归设计的基础，而是采用组合设计。

§8-2　回归组合设计

一、组合设计的特点

组合设计就是在编码空间中选择几类具有不同特点的试验点，将其适当组合起来形成试验方案。组合设计一般由三类不同的试验点组成

$$N = m_c + m_r + m_0 \tag{8-4}$$

式中N为组合设计试验点总数，三类试验点的意义分别为

$m_c=2^{p-i}$　（$i=0,1,2,\cdots$）为各因子都取二水平（$-1,+1$）的全面试验点数2^p，或其部分实施的试验点数2^{p-1}，2^{p-2} 等，这些点用于计算一次项和一级交互项的回归系数；

$m_r=2p$为分布在p个坐标轴上的星号*点，星号*点与中心点的距离r称为星号臂。r为待定系数，调节r的大小，可以获得希望的优良性，如正交性、旋转性等；星号*点用于计算二次项回归系数。

m_0为各因子均取零水平的试验点（中心点）重复试验次数，一般取$m_0=3\sim4$为宜。

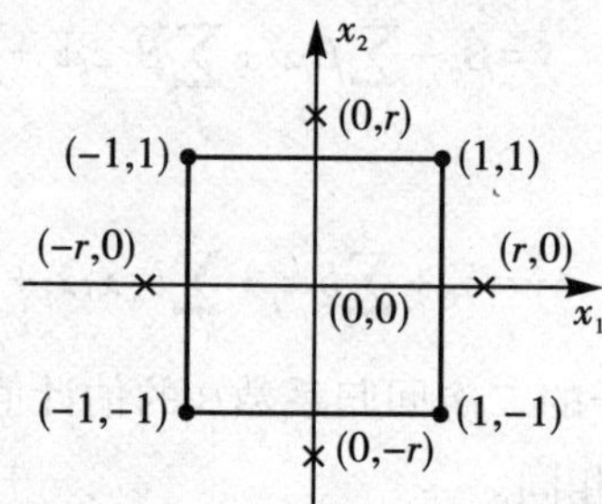

图8-1　组合设计（$p=2$）试验点分布

表8-1　二元组合设计（$m_0=4$）12个试验点组成

试验号	x_1	x_2	组合设计方案说明
1	1	1	采用$L_4(2^3)$，$m_c=2^2=4$，这4个点组成二水平全面试验，用于计算一次项和一级交互项回归系数。
2	1	−1	
3	−1	1	
4	−1	−1	
5	r	0	星号点$m_r=2p$，这4个试验点分布在x_1和x_2轴上的星号位置，用于计算二次项的回归系数。
6	$-r$	0	
7	0	r	
8	0	$-r$	
9	0	0	由x_1和x_2的零水平组成的中心试验点，$m_0=4$。
10	0	0	
11	0	0	
12	0	0	

图8-1、表8-1和表8-4分别给出了p=2，m_0=4时，组合设计各类试验点的几何分布和试验方案。利用组合设计编制的试验方案，既能全面满足试验要求，减少试验次数（见表8-2），还能使二次回归设计在一次回归设计的基础上进行。如果一次回归正交设计所求回归方程出现严重失拟，就有可能通过增补星号点试验，构成组合设计，建立二次回归方程。这样充分利用了一次回归设计所提供的信息，方便了试验者。

二、二水平试验点m_c的确定

在组合设计中，安排m_c个二水平试验点是为了求取因子的一次项和一级交互项的回归系数，系数的数量为

$$q' = 1 + C_p^1 + C_p^2 \tag{8-5}$$

当$p > 4$时，取m_c=2^p，则试验点m_c远大于q'，造成剩余自由度增多，试验浪费，则采用a=$1/2^i$部分实施，如式（8-6）所示。

$$\begin{cases} m_c = a2^p \geqslant q' = 1 + C_p^1 + C_p^2, \quad a = 1/2^i, \quad i = 1,2,\cdots, 当p > 4; \\ m_c = n \quad\quad , \quad 当p \leqslant 4。\end{cases} \tag{8-6}$$

式中n为能够安排下p个因子和交互作用的正交表$L_n(m^k)$的试验次数。

三、组合设计与全面试验的比较

在介绍了组合设计后，将组合设计与全面试验进行对比，见表8-2。

表8-2 组合设计与全面试验比较

因子数	回归系数	全面试验		组合设计		
p	q	3^p	$f_{剩}$	N	m_0	$f_{剩}$
2	6	9	3	11	3	5
3	10	27	17	17	3	7
4	15	81	66	27	3	12
5	21	243	222	45	3	24
5*	21	81	60	29	3	8

注：[1]5*为1/2部分实施；

[2]因子应取最小水平数应等于因子在回归方程中的最高次数+1。

在二次回归组合设计中，一般需要全部考察因子之间的交互项x_hx_j，但在一些实际问题中，根据专业知识和试验经验，有时确知试验因子之间无交互作用或仅有部分交互作用。对此，在进行组合设计时，也可以选择合适的二水平正交表安排m_c试验点，以便尽可能减少试验次数。例如，在p=5时，若因子之间只有两个一级交互作用，就可以选用$L_8(2^7)$正交表安排m_c试验点。当m_c试验点为部分实施时，其表头设计如表8-3所示。

表8-3 m_c试验点的表头设计

p	正交表	因子应放列号	部分实施
5	$L_{16}(2^{15})$	1，2，4，8，15	1/2
6	$L_{32}(2^{31})$	1，2，4，8，16，31	1/2
7	$L_{64}(2^{63})$	1，2，4，8，16，32，63	1/2
8	$L_{64}(2^{63})$	1，2，4，8，15，16，32，60	1/4
9	$L_{128}(2^{127})$	1，2，4，8，16，31，32，64，124	1/4
10	$L_{128}(2^{127})$	1，2，4，8，15，16，32，60，64，127	1/8

§8-3 回归正交设计

二次回归正交设计是指使试验方案具有正交性的二次回归组合设计，但是组合设计本身并不具有完全的正交性。

表 8-4 二元二次回归正交组合设计试验方案及计算分析表

试验号＼因子		x_0	x_1	x_2	x_1x_2	x_1^2	x'_1	x_2^2	x'_2	y_i
m_c	1	1	1	1	1	1	0.423	1	0.423	y_1
	2	1	1	−1	−1	1	0.423	1	0.423	y_2
	3	1	−1	1	−1	1	0.423	1	0.423	y_3
	4	1	−1	−1	1	1	0.423	1	0.423	y_4
m_r	5	1	r (1.210)	0	0	r^2 (1.464)	0.887	0	−0.577	y_5
	6	1	$-r$ (−1.210)	0	0	r^2 (1.464)	0.887	0	−0.577	y_6
	7	1	0	r (1.210)	0	0	−0.577	r^2 (1.464)	0.887	y_7
	8	1	0	$-r$ (−1.210)	0	0	−0.577	r^2 (1.464)	0.887	y_8
m_0	9	1	0	0	0	0	−0.577	0	−0.577	y_9
	10	1	0	0	0	0	−0.577	0	−0.577	y_{10}
	11	1	0	0	0	0	−0.577	0	−0.577	y_{11}
	12	1	0	0	0	0	−0.577	0	−0.577	y_{12}
	Σ	N	0	0	0	m_c+2r^2	0	m_c+2r^2	0	
	D_j	12	6.928	6.928	4		4.287		4.287	
	B_j	B_0	B_1	B_2	B_{12}		B_{11}		B_{22}	
	b_j	b_0	b_1	b_2	b_{12}		b_{11}		b_{22}	
	S_j		S_1	S_2	S_{12}		S_{11}		S_{22}	
	F_j		F_1	F_2	F_{12}		F_{11}		F_{22}	

一、组合设计的正交性

一般组合设计使试验方案的结构矩阵的正交性遭到部分破坏。由表 8-4 可知，在一次回归试验方案中加入星号点试验后，并不破坏因子列和交互列的正交性，仅有 x_0 与 x_j^2 列之间以及 x_j^2 之间的正交性被破坏了，其表现在于

$$\begin{cases}\sum_{i=1}^{N} x_{ij}^2 = m_c + 2r^2 \neq 0 \\ \sum_{i=1}^{N} x_{i0}x_{ij}^2 = m_c + 2r^2 \neq 0 \\ \sum_{i=1}^{N} x_{ih}^2 x_{ij}^2 = m_c \neq 0 \quad (h \neq j)\end{cases} \tag{8-7}$$

要保证二次回归组合设计具有正交性，须使关系式(8-7)中三个公式全部为零，其关键在于在使得结构矩阵$C=(X'X)^{-1}$为对角阵的条件下确定出r值。

为直观起见，在结构矩阵中把平方列放在x_0和x_j之间，而且令

$$\begin{aligned}&\sum_{i=1}^{N}x_{ih}^2x_{ij}^2=m_c\\&\sum_{i=1}^{N}x_{ij}^2=m_c+2r^2=e\\&\sum_{i=1}^{N}(x_{ij}^2)^2=m_c+2r^4=f\end{aligned}\tag{8-8}$$

则对于二元二次回归组合设计有

$$A=X'X=\begin{pmatrix}N&\sum x_{i1}^2&\sum x_{i2}^2&&&0\\\sum x_{i1}^2&\sum(x_{i1}^2)^2&\sum x_{i1}^2x_{i2}^2&&&\\\sum x_{i2}^2&\sum x_{i1}^2x_{i2}^2&\sum(x_{i2}^2)^2&&&\\&&&\sum x_{i1}^2&&\\&&&&\sum x_{i2}^2&\\0&&&&&\sum(x_{i1}x_{i2})^2\end{pmatrix}\tag{8-9}$$

$$=\begin{pmatrix}N&e&e&&&0\\e&f&m_c&&&\\e&m_c&f&&&\\&&&e&&\\&&&&e&\\0&&&&&m_c\end{pmatrix}$$

它的逆矩阵也有同样的形式

$$C=(X'X)^{-1}=\begin{pmatrix}K&E&E&&&0\\E&F&G&&&\\E&G&F&&&\\&&&e^{-1}&&\\&&&&e^{-1}&\\0&&&&&m_C^{-1}\end{pmatrix}\tag{8-10}$$

式中各元素为

$$\begin{cases}K=2r^4H^{-1}[f+(p-1)m_c]\\H=2r^4[Nf+(p-1)Nm_c-pe^2]\\F=H^{-1}[Nf+(p-2)Nm_c-(P-1)e^2]\\E=-2H^{-1}er^4\\G=H^{-1}(e^2-Nm_c)\end{cases}\tag{8-11}$$

二、组合设计的正交化

组合设计的正交化就是要使矩阵(8-10)成为对角阵，即需要矩阵元素G=0，E=0。由此，可得到保证组合设计正交化的两个条件[3]：

(一)消除 x_j^2 之间的相关性

由式(8-9)和式(8-10)可知，矩阵元素G反映平方项 x_j^2 之间相关，为了消除 x_j^2 之间的相关性，必须使得G=0。

结合式(8-10)和式(8-11),要使G=0,也就是令(e^2-Nm_c)=0,经代换求解得到

$$\begin{aligned} r^2 &= \frac{1}{2}(\sqrt{Nm_c}-m_c) \\ &= \frac{1}{2}\sqrt{m_c(m_c+2p+m_0)}-\frac{1}{2}m_c \end{aligned} \tag{8-12}$$

式中$N=m_c+m_r+m_0=m_c+2p+m_0$

$$m_c=\begin{cases} n & \text{当选用}L_n(m^k)\text{正交表安排二水平试验点时，优先考虑；} \\ 2^p & \text{当二水平试验点为全面试验点时；} \\ 2^{p-i} & \text{当二水平试验点为}1/2^i\text{部分实施时，}i=1,2,\cdots \end{cases}$$

例如,当m_c为全面试验点时

$$\begin{aligned} r^2 &= \frac{1}{2}(\sqrt{Nm_c}-m_c) \\ &= \frac{1}{2}\sqrt{m_c(m_c+2p+m_0)}-\frac{1}{2}m_c \\ &= \frac{1}{2}\sqrt{2^p(2^p+2p+m_0)}-\frac{1}{2}2^p \end{aligned}$$

可见,星号臂r与因子数p、中心点试验次数m_0有关,就是组合设计正交化时,r,p,m_0具有确定函数关系。

综上所述,要实现消除x_j^2之间的相关性,通过令G=0,寻求到有效方法就是计算和选择适当的星号臂r值。

当$m_c=2^{p-i}$时,r值可由式(8-12)计算求得;当$m_c=2^p$时,r值可查表8-5获得,也可计算求得。例如当p=4,m_0=1时,若$m_c=2^p=2^4=16$,则查表8-5得到r^2=2.0;若选用$L_8(2^7)$正交表安排试验,$m_c=2^{p-1}=2^3=8$,则由式(8-12)计算得

$$\begin{aligned} r^2 &= \frac{1}{2}\sqrt{m_c(m_c+2p+m_0)}-\frac{1}{2}m_c \\ &= \frac{1}{2}\sqrt{8\times(8+2\times4+1)}-\frac{1}{2}\times8 \\ &= 1.831 \\ r &= 1.353 \end{aligned}$$

表8-5　r^2值表

p / m_0	2	3	4	5($\frac{1}{2}$实施)
1	1.000	1.477	2.000	2.392
2	1.162	1.657	2.198	2.583
3	1.317	1.831	2.392	2.770
4	1.464	2.000	2.583	2.954
5	1.606	2.164	2.770	3.136
6	1.742	2.325	2.954	3.314
7	1.873	2.481	3.136	3.489
8	2.000	2.633	3.310	3.662
9	2.123	2.782	3.489	3.832
10	2.243	2.928	3.662	4.000

(二)消除 x_0 与 x_j^2 之间的相关性

要使矩阵(8-10)成为对角阵的第二个条件,就是令 $E=0$,消除 x_0 与 x_j^2 之间的相关性。为此,可对 x_j^2 列采取中心化处理,即是对 x_j^2 作如下线性变换

$$x'_{ij}=x_{ij}^2-\frac{1}{N}\sum_{i=1}^{N}x_{ij}^2 \tag{8-13}$$

并以 x'_{ij} 作为 x_j^2 列相应的编码值,计算回归系数 b_{jj}。

例如,当 $p=2$,$m_0=4$ 时,$m_c=2^p=2^2=4$,$m_r=2p=4$,$N=12$;查表8-5得 $r^2=1.464$,$r=1.210$。于是

$$x'_{ij}=x_{ij}^2-\frac{1}{12}\sum_{i=1}^{12}x_{ij}^2=x_{ij}^2-\frac{1}{12}(m_c+2r^2)=x_{ij}^2-0.577$$

在表8-4中,x'_{ij} 列的值就是按上式计算的结果。将 x'_{ij} 的具体值代入式(8-8),结果三式均为0,说明组合设计具有正交性。

又例如,当 $p=3$,$m_0=3$ 时,$m_c=2^p=2^3=8$,$m_r=2p=6$,$N=17$;查表8-5得 $r^2=1.831$,$r=1.353$。于是

$$x'_{ij}=x_{ij}^2-\frac{1}{17}\sum_{i=1}^{17}x_{ij}^2=x_{ij}^2-\frac{1}{17}(m_c+2r^2)$$

$$=x_{ij}^2-\frac{1}{17}(11.662)=x_{ij}^2-0.686$$

由此,可以编制出三元二次回归正交设计的结构矩阵,见表8-6。

表8-6 三因子二次回归正交设计的试验方案与结构矩阵($m_0=3$)

试验号	x_0	x_1	x_2	x_3	x_1x_2	x_1x_3	x_2x_3	x'_1	x'_2	x'_3
1	1	1	1	1	1	1	1	0.314	0.314	0.314
2	1	1	1	−1	1	−1	−1	0.314	0.314	0.314
3	1	1	−1	1	−1	1	−1	0.314	0.314	0.314
4	1	1	−1	−1	−1	−1	1	0.314	0.314	0.314
5	1	−1	1	1	−1	−1	1	0.314	0.314	0.314
6	1	−1	1	−1	−1	1	−1	0.314	0.314	0.314
7	1	−1	−1	1	1	−1	−1	0.314	0.314	0.314
8	1	−1	−1	−1	1	1	1	0.314	0.314	0.314
9	1	1.353	0	0	0	0	0	1.145	−0.686	−0.686
10	1	−1.353	0	0	0	0	0	1.145	−0.686	−0.686
11	1	0	1.353	0	0	0	0	−0.686	1.145	−0.686
12	1	0	−1.353	0	0	0	0	−0.686	1.145	−0.686
13	1	0	0	1.353	0	0	0	−0.686	−0.686	1.145
14	1	0	0	−1.353	0	0	0	−0.686	−0.686	1.145
15	1	0	0	0	0	0	0	−0.686	−0.686	−0.686
16	1	0	0	0	0	0	0	−0.686	−0.686	−0.686
17	1	0	0	0	0	0	0	−0.686	−0.686	−0.686

注:$x'_j=x_j^2-0.686$($j=1, 2, 3$)

§8-4 回归正交设计步骤与统计分析

二次回归正交组合设计的步骤和统计分析方法与一次回归设计基本一致。

一、确定自然因子z_j变化范围

设有p个因子$z_1, z_2, \cdots, z_p$，其中，第j个因子的上、下限分别为z_{2j}, z_{1j}，根据二次回归正交设计的要求安排试验，各因子的零水平和变化区间为

$$z_{0j} = \frac{1}{2}(z_{1j} + z_{2j})$$
$$\Delta_j = \frac{(z_{2j} - z_{1j})}{r} \tag{8-14}$$

式中星号臂r由二次正交设计确定。

二、制定因子水平的编码表

与一次回归设计相似，对因子的取值作线性变换，即编码公式为

$$x_{ij} = \frac{z_{ij} - z_{0j}}{\Delta_j} \tag{8-15}$$

由式(8-15)编制p个因子的编码表，见表8-7。

表8-7 二次回归正交设计因子编码表

x_j \ z_j	z_1	z_2	…	z_p
r	z_{21}	z_{22}	…	z_{2p}
1	$z_{01}+\Delta_1$	$z_{02}+\Delta_2$	…	$z_{0p}+\Delta_p$
0	z_{01}	z_{02}	…	z_{0p}
−1	$z_{01}-\Delta_1$	$z_{02}-\Delta_2$	…	$z_{0p}-\Delta_p$
$-r$	z_{11}	z_{12}	…	z_{1p}
编码公式	$x_1 = \frac{z_1 - z_{01}}{\Delta_1}$	$x_2 = \frac{z_2 - z_{02}}{\Delta_2}$	…	$x_p = \frac{z_p - z_{0p}}{\Delta_p}$

应该注意：因子上、下界z_{2j}, z_{1j}对应的不是编码 +1，−1，而是 $+r, -r$；各因子不是3水平，而是5水平。

三、选用适宜的组合设计

按给定的p和选择的m_0，查表8-5或计算得到满足正交性的r和r^2值，编制试验方案，并对平方项 x_j^2 列中心化处理，按照$N=m_c+m_r+m_0$次试验要求，配列出正交组合设计计算分析表。例如，当$p=3$，$m_c=2^p=8$，$m_r=2p=6$，$m_0=3$时，试验次数$N=m_c+m_r+m_0=17$，配列出正交组合设计方案及其结构矩阵，如表8-6所示，其中，x_1, x_2, x_3所在列组成试验方案。

四、求解回归系数

利用结构矩阵的正交性，容易写出系数矩阵A、相关矩阵C和常数项矩阵B。

系数矩阵A为

$$A = X'X = \begin{pmatrix} N & & & & & & & & & \\ & D_1 & & & & & & & 0 & \\ & & \ddots & & & & & & & \\ & & & D_p & & & & & & \\ & & & & D_{12} & & & & & \\ & & & & & \ddots & & & & \\ & & & & & & D_{p-1,p} & & & \\ & & & & & & & D_{11} & & \\ & 0 & & & & & & & \ddots & \\ & & & & & & & & & D_{pp} \end{pmatrix}$$

其中

$$D_j = \sum x_{ij}^2 \quad (i=1, 2, \ldots, N)$$

$$D_{jj} = \sum (x'_{ij})^2$$

$$D_{hj} = \sum (x_{ih} x_{ij})^2 \quad (h \neq j, h < j)$$

相关矩阵C为

$$C = (X'X)^{-1} = \begin{pmatrix} N^{-1} & & & & & & & & & \\ & D_1^{-1} & & & & & & & 0 & \\ & & \ddots & & & & & & & \\ & & & D_p^{-1} & & & & & & \\ & & & & D_{12}^{-1} & & & & & \\ & & & & & \ddots & & & & \\ & & & & & & D_{p-1,p}^{-1} & & & \\ & & & & & & & D_{11}^{-1} & & \\ & 0 & & & & & & & \ddots & \\ & & & & & & & & & D_{pp}^{-1} \end{pmatrix}$$

常数项矩阵B为

$$B = X'Y = \begin{pmatrix} B_0 \\ B_1 \\ \vdots \\ B_p \\ B_{12} \\ \vdots \\ B_{p-1,p} \\ B_{11} \\ \vdots \\ B_{pp} \end{pmatrix}$$

其中$B_0 = \sum y_i$

$$B_j = \sum x_{ij} y_i$$

$$B_{hj} = \sum x_{ih} x_{ij} y_i$$

$$B_{jj} = \sum x'_{ij} y_i$$

二次回归正交设计回归系数b的矩阵形式为

$$\boldsymbol{b} = \boldsymbol{CB} = (\boldsymbol{X}'\boldsymbol{X})^{-1}(\boldsymbol{X}'\boldsymbol{Y})$$

于是，常数项、一次项、交互项和二次项的回归系数分别为：

$$\begin{cases} b_0' = \sum y_i / N = B_0 / D_0 = \bar{y} \\ b_j = \sum x_{ij} y_i / \sum x_{ij}^2 = B_j / D_j \\ b_{hj} = \sum x_{ih} x_{ij} y_i / \sum (x_{ih} x_{ij})^2 = B_{hj} / D_{hj} \\ b_{jj} = \sum x_{ij}' y_i / \sum x'^2_{ij} = B_{jj} / D_{jj} \end{cases} \tag{8-16}$$

以上回归系数的求解可在计算分析表8-4中进行。

按照式(8-16)所得回归系数构成回归方程为

$$\hat{y} = b_0' + \sum_{j=1}^{p} b_j x_j + \sum_{h<j} b_{hj} x_h x_j + \sum_{j=1}^{p} b_{jj} x_j'$$

由式(8-13)知，式中

$$\sum_{j=1}^{p} b_{jj} x_j' = \sum_{j=1}^{p} b_{jj} (x_{ij}^2 - \frac{1}{N} \sum_{i=1}^{N} x_{ij}^2) = \sum_{j=1}^{p} b_{jj} x_{ij}^2 - \sum_{j=1}^{p} b_{jj} \frac{1}{N} \sum_{i=1}^{N} x_{ij}^2$$

经代换后，编码空间的回归方程为

$$\begin{aligned} \hat{y} &= (b_0' - \frac{1}{N} \sum_{j=1}^{p} b_{jj} \sum_{i=1}^{N} x_{ij}^2) + \sum_{j=1}^{p} b_j x_j + \sum_{h<j} b_{hj} x_h x_j + \sum_{j=1}^{p} b_{jj} x_j^2 \\ &= b_0 + \sum_{j=1}^{p} b_j x_j + \sum_{h<j} b_{hj} x_h x_j + \sum_{j=1}^{p} b_{jj} x_j^2 \end{aligned} \tag{8-17}$$

式中 $b_0 = (\bar{y} - \frac{1}{N} \sum_{j=1}^{p} b_{jj} \sum_{i=1}^{N} x_{ij}^2)$

五、二次回归正交设计统计检验

二次回归正交设计的回归方程及其拟合性的检验与一次回归设计的检验情况基本相同，可列入计算分析表中计算。以下通过方差分析表8-8作归纳说明。

表8-8　二次回归设计方差分析表

来源	平方和	自由度	均方和	F比
一次项	$S_j = B_j^2 / D_j = b_j B_j \quad (j = 1, 2, \cdots, p)$	1	S_j	$\bar{S}_j / \bar{S}_e$
交互项	$S_{hj} = B_{hj}^2 / D_{hj} = b_{hj} B_{hj} \quad (h<j,\ h,j = 1, 2, \cdots, p)$	1	S_{hj}	$\bar{S}_{hj} / \bar{S}_e$
二次项	$S_{jj} = B_{jj}^2 / D_{jj} = b_{jj} B_{jj} \quad (j = 1, 2, \cdots, p)$	1	S_{jj}	$\bar{S}_{jj} / \bar{S}_e$
回归	$S_{回} = \sum_{j=1}^{p} S_j + \sum_{h<j} S_{hj} + \sum_{j=1}^{p} S_{jj}$	$f_{回} = C_{p+2}^2 - 1$	$S_{回} / f_{回}$	$\bar{S}_{回} / \bar{S}_{剩}$
剩余	$S_{剩} = S_{总} - S_{回}$	$f_{剩} = f_{总} - f_{回}$	$S_{剩} / f_{剩}$	
误差	$S_e = \sum_{i=1}^{m_0} (y_{i_0} - \bar{y}_0)^2$	$f_e = m_0 - 1$	S_e / f_e	
失拟	$S_{lf} = S_{剩} - S_e$	$f_{lf} = f_{剩} - f_e$	S_{lf} / f_{lf}	$\bar{S}_{lf} / \bar{S}_e$
总和	$S_{总} = \sum_{i=1}^{N} y_i^2 - \frac{1}{N} (\sum_{i=1}^{N} y_i)^2 = S_{回} + S_{剩}$	$f_{总} = N - 1$		

例8-1 应用二次回归正交组合设计研究离合器片摩擦系数的变化规律。根据专业知识和经验，选定3个试验因子：接合压力z_1($2\times10^5\sim4\times10^5$ Pa)、摩擦速度z_2(8～14 m/s)和表面温度z_3(60℃～240℃)，取$m_0=3$，$m_c=2^p=8$，$m_r=2p=6$，$N=17$。

1. 因子水平及其编码

由$p=3$，$m_0=3$，查表8-5得$r^2=1.831$，$r=1.353$，因子水平编码见表8-9。

表8-9 自然因子水平及其编码表

x_j (z_j)	z_1 接合压力/10^5 Pa	z_2 摩擦速度/$m\cdot s^{-1}$	z_3 表面温度/℃
r (z_{2j})	4	14	240
1 ($z_{0j}+\Delta_j$)	3.74	13.22	216.52
0 (z_{0j})	3	11	150
−1 ($z_{0j}-\Delta_j$)	2.26	8.78	83.48
$-r$ (z_{1j})	2	8	60
$\Delta_j=(z_{2j}-z_{0j})/r$	0.74	2.22	66.52
$x_j=\dfrac{z_j-z_{0j}}{\Delta_j}$	$x_1=1.353(z_1-3)$	$x_2=0.451(z_2-11)$	$x_3=0.015(z_3-150)$

二次项中心化处理的公式为

$$x'_{ij}=x_{ij}^2-\frac{1}{17}\sum_{i=1}^{17}x_{ij}^2=x_{ij}^2-\frac{1}{17}(m_c+2r^2)=x_{ij}^2-0.686 \tag{8-18}$$

$$(i=1,2,\cdots,17;\ j=1,2,3)$$

2. 编制试验方案和计算分析表

按照已知的$r^2=1.831$，$N=m_c+2p+m_0=8+6+3=17$和编码表8-9，编制试验方案，配列计算分析表，见表8-10。

3. 回归系数计算与分析

回归系数的计算在表8-10中进行，对回归系数的计算结果分析得知：(1)交互项x_1x_2的回归系数$b_{12}=0$；(2)二次项x'_2，x'_3的回归系数b_{22}，b_{33}近似等于0，因其正交设计回归系数之间无相关性，可以直接从方程中将其剔除；(3)一次项x_1的系数b_1，经检验显著性水平$\alpha>0.25$，也将其剔除；(4)回归系数b_{13}，b_{11}的显著性水平$\alpha=0.25$，接近$\alpha=0.1$，应该保留在方程中。

于是，得到回归方程为

$$\hat{y}=0.516+0.036x_2+0.042x_3+0.018x_1x_3+0.033x_2x_3+0.021x'_1 \tag{8-19}$$

4. 平方和计算与F检验

总离差平方和及其自由度为

$$S_{总}=\sum_{i=1}^{17}y_i^2-\frac{1}{17}(\sum_{i=1}^{17}y_i)^2=0.0530$$

$$f_{总}=N-1=16$$

回归平方和由经检验显著的5项构成

$$S_{回}=S_2+S_3+S_{13}+S_{23}+S_{11}=0.04918$$

$$f_{回}=5$$

表 8-10　三元二次回归正交组合设计试验方案及计算分析表

试验号	x_0	x_1 (z_1)	x_2 (z_2)	x_3 (z_3)	x_1x_2	x_1x_3	x_2x_3	x_1^2 (x_1')	x_2^2 (x_2')	x_3^2 (x_3')	y_i
1	1	1 (3.74)	1 (13.22)	1 (216.52)	1	1	1	1 (0.314)	1 (0.314)	1 (0.314)	0.68
2	1	1	1	−1 (83.48)	1	−1	−1	1 (0.314)	1 (0.314)	1 (0.314)	0.46
3	1	1	−1 (8.78)	1	−1	1	−1	1 (0.314)	1 (0.314)	1 (0.314)	0.52
4	1	1	−1	−1	−1	−1	1	1 (0.314)	1 (0.314)	1 (0.314)	0.48
5	1	−1 (2.26)	1	1	−1	−1	1	1 (0.314)	1 (0.314)	1 (0.314)	0.60
6	1	−1	1	−1	−1	1	−1	1 (0.314)	1 (0.314)	1 (0.314)	0.50
7	1	−1	−1	1	1	−1	−1	1 (0.314)	1 (0.314)	1 (0.314)	0.49
8	1	−1	−1	−1	1	1	1	1 (0.314)	1 (0.314)	1 (0.314)	0.47
9	1	r (4)	0	0	0	0	0	r^2 (1.145)	0 (−0.686)	0 (−0.686)	0.54
10	1	−r (2)	0	0	0	0	0	r^2 (1.145)	0 (−0.686)	0 (−0.686)	0.53
11	1	0 (3)	r (14)	0	0	0	0	0 (−0.686)	r^2 (1.145)	0 (−0.686)	0.55
12	1	0	−r (8)	0 (150)	0	0	0	0 (−0.686)	r^2 (1.145)	0 (−0.686)	0.45
13	1	0	0 (11)	r (240)	0	0	0	0 (−0.686)	0 (−0.686)	r^2 (1.145)	0.54
14	1	0	0	−r (60)	0	0	0	0 (−0.686)	0 (−0.686)	r^2 (1.145)	0.46
15	1	0	0	0	0	0	0	0 (−0.686)	0 (−0.686)	0 (−0.686)	0.50
16	1	0	0	0	0	0	0	0 (−0.686)	0 (−0.686)	0 (−0.686)	0.48
17	1	0	0	0	0	0	0	0 (−0.686)	0 (−0.686)	0 (−0.686)	0.52
D_j	17	11.662	11.662	11.662	8	8	8	6.705	6.705	6.705	$S_{总}=0.053$
B_j	8.770	0.094	0.415	0.488	0	0.140	0.260	0.143	0.015	0.015	$f_{总}=16$
b_j	0.516	0.008	0.036	0.042	0	0.018	0.033	0.021	0.002	0.002	$S_{回}=0.04918$
S_j	4.524	7.5×10^{-4}	0.0148	0.0204	0	0.0025	0.0085	0.0030	3.3×10^{-5}	3.3×10^{-5}	$f_{回}=5$
F_j		1.88	36.98	51.10		6.13	21.13	7.62			$S_{剩}=0.00382$
α_j			0.05	0.05		0.25	0.05	0.25			$f_{剩}=11$
		$F_{回}=\dfrac{S_{回}/f_{回}}{S_{剩}/f_{剩}}=\dfrac{0.0492/5}{0.00382/11}=28.32>F_{0.01}(5,11)=5.32$									$S_e=0.0008$ $f_e=2$
		$F_{lf}=\dfrac{S_{lf}/f_{lf}}{S_e/f_e}=\dfrac{0.00302/9}{0.0008/2}=0.839<F_{0.25}(9,2)=3.37$									$S_{lf}=0.00302$ $f_{lf}=9$

剩余平方和、误差平方和、失拟平方和及其自由度计算为

$$S_{剩} = S_{总} - S_{回} = 0.00382$$
$$f_{剩} = 11$$
$$S_e = \sum_{i_0=1}^{3}(y_{i_0} - \bar{y}_0)^2 = 0.0008$$
$$f_e = m_0 - 1 = 2$$
$$S_{lf} = S_{剩} - S_e = 0.00302$$
$$f_{lf} = f_{剩} - f_e = 9$$

回归方程F检验

$$F_{回} = \frac{S_{回}/f_{回}}{S_{剩}/f_{剩}} = \frac{0.0492/5}{0.00382/11} = 28.32 > F_{0.01}(5,11) = 5.32$$
$$F_{lf} = \frac{S_{lf}/f_{lf}}{S_e/f_e} = \frac{0.00302/9}{0.0008/2} = 0.839 < F_{0.25}(9,2) = 3.37$$

统计检验结果表明,回归方程(8-19)显著性水平为α=0.01,则有99%的把握认为回归方程特别显著,而且方程拟合性好。

5. 中心化处理还原与自然空间变换

将中心化处理公式(8-18)及表8-9中各因子编码公式代入编码空间回归方程(8-19)得到自然空间回归方程为

$$\hat{y} = 1.266 - 0.286z_1 - 0.031z_2 - 1.098z_3 + 3.65\times10^{-4}z_1z_3 + 2.23\times10^{-4}z_2z_3 + 0.038z_1^2$$

§8-5 回归连贯设计

在一次回归正交设计的基础上,增补星号点试验,进行二次回归设计的方法,称为二次回归连贯设计。对于一次回归方程失拟的情况,采用二次连贯设计,充分利用一次回归的试验信息,继续寻求二次回归方程,是非常有效的。

例8-2 为了研究镓溶液导电率y与镓浓度z_1和苛性碱浓度z_2的关系,在第七章中(例7-1)曾经试图采用一次回归正交设计方法探索其定量关系。

已知各因子试验考察的范围是:z_1=30 ~ 70 g/L,z_2=90 ~ 150 g/L。

一、连贯设计的必要性

由表7-10一次回归整体正交设计试验方案及计算表得知,两个空间的一次回归方程为

自然空间方程

$$\hat{y} = -21.728 + 0.425z_1 + 0.211z_2 - 0.00342z_1z_2$$

编码空间方程

$$\hat{y} = 4.325 + 0.30x_1 + 1.20x_2 - 2.05x_1x_2$$

但因为回归方程的显著性水平仅有α=0.25,而且方程严重失拟,即

$$F_{lf} = 180.08 > F_{0.25}(1,3) = 2.02$$

因此,需考虑因子的非线性效应,拟进行二次回归连贯设计。

二、试验点的选择

在连贯设计时，保留一次回归设计中正交表安排的试验点m_c和零水平试验点m_0，再补充星号点试验点m_r，编制组合设计试验方案，寻求二次回归方程。这样，虽然一次回归方程失拟，但在一次回归设计时，已经完成的试验所获取的信息是可以有效利用的。

例8-2应补充的星号试验点为$m_r=2p=4$个试验点。由$p=2$，$m_0=4$，查表得：$r^2=1.464$，$r=1.210$，则试验次数为

$$N=m_c+2p+m_0=4+4+4=12$$

三、二次连贯设计与二次回归正交设计的区别

二次连贯设计与二次回归正交设计所用编码公式不同，见表8-11。

表8-11　二次连贯设计与二次回归正交设计所用编码公式比较

二次连贯设计的编码公式	二次回归正交设计的编码公式
$z_{0j}=\dfrac{z_{1j}+z_{2j}}{2}$，　$\Delta_j=\dfrac{z_{2j}-z_{1j}}{2}$， $x_j=\dfrac{z_j-z_{0j}}{\Delta_j}$	$z_{0j}=\dfrac{z_{1j}+z_{2j}}{2}$，　$\Delta_j=\dfrac{z_{2j}-z_{0j}}{r}$， $x_j=\dfrac{z_j-z_{0j}}{\Delta_j}$

(1)二次连贯设计仍然采用一次回归编码公式进行编码。由于一次回归设计不涉及星号臂r，则编码的变化区间Δ_j公式不一样。

(2)因子的上下界发生变化，由星号臂r计算确定。对应于$x_j=r,-r$时，自然因子的取值，即z_j的实际上限z_{2j}'与下限z_{1j}'的取值，应由下式确定：

$$\begin{cases} z_{2j}'=z_{0j}+r\Delta_j=\dfrac{(1+r)z_{2j}+(1-r)z_{1j}}{2} \\ z_{1j}'=z_{0j}-r\Delta_j=\dfrac{(1-r)z_{2j}+(1+r)z_{1j}}{2} \end{cases} \tag{8-20}$$

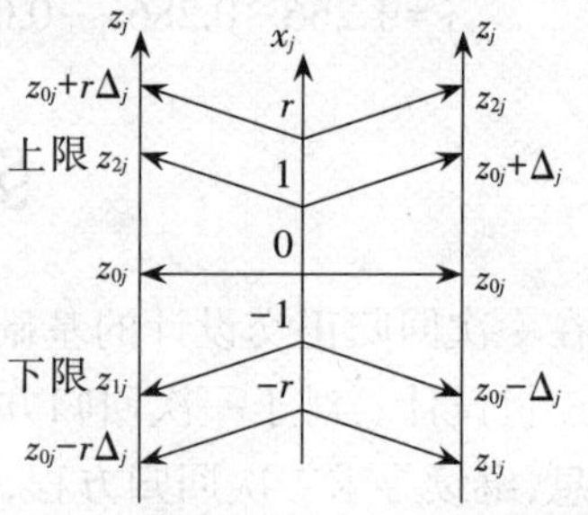

图8-2　二次回归设计z_j与x_j的关系比较

图8-2表示二次连贯设计和二次回归正交设计z_j与x_j的关系比较，其中，(a)为二次连贯设计的情况，(b)为二次回归正交设计的情况。

对于二次连贯设计，自然因子的实际上限和下限不是在编制试验方案时预先选定的，而是根据编码因子的星号臂r，利用一次和二次回归设计编码公式相结合计算确定的。这样，一次回归设计时所确定的自然因子上、下界z_{2j}，z_{1j}，就不再是二次连贯设计时的上、下界z_{2j}'，z_{1j}'。事实上，$z_{2j}'>z_{2j}$，$z_{1j}'<z_{1j}$。

(3)二次连贯设计使因子试验范围扩大r倍。

在一次回归设计时，自然因子的上界为$z_{2j}=z_{0j}+\Delta_j$，下界为$z_{1j}=z_{0j}-\Delta_j$。如式(8-20)和图8-2所示，二次连贯设计将自然因子的上界确定为$z_{2j}'=z_{0j}+r\Delta_j$，下界为$z_{1j}'=z_{0j}-r\Delta_j$，可见自然因子的实际试验范围扩大了r倍。在二次连贯设计时，要特别注意，实际试验范围是否允许扩大因子上、下界试验范围。当然，也可以在一次回归设计时，就考虑到二次连贯设计要求的上、下界范围。

在例8-2中，自然因子的试验范围容许扩大r倍，由式(8-20)计算出，并配列于一次回归设计的因子水平表中，即构成二次回归连贯设计因子编码表8-12。

表8-12 二次回归连贯设计因子编码表

x_j (z_j)	z_1	z_2
r $(z'_{2j}=z_{0j}+r\Delta_j)$	74.2	156.3
1 (z_{2j})	70	150
0 (z_{0j})	50	120
−1 (z_{1j})	30	90
−r $(z'_{1j}=z_{0j}-r\Delta_j)$	25.8	83.7
$\Delta_j=(z_{2j}-z_{0j})/r$	20	30
$x_j=\dfrac{z_j-z_{0j}}{\Delta_j}$	$x_1=\dfrac{z_1-50}{20}$	$x_2=\dfrac{z_2-120}{30}$

四、编制试验方案

在因子编码表的基础上，编制二次连贯设计方案，配列计算分析表8-13。

表8-13 二元二次回归连贯设计方案及计算分析表

试验号＼因子	x_0	x_1 (z_1)	x_2 (z_2)	x_1x_2	x_2^2 (x'_1)	x_2^2 (x'_2)	y_i
1	1	1 (70)	1 (150)	1	1 (0.423)	1 (0.423)	5.0
2	1	1 (70)	−1 (90)	−1	1 (0.423)	1 (0.423)	6.7
3	1	−1 (30)	1 (150)	−1	1 (0.423)	1 (0.423)	8.5
4	1	−1 (30)	−1 (90)	1	1 (0.423)	1 (0.423)	2.0
5	1	1.21 (74.2)	0 (50)	0	r^2 (0.887)	0 (−0.577)	6.8
6	1	−1.21 (25.8)	0 (50)	0	r^2 (0.887)	0 (−0.577)	4.9
7	1	0 (50)	1.21 (74.2)	0	0 (−0.577)	r^2 (0.887)	5.8
8	1	0 (50)	−1.21 (25.8)	0	0 (−0.577)	r^2 (0.887)	2.9
9	1	0 (50)	0 (120)	0	0 (−0.577)	0 (−0.577)	2.8
10	1	0 (50)	0 (120)	0	0 (−0.577)	0 (−0.577)	3.2
11	1	0 (50)	0 (120)	0	0 (−0.577)	0 (−0.577)	3.4
12	1	0 (50)	0 (120)	0	0 (−0.577)	0 (−0.577)	3.0
$D_j=\sum x_{ij}^2$	12	6.928	6.928	4	4.287	4.287	$S_总=44.997$ $f_总=11$
$B_j=\sum x_{ij}y_i$	55	3.499	8.309	−8.2	7.595	3.203	$S_回=44.390$ $f_回=5$
$b_j=B_j/D_j$	4.583	0.505	1.199	−2.050	1.772	0.747	$\bar{S}_回=8.878$
$S_j=b_jB_j$	252.083	1.767	9.965	16.810	13.455	2.393	$S_剩=0.607$ $f_剩=6$
$F_j=\bar{S}_j/\bar{S}_e$		26.51	149.47	252.15	201.82	35.89	$\bar{S}_剩=0.101$
显著性α		0.05	0.01	0.01	0.01	0.01	$S_e=0.20$ $f_e=3$
	$F_回=\dfrac{\bar{S}_回}{\bar{S}_剩}=\dfrac{S_回/f_回}{S_剩/f_剩}=\dfrac{44.39/5}{0.607/6}=87.76$						$\bar{S}_e=0.067$
	$F_{lf}=\dfrac{\bar{S}_{lf}}{\bar{S}_e}=\dfrac{S_{lf}/f_{lf}}{S_e/f_e}=\dfrac{0.407/3}{0.20/3}=2.04$						$S_{lf}=0.407$ $f_{lf}=3$
							$\bar{S}_{lf}=0.136$

二次项中心化处理公式为

$$x'_{ij}=x_{ij}^2-\frac{1}{12}\sum_{i=1}^{12}x_{ij}^2=x_{ij}^2-\frac{1}{12}(m_c+2r^2)$$
$$=x_{ij}^2-0.577 \tag{8-21}$$

比较表8-13和表8-10,可以看出,二次连贯设计有利于试验实施,计算方便。在二次回归正交设计中,星号臂r,$-r$对应的是因子的上、下界,所以m_r点的因子z_j各水平值一般为整数值,但由于星号臂r值多为小数,则m_c点各因子水平值往往为小数。当因子数$p>2$时,由于$m_c=2^p$,$m_r=2p$,$m_c>m_r$,因此对于二次回归正交设计,因为因子水平取值为小数带来的不便是明显的。但是,二次连贯设计却相反,它使m_r点的各因子水平值取为小数,而使m_c点各因子水平值取为整数。这对于p较大时,m_c较多的试验,无疑是有利的。

五、回归系数计算与统计检验

增补的4个试验数据填入表8-13中,利用Excel可以较简单地在表中完成回归系数的计算和三项统计检验。由表8-13可知,一次项、交互项和二次项的回归系数都是显著的,于是得到编码空间回归方程为

$$\hat{y}=4.583+0.505x_1+1.199x_2-2.05x_1x_2+1.772x'_1+0.747x'_2 \tag{8-22}$$

回归方程检验为

$$S_{回}=S_{x_1}+S_{x_2}+S_{x_1x_2}+S_{x'_1}+S_{x'_2}=44.390$$
$$f_{回}=5$$
$$S_{剩}=S_{总}-S_{回}=44.997-44.390=0.607$$
$$f_{剩}=6$$
$$F_{回}=\frac{S_{回}/f_{回}}{S_{剩}/f_{剩}}=\frac{44.39/5}{0.607/6}=87.76>F_{0.01}(5,6)=8.75$$

拟合性检验为

$$S_{lf}=S_{剩}-S_e=0.607-0.20=0.407$$
$$f_{lf}=f_{剩}-f_e=6-3=3$$
$$F_{lf}=\frac{S_{lf}/f_{lf}}{S_e/f_e}=\frac{0.407/3}{0.20/3}=2.04<F_{0.25}(3,3)=2.36$$

检验结果表明,回归方程特别显著,方程拟合性也较好。可见在原检验不显著的一次回归设计的基础上,增补4个m_r试验点,就获得了检验合格的二次回归方程。

由式(8-17)知,将中心化处理公式(8-21)代入式(8-22)得到回归方程转换为

$$\hat{y}=(4.583-\sum_{j=1}^{2}b_{jj}\cdot\frac{1}{12}\sum_{i=1}^{12}x_{ij}^2)+0.505x_1+1.199x_2-2.05x_1x_2+1.772x_1^2+0.747x_2^2$$
$$=(4.583-2.519\times0.577)+0.505x_1+1.199x_2-2.05x_1x_2+1.772x_1^2+0.747x_2^2 \tag{8-23}$$
$$=3.130+0.505x_1+1.199x_2-2.05x_1x_2+1.772x_1^2+0.747x_2^2$$

将表8-12的编码公式代入式(8-23)有

$$\hat{y}=3.130+0.505\left(\frac{z_1-50}{20}\right)+1.199\left(\frac{z_2-120}{30}\right)-2.05\left(\frac{z_1-50}{20}\right)\left(\frac{z_2-120}{30}\right)$$
$$+1.772\left(\frac{z_1-50}{20}\right)^2+0.747\left(\frac{z_2-120}{30}\right)^2 \tag{8-24}$$

得到自然空间回归方程为

$$\hat{y}=-0.4038-0.0076z_1+0.0116z_2-0.0034z_1z_2+0.0044z_1^2+0.0008z_2^2 \qquad (8-25)$$

为便于使用Excel或其他软件进行转换计算，对于一般二元二次回归方程的转换推导如下：

设有编码空间回归方程为

$$\hat{y}=b_0+b_1x_1+b_2x_2+b_{12}x_1x_2+b_{11}x_1^2+b_{22}x_2^2 \qquad (8-26)$$

编码公式为

$$x_1=\frac{z_1-z_{01}}{\Delta_1},\qquad x_2=\frac{z_2-z_{02}}{\Delta_2}$$

则自然空间转换方程为

$$\begin{aligned}\hat{y}&=b_0+b_1(\frac{z_1-z_{01}}{\Delta_1})+b_2(\frac{z_2-z_{02}}{\Delta_2})+b_{12}(\frac{z_1-z_{01}}{\Delta_1})(\frac{z_2-z_{02}}{\Delta_2})\\&+b_{11}(\frac{z_1-z_{01}}{\Delta_1})^2+b_{22}(\frac{z_2-z_{02}}{\Delta_2})^2\\&=b_0+(\frac{b_1}{\Delta_1}-\frac{b_{12}}{\Delta_1\Delta_2}z_{02}-\frac{2b_{11}}{\Delta_1^2}z_{01})z_1+(\frac{b_2}{\Delta_2}-\frac{b_{12}}{\Delta_1\Delta_2}z_{01}-\frac{2b_{22}}{\Delta_2^2}z_{02})z_2\\&+(\frac{b_{12}}{\Delta_1\Delta_2})z_1z_2+(\frac{b_{11}}{\Delta_1^2})z_1^2+(\frac{b_{22}}{\Delta_2^2})z_2^2\\&-\frac{b_1}{\Delta_1}z_{01}-\frac{b_2}{\Delta_2}z_{02}+\frac{b_{12}}{\Delta_1\Delta_2}z_{01}z_{02}+\frac{b_{11}}{\Delta_1^2}z_{01}^2+\frac{b_{22}}{\Delta_2^2}z_{02}^2\end{aligned} \qquad (8-27)$$

思考题与习题

1. 二元二次回归正交设计的结构矩阵中，哪些失去正交性？如何正交化？

2. 试举例设计二元二次回归正交组合设计试验方案，并写出它的结构矩阵。

3. 塑料薄膜表面清洗试验，以透光率(%)作为试验指标，采取棚顶喷水，使用圆盘刷旋转移动清洗薄膜，试验因子水平范围见表8-14。试编制三元二次回归正交组合设计方案。

表8-14 圆盘刷清洗效果试验因子水平

因子	圆盘刷转速 n/r·min^{-1}	移动速度 v/m·min^{-1}	喷水量 w/L·min^{-1}
上水平	100	0.05	7.0
下水平	60	0.03	3.0

4. 炼铁高炉的熔化温度 y 与渣中所含的碱度 x_1 和氧化镁 x_2 有关，应用二次回归正交设计确定它们之间的二次回归关系，已知因子、水平、试验方案及结果见表8-15和表8-16，试求二次回归方程，并对回归方程进行统计分析。

表8-15 因子水平表

因 子	x_1碱度 R/mg·L^{-1}	x_2氧化镁 MgO/%
零水平	1.4	4
变化区间	0.2	2
上水平(+1)	1.6	6
下水平(−1)	1.2	2

表8-16　试验方案及结果

试验号	x_0	x_1	x_2	x_1x_2	x_1'	x_2'	y_i/℃
1	1	1	1	1	0.423	0.423	1425
2	1	1	−1	−1	0.423	0.423	1405
3	1	−1	1	−1	0.423	0.423	1365
4	1	−1	−1	1	0.423	0.423	1428
5	1	1.21	0	0	0.887	−0.577	1435
6	1	−1.21	0	0	0.887	−0.577	1538
7	1	0	1.21	0	−0.577	0.887	1497
8	1	0	−1.21	0	−0.577	0.887	1527
9	1	0	0	0	−0.577	−0.577	1450
10	1	0	0	0	−0.577	−0.577	1421
11	1	0	0	0	−0.577	−0.577	1430
12	1	0	0	0	−0.577	−0.577	1445

第九章 回归旋转设计

回归正交设计的主要优点在于:(1)试验次数较少;(2)消除了回归系数b_j之间的相关性,计算较简便。其基本不足在于:二次回归的预测值的方差$D(\hat{y})$依赖于试验点在因子空间的位置,由于误差的干扰,试验者不能根据预测值直接寻求最优区域。如果回归设计具有旋转性,就能克服此缺点。

设在p维空间中,如果回归方程

$$\hat{y}=b_0+\sum_{j=1}^{p}b_jx_j,\ \ i=1,2,\cdots,n \tag{9-1}$$

或

$$\hat{y}=b_0+\sum_{j=1}^{p}b_jx_j+\sum_{h<j}b_{hj}x_hx_j+\sum_{j=1}^{p}b_{jj}x_{jj}^2,\ \ i=1,2,\cdots,n \tag{9-2}$$

在以零水平试验点为球心,ρ为半径的p维球面上,回归方程各点的方差$D(\hat{y})$相等,就称回归方程具有旋转性。使回归方程具有旋转性的试验设计为回归旋转设计。

寻求一次回归方程的旋转设计为一次旋转设计;寻求非线性回归方程的旋转设计为非线性旋转设计,其中二次旋转设计最常用。

在旋转设计中,回归值的方差$D(\hat{y})$只与因子编码空间中各试验点到试验中心的距离ρ有关,而与方向无关。

通常,在预测优化过程中,并不知道最优点(区域)在因子空间的哪个方向,哪个部分。回归正交设计的回归预测值同时受到预测点(试验点)优劣和预测点位置及方向的影响。位置方向不同,预测值方差$D(\hat{y})$就不同,难以分清预测值好坏,到底是由预测点的优劣引起的,还是预测点位置方向差异造成的。

旋转设计克服了二次回归正交设计中,$D(\hat{y})$的位置和方向的差异,使其能够直接比较相同半径球面上各点预测值的好坏,方便寻优预测。

§9-1 一次回归正交设计的旋转性

对于p元一次回归正交设计,回归值$\hat{y}$的预测值方差为

$$D(\hat{y})=D(b_0)+\sum_{j=1}^{p}D(b_j)x_j^2 \tag{9-3}$$

当试验方案为非整体设计时,由相关矩阵C

$$C=\sigma^2c_{ij}=\sigma^2\begin{pmatrix}1/n & & \\ & \ddots & \\ & & 1/n\end{pmatrix} \tag{9-4}$$

知，

$$D(b_0)=D(b_j)=\sigma^2/n,\ j=1,2,\cdots,p$$

$$D(\hat{y})=\frac{\sigma^2}{n}(1+\sum_{j=1}^{p}x_j^2)=\frac{\sigma^2}{n}(1+\rho^2) \tag{9-5}$$

式中σ^2为试验随机误差ε的方差，$\varepsilon\sim N(0,\sigma^2)$。

当试验方案为整体设计时，

$$D(b_0)=\sigma^2/N,\ D(b_j)=\sigma^2/n$$

$$D(\hat{y})=\frac{\sigma^2}{n}(\frac{n}{N}+\sum_{j=1}^{p}x_j^2)=\frac{\sigma^2}{n}(\frac{n}{N}+\rho^2) \tag{9-6}$$

式中$\sum_{j=1}^{p}x_j^2=\rho^2$是$p$维空间球面，球心在原点，半径为$\rho$，即试验点$x$到试验中心的距离；$n$为回归设计所选正交表$L_n(m^k)$的试验次数；$N$为总的试验次数，$N=n+m_0$，$m_0$为零点试验次数。

由式(9-5)和式(9-6)可知，全部的试验点分布在$\rho=\sqrt{p}$，$\rho=0$的两个球面上，即m_c个或n个试验点分布在球面$\rho=\sqrt{p}$上，m_0个试验点分布在$\rho=0$上。预测值方差$D(\hat{y})$只与ρ有关，而与试验点的位置方向无关。可见，一次回归正交设计是旋转设计。而古典回归方程的估计值方差却无旋转性。

回归旋转设计，一方面基本保留了回归正交设计的优点，即试验次数较少，计算较简便，部分地消除了回归系数间的相关性；另一方面，可以使二次回归设计具有旋转性，有助于克服二次回归正交设计中回归估计值方差$D(\hat{y})$依赖于试验点在因子空间的位置的缺点，使其估计值方差$D(\hat{y})$只与ρ有关。

用回归方程作预测估计时，估计值方差$D(\hat{y})$越小，预测估计值的精度就越高；估计值方差$D(\hat{y})$越大，估计值的误差就会越大。当回归设计具有旋转性后，其预测估计误差程度可以简单地用试验点到原点的距离ρ来表示。试验点距原点远，ρ值大，误差就大；ρ值小，误差就小。

p元线性回归值$\hat{y}_0$的方差为

$$D(\hat{y}_0)=D(b_0)+\sum_{j=1}^{p}D(b_j)x_0^2=\sigma^2[1+\frac{1}{N}+\sum_{i=1}^{p}\sum_{j=1}^{p}c_{ij}(x_{0i}-\bar{x}_i)(x_{0j}-\bar{x}_j)]$$

§9-2　二次回归设计的旋转性

一般情况下，二次回归设计不具备旋转性。要使p元二次回归设计具有旋转性，必须满足两个条件：旋转性条件和非退化条件。

一、旋转性条件

研究旋转设计首先就要清楚旋转性在回归设计中的具体要求。

(一)对p=3系数矩阵A的分析

当p=3时，二次回归数据结构的一般形式为

$$y_i=\beta_0+\beta_1x_{i1}+\beta_2x_{i2}+\beta_3x_{i3}+\beta_{12}x_{i1}x_{i2}+\beta_{13}x_{i1}x_{i3}+\beta_{23}x_{i2}x_{i3}+\beta_{11}x_{i1}^2+\beta_{22}x_{i2}^2+\beta_{33}x_{i3}^2+\varepsilon_i \\ i=1,2,\cdots,N \tag{9-7}$$

除了随机误差ε_i外，式(9–7)共有10项

$$C_P^1+C_P^2+C_P^1+C_P^0=C_{P+2}^2=10$$

它的结构矩阵为

$$X=\begin{pmatrix} 1 & x_{11} & x_{12} & x_{13} & x_{11}x_{12} & x_{11}x_{13} & x_{12}x_{13} & x_{11}^2 & x_{12}^2 & x_{13}^2 \\ 1 & x_{21} & x_{22} & x_{23} & x_{21}x_{22} & x_{21}x_{23} & x_{22}x_{23} & x_{21}^2 & x_{22}^2 & x_{23}^2 \\ \vdots & \vdots & \vdots & \vdots & \vdots & \vdots & \vdots & \vdots & \vdots & \vdots \\ 1 & x_{N1} & x_{N2} & x_{N3} & x_{N1}x_{N2} & x_{N1}x_{N3} & x_{N2}x_{N3} & x_{N1}^2 & x_{N2}^2 & x_{N3}^2 \end{pmatrix}$$

$$A=\begin{pmatrix} N & \sum x_{i1} & \sum x_{i2} & \sum x_{i3} & \sum x_{i1}x_{i2} & \sum x_{i1}x_{i3} & \sum x_{i2}x_{i3} & \sum x_{i1}^2 & \sum x_{i2}^2 & \sum x_{i3}^2 \\ & \sum x_{i1}^2 & \sum x_{i1}x_{i2} & \sum x_{i1}x_{i3} & \sum x_{i1}^2x_{i2} & \sum x_{i1}^2x_{i3} & \sum x_{i1}x_{i2}x_{i3} & \sum x_{i1}^3 & \sum x_{i1}x_{i2}^2 & \sum x_{i1}x_{i3}^2 \\ & & \sum x_{i2}^2 & \sum x_{i2}x_{i3} & \sum x_{i1}x_{i2}^2 & \sum x_{i1}x_{i2}x_{i3} & \sum x_{i2}^2x_{i3} & \sum x_{i1}^2x_{i2} & \sum x_{i2}^3 & \sum x_{i2}x_{i3}^2 \\ & & & \sum x_{i3}^2 & \sum x_{i1}x_{i2}x_{i3} & \sum x_{i1}x_{i3}^2 & \sum x_{i2}x_{i3}^2 & \sum x_{i1}^2x_{i3} & \sum x_{i2}^2x_{i3} & \sum x_{i3}^3 \\ & & & & \sum x_{i1}^2x_{i2}^2 & \sum x_{i1}^2x_{i2}x_{i3} & \sum x_{i1}x_{i2}^2x_{i3} & \sum x_{i1}^3x_{i2} & \sum x_{i1}x_{i2}^3 & \sum x_{i1}x_{i2}x_{i3}^2 \\ & & & & & \sum x_{i1}^2x_{i3}^2 & \sum x_{i1}x_{i2}x_{i3}^2 & \sum x_{i1}^3x_{i3} & \sum x_{i1}x_{i2}^2x_{i3} & \sum x_{i1}x_{i3}^3 \\ & & & & & & \sum x_{i2}^2x_{i3}^2 & \sum x_{i1}^2x_{i2}x_{i3} & \sum x_{i2}^3x_{i3} & \sum x_{i2}x_{i3}^3 \\ & & \text{对称} & & & & & \sum x_{i1}^4 & \sum x_{i1}^2x_{i2}^2 & \sum x_{i1}^2x_{i3}^2 \\ & & & & & & & & \sum x_{i2}^4 & \sum x_{i2}^2x_{i3}^2 \\ & & & & & & & & & \sum x_{i3}^4 \end{pmatrix}$$

可见，三元二次回归的系数矩阵A为10阶对称方阵，矩阵A中元素的一般形式为

$$\sum_{i=1}^{n} x_{i1}^{a_1}x_{i2}^{a_2}x_{i3}^{a_3} \tag{9–8}$$

其中，指数a_1, a_2, a_3分别取0，1，2，3，4非负整数，且这些指数的和不大于4，即

$$0 \leqslant a_1+a_2+a_3 \leqslant 4$$

例如，当$a_1=a_2=a_3=0$时，式(9–8)

$$\sum_{i=1}^{n} x_{i1}^{a_1}x_{i2}^{a_2}x_{i3}^{a_3}=N$$

这正是系数矩阵$\boldsymbol{A}$的左上角(第1行第1列)元素。仔细分析，可以看出系数矩阵$\boldsymbol{A}$的元素可以分为两类：第一类是所有指数a_1, a_2, a_3都是偶数或零；第二类是所有指数a_1, a_2, a_3中至少有一个是奇数。

(二)旋转性条件分析

对于p元二次回归设计，系数矩阵$\boldsymbol{A}$中元素

$$\sum_{i=1}^{n} x_{i1}^{a_1}x_{i2}^{a_2}\cdots x_{ip}^{a_p} \tag{9–9}$$

的x指数满足条件$0 \leqslant a_1+a_2+\cdots+a_p \leqslant 4$，且分为两类：

第一类，$a_1, a_2, \cdots, a_p$均为偶数或0；

第二类，$a_1, a_2, \cdots, a_p$中至少有一个为奇数。

为实现二次回归设计的旋转性，必须满足两个要求：

1. 要求第一类元素

$$\begin{cases} \sum_i x_{ij}^2=\lambda_2 N \\ \sum_i x_{ij}^4=3\sum_i x_{ih}^2x_{ij}^2=3\lambda_4 N \end{cases} \tag{9–10}$$

2. 要求第二类元素均为0，即

$$\sum_{i=1}^{n} x_{i1}^{a_1} x_{i2}^{a_2} \cdots x_{ip}^{a_p} = 0$$

这样，p元二次旋转设计的系数矩阵$\boldsymbol{A}$有如下形式

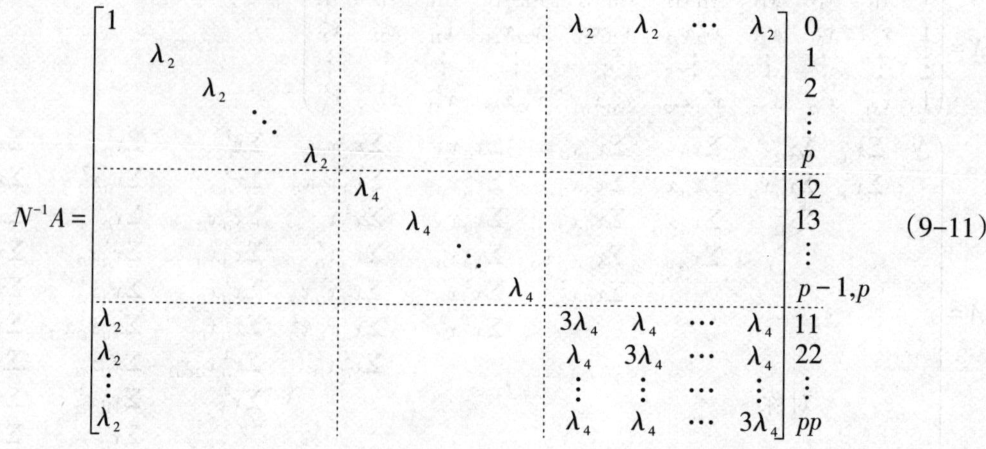

$$N^{-1}A = \left[\begin{array}{cccc|cccc|cccc} 1 & & & & & & & & \lambda_2 & \lambda_2 & \cdots & \lambda_2 \\ & \lambda_2 & & & & & & & & & & \\ & & \ddots & & & & & & & & & \\ & & & \lambda_2 & & & & & & & & \\ \hline & & & & \lambda_4 & & & & & & & \\ & & & & & \lambda_4 & & & & & & \\ & & & & & & \ddots & & & & & \\ & & & & & & & \lambda_4 & & & & \\ \hline \lambda_2 & & & & & & & & 3\lambda_4 & \lambda_4 & \cdots & \lambda_4 \\ \lambda_2 & & & & & & & & \lambda_4 & 3\lambda_4 & \cdots & \lambda_4 \\ \vdots & & & & & & & & \vdots & \vdots & \cdots & \vdots \\ \lambda_2 & & & & & & & & \lambda_4 & \lambda_4 & \cdots & 3\lambda_4 \end{array}\right] \begin{array}{l} 0 \\ 1 \\ 2 \\ \vdots \\ p \\ 12 \\ 13 \\ \vdots \\ p-1,p \\ 11 \\ 22 \\ \vdots \\ pp \end{array} \qquad (9\text{-}11)$$

二、非退化条件

非退化条件是指使逆矩阵$\boldsymbol{C}=\boldsymbol{A}^{-1}$存在的条件，也即系数矩阵$\boldsymbol{A}$满秩或非退化，使回归系数$b_j$有唯一解的条件。

矩阵$\boldsymbol{A}$满秩的充要条件是$|A|\neq 0$，由$|A|\neq 0$推导出非退化条件：

$$\frac{\lambda_4}{\lambda_2^2} \neq \frac{p}{p+2} \qquad (9\text{-}12)$$

综上所述，旋转性条件式(9-10)是旋转设计的必要条件，但只有使式(9-10)中的待定参数λ_a(a=2，4)满足非退化条件式(9-12)，才可能实现旋转设计。那么，如何满足这两个条件成为关注的重点。

§9-3　旋转组合设计

下面讨论如何满足非退化条件式(9-12)和旋转性条件式(9-10)。

一、满足非退化条件的方法

在试验设计时，N个试验点应如何分布才能满足非退化条件呢？对此，需要进一步研究待定系数λ_2，λ_4应满足的一些关系式。

由式(9-10)知，二次回归设计的旋转性条件为

$$\begin{cases} s_2 = \sum_i x_{ij}^2 = \lambda_2 N \\ s_4 = \sum_i x_{ij}^4 = 3\sum_i x_{ih}^2 x_{ij}^2 = 3\lambda_4 N \end{cases} \quad i,\ j = 1,2,\cdots,p \qquad (9\text{-}13)$$

可见，S_2，S_4与下标h，j无关，而且

$$ps_2 = p\sum_i x_{ij}^2 = \sum_{j=1}^{p}\sum_i x_{ij}^2$$
$$= \sum_i\sum_{j=1}^{p} x_{ij}^2 = \sum_i \rho_i^2 = p\lambda_2 N$$

其中 $\sum_{j=1}^{p} x_{ij}^2 = \rho_i^2$ 表示第i个试验点$(x_{i1}, x_{i2}, \cdots, x_{ip})$在半径为$\rho_i$的球面上。由此可得

$$\lambda_2 = \sum_i \rho_i^2 / pN \tag{9-14}$$

另一方面

$$(\rho_i^2)^2 = (\sum_{j=1}^{p} x_{ij}^2)^2 = \sum_{j=1}^{p} x_{ij}^4 + 2\sum_{h<j} x_{ih}^2 x_{ij}^2$$

所以

$$\sum_i \rho_i^4 = \sum_i(\sum_{j=1}^{p} x_{ij}^4 + 2\sum_{h<j} x_{ih}^2 x_{ij}^2)$$
$$= \sum_{j=1}^{p}(\sum_i x_{ij}^4) + 2\sum_{h<j}(\sum_i x_{ih}^2 x_{ij}^2)$$
$$= \sum_{j=1}^{p} s_4 + 2\sum_{h<j}(\frac{1}{3}s_4)$$
$$= s_4[p + \frac{1}{3}p(p-1)]$$

因而

$$s_4 = 3\sum_i \rho_i^4 / p(p+2)$$

由式(9–13)得

$$\lambda_4 = s_4/3N = \sum_i \rho_i^4 / Np(p+2) \tag{9-15}$$

由式(9–14)和式(9–15)可得

$$\frac{\lambda_4}{\lambda_2^2} = \frac{\sum_i \rho_i^4}{(\sum_i \rho_i^2)^2} \cdot \frac{Np}{p+2} \tag{9-16}$$

式(9–16)说明,待估计参数λ_2,λ_4的比值不仅与因子个数p和试验次数N有关,而且与N个试验点所在球面的半径ρ_i(i=1,2,…,N)有关。在试验设计时,因子数p和试验次数N是容易确定的,但不是确定非退化条件的根本所在;根本在于N个试验点应该分布在几个半径不等的球面上,在每个球面上又该如何分布,才能满足非退化条件和旋转性条件。要回答此问题,需要证明不等式(柯西–许瓦茨Cauchy–Schwarz不等式)

$$(\sum_i \rho_i^2)^2 \leqslant N\sum_i \rho_i^4 \tag{9-17}$$

成立,并且仅在$\rho_1 = \rho_2 = \cdots = \rho_N$时才相等。

对于任意实数λ,有

$$\sum_i (\lambda - \rho_i^2)^2 \geqslant 0,$$
$$\sum_i (\lambda^2 - 2\lambda\rho_i^2 + \rho_i^4) \geqslant 0$$
$$\lambda^2 N - 2\lambda\sum_i \rho_i^2 + \sum_i \rho_i^4 \geqslant 0$$

式中不等号左边的二次三项式是非负的，它总是位于横轴上方，最多与横轴相切（等于0的情况），故对于二次三项式来说，λ不可能有两个不同的实数根，所以它的判别式

$$(\sum_i \rho_i^2)^2 - N\sum_i \rho_i^4 \leqslant 0$$

而且，仅当 $\rho_1 = \rho_2 = \cdots = \rho_N$ 时，等式

$$(\sum_i \rho_i^2)^2 - N\sum_i \rho_i^4 = 0$$

成立。到此，式(9-17)得证。

由式(9-16)和式(9-17)可得

$$\frac{\lambda_4}{\lambda_2^2} \geqslant \frac{p}{p+2} \tag{9-18}$$

同样，等式成立的唯一条件是N个试验点位于同一球面上；相反，为了满足非退化条件式(9-12)，只要使N个试验点不在同一球面即可；也就是说只要使N个试验点至少位于两个半径不等的球面上，就有可能获得旋转试验方案，而组合设计正好能够满足此要求。

依据式(9-18)，二次旋转组合设计的非退化条件可写为

$$\frac{\lambda_4}{\lambda_2^2} > \frac{p}{p+2} \tag{9-19}$$

组合设计的N个试验点

$$N = m_c + m_r + m_0 = m_c + 2p + m_0$$

分布在3个不同半径的球面上。

m_c 个试验点分布在半径为 $\rho_c = \sqrt{p}$ 的球面上；

$m_r = 2p$ 个试验点分布在半径为 $\rho_r = r$ 的球面上；

m_0 个试验点分布在半径为 $\rho_0 = 0$ 的球面上。

因此，组合设计能够满足非退化条件，而旋转性条件可以通过调整星号臂r来满足。

二、调整星号臂r，实现旋转性条件

通过组合设计满足了非退化条件，现在探讨如何通过调节星号臂r来满足旋转性条件，我们曾经通过调节r来实现二次组合设计的正交性。

在组合设计方案的信息矩阵$\boldsymbol{A}$的元素中，

$$\sum_i x_{ij} = \sum_i x_{ih} x_{ij} = \sum_i x_{ih}^2 x_{ij} = 0$$

而它的偶次方元素都不为0，由式(8-7)、式(8-8)和式(9-10)知道它们为

$$\begin{cases} \sum_i x_{ij}^2 = m_c + 2r^2 = \lambda_2 N \\ \sum_i x_{ij}^4 = m_c + 2r^4 = 3\lambda_4 N \\ \sum_i x_{ih}^2 x_{ij}^2 = m_c = \lambda_4 N \end{cases} \tag{9-20}$$

要满足旋转性条件(9-10)，只要实现

$$\sum_i x_{ij}^4 = 3\sum_i x_{ih}^2 x_{ij}^2$$

就行了，即

$$m_c + 2r^4 = 3m_c$$

由此得到满足旋转性条件的星号臂r计算式

$$r = m_c^{1/4} \quad 或 \quad m_c = r^4 \tag{9-21}$$

根据m_c二水平试验点的不同情况，星号臂r有三种取值方法：

$$r=m_c^{1/4}=\begin{cases}2^{p/4}, & \text{当} m_c=2^p,\text{即二水平全面试验时；}\\ 2^{\frac{p-i}{4}}, & (i=1,2,\cdots),\ \text{当} m_c=2^{p-i},\ \text{即}1/2^i\text{部分实施时；}\\ n^{1/4}, & \text{当} m_c=n,\ \text{即选用正交表} L_n(m^k)\text{安排} m_c \text{试验时。}\end{cases}$$

由此可以计算出满足旋转性条件的星号臂r值，也可以查表9-1获取r值。如果确定了m_0试验点，就完成了旋转设计。

三、m_0选择及非退化条件的验证

单就旋转设计而言，m_0只是在一定条件下才需要。如表9-1所示，在$p<5$时，$\rho_c=\rho_r$或$\rho_c\approx\rho_r$，即m_c个全面试验点和m_r个星号点分布在同一球面时，才必须增加m_0个试验点，使N个试验点分布在两个半径不等的球面上，以获得满足非退化条件的旋转设计。在其他情况下，即使不做中心点试验，也不会引起系数矩阵$\boldsymbol{A}$的退化，对此可以进行验证分析。

综合式(9-10)，式(9-19)，式(9-20)和式(9-21)得到旋转设计条件式

因为
$$\lambda_2=\frac{m_c+2r^2}{N},\quad \lambda_4=\frac{m_c}{N}$$

$$\begin{aligned}\frac{\lambda_4}{\lambda_2^2}&=\frac{m_cN^2}{N(m_c+2r^2)^2}=\frac{m_cN}{(m_c+2r^2)^2}\\&=\frac{r^4N}{(r^4+2r^2)^2}=\frac{N}{(r^2+2)^2}=\frac{m_c+2p+m_0}{(r^2+2)^2}>\frac{p}{p+2}\end{aligned}\tag{9-22}$$

或者
$$\frac{\lambda_4}{\lambda_2^2}=\frac{r^4N}{(r^4+2r^2)^2}=\frac{N}{(r^2+2)^2}=\frac{r^4+2p+m_0}{(r^2+2)^2}>\frac{p}{p+2}\tag{9-22'}$$

可以看出，二次旋转组合设计对m_0的选择相当自由。

1. 在$\rho_c=\rho_r$的情况下，$r=\sqrt{p}$，则式(9-22′)为

$$\begin{aligned}\frac{\lambda_4}{\lambda_2^2}&=\frac{r^4+2p+m_0}{(r^2+2)^2}=\frac{p^2+2p+m_0}{(p+2)^2}\\&=\frac{p}{p+2}+\frac{m_0}{(p+2)^2}>\frac{p}{p+2}\end{aligned}\tag{9-23}$$

可见，m_0在大于零的条件下任选。

表9-1 二次回归旋转设计参数表

p	$\rho_c=\sqrt{p}$	$m_c=2^{p-i}$	$m_r=2p$	旋转		正交旋转			通用旋转						
				$r=m_c^{1/4}$	m_0	m_0	N	λ_4/λ_2^2	m_0	N	λ_4	K	$-E$	F	G
2	1.414	4	4	1.414	任选	8	16	1.00	5	13	0.813	0.2000	0.1000	0.1438	0.0188
3	1.732	8	6	1.682		9	23	0.99	6	20	0.857	0.1663	0.0568	0.0684	0.0069
4	2.000	16	8	2.000		12	36	1.00	7	31	0.861	0.1428	0.0357	0.0350	0.0037
5 (1/2实施)	2.236	16	10	2.000		10	36	1.00	6	32	0.889	0.1591	0.0341	0.0341	0.0028
6 (1/2实施)	2.450	32	12	2.378		15	59	1.01	9	53	0.901	0.1108	0.0187	0.0168	0.0012
7 (1/2实施)	2.646	64	14	2.828		22	100	1.00	14	92	0.920	0.0703	0.0980	0.0083	0.0005

注：表中第3列的i=0，1，2。

2. 在 $\rho_c \neq \rho_r$ 的情况下，说明 m_c 个试验点和 m_r 个试验点分别分布在半径为 ρ_c 和 ρ_r 的两个半径不同的球面上，即使在中心点不做试验，$m_0=0$，也不影响设计的旋转性。但从试验设计的角度看，中心试验点是必要的，因为中心试验点给出了回归方程在中心点的拟合情况，而中心点附近区域往往是试验者很关心的区域。此外，如果适当选择 m_0，可使得二次旋转组合设计具有正交性或通用性，也就是形成二次正交旋转组合设计和二次通用旋转组合设计。

§9-4　正交旋转组合设计

从二次旋转设计的系数矩阵 $\boldsymbol{A}$ 式(9-11)及其逆矩阵 $\boldsymbol{A}^{-1}$(相关矩阵)式(9-24)

$$
NA^{-1}=\begin{bmatrix}
2\lambda_4^2(p+2)t & & & & & & & & -2\lambda_2\lambda_4 t & -2\lambda_2\lambda_4 t & \cdots & -2\lambda_2\lambda_4 t \\
 & 1/\lambda_2 & & & & & & & & & & \\
 & & 1/\lambda_2 & & & & & & & & & \\
 & & & \ddots & & & & & & & & \\
 & & & & 1/\lambda_2 & & & & & & & \\
 & & & & & \lambda_4^{-1} & & & & & & \\
 & & & & & & \lambda_4^{-1} & & & & & \\
 & & & & & & & \ddots & & & & \\
 & & & & & & & \lambda_4^{-1} & & & & \\
-2\lambda_2\lambda_4 t & & & & & & & & [(p+1)\lambda_4-(p-1)\lambda_2^2]t & (\lambda_2^2-\lambda_4)t & \cdots & (\lambda_2^2-\lambda_4)t \\
-2\lambda_2\lambda_4 t & & & & & & & & (\lambda_2^2-\lambda_4)t & [(p+1)\lambda_4-(p-1)\lambda_2^2]t & \cdots & (\lambda_2^2-\lambda_4)t \\
\vdots & & & & & & & & \vdots & \vdots & \vdots & \vdots \\
-2\lambda_2\lambda_4 t & & & & & & & & (\lambda_2^2-\lambda_4)t & (\lambda_2^2-\lambda_4)t & \cdots & [(p+1)\lambda_4-(p-1)\lambda_2^2]t
\end{bmatrix}
$$

$$0 \quad 1 \quad 2 \quad \cdots \quad p \quad 12 \quad 13 \cdots p-1,p \quad 11 \quad 22 \quad \cdots \quad pp$$

$$\left(\text{其中 } t=\frac{1}{2\lambda_4[(p+2)\lambda_4-p\lambda_2^2]}\right) \tag{9-24}$$

看出，在二次旋转设计下，一次项 x_j 与交互项 $x_h x_j$ 之间仍然存在正交性，即一次项 x_j 与交互项 $x_h x_j$ 的回归系数 b_j 和 b_{hj} 之间不相关，相关性只存在于 x_0 与 x_j^2 之间，以及 x_j^2 之间，即相关性只存在于 b_0 与 b_{jj} 之间，以及 b_{hh} 与 b_{jj} 之间，而且其相关矩(协方差)为

$$
\begin{cases}
\operatorname{cov}(b_0,b_{jj})=-2\lambda_2\lambda_4 t\sigma^2/N \\
\operatorname{cov}(b_{hh},b_{jj})=(\lambda_2^2-\lambda_4)t\sigma^2/N
\end{cases} \tag{9-25}
$$

式中 σ^2 为随机误差项 ε_i 的方差。

要使二次旋转设计具有正交性就必须消除上述回归系数的相关性，就是要使式(9-25)为0。

一、消除常数项 b_0 与平方项 b_{jj} 之间的相关性

消除 b_0 与 b_{jj} 之间的相关性，就是令

$$\operatorname{cov}(b_0,b_{jj})=-2\lambda_2\lambda_4 t\sigma^2/N=0$$

这就需要对平方项进行中心化处理，见式(8-13)

$$x_{ij}'=x_{ij}^2-\frac{1}{N}\sum_{i=1}^{N}x_{ij}^2$$

二、消除平方项之间的相关性

要消除平方项b_{hh}与b_{jj}之间的相关性，就是要让式(9–25)中

$$\mathrm{cov}(b_{hh},b_{jj})=(\lambda_2^2-\lambda_4)t\sigma^2/N=0$$

也就是令

$$\lambda_4=\lambda_2^2 \quad 或 \quad \lambda_4/\lambda_2^2=1 \tag{9–26}$$

式(9–26)为正交设计的条件式。

如何才能够满足$\lambda_4/\lambda_2^2=1$呢？这就需要了解条件$\lambda_4/\lambda_2^2=1$对设计的要求。由式(9–22)知，令

$$\frac{\lambda_4}{\lambda_2^2}=\frac{N}{(2+\sqrt{m_c})^2}=\frac{m_c+m_r+m_0}{(2+\sqrt{m_c})^2}=\frac{r^4+2p+m_0}{(2+r^2)^2}=1 \tag{9–27}$$

对于p元二次旋转组合设计，在式(9–27)中，要满足$\lambda_4/\lambda_2^2=1$，只能调整总的试验次数

$$N=m_c+m_r+m_0$$

而在N中，二水平试验次数m_c和星号臂试验次数m_r都已经确定，这样只能调整中心点试验次数m_0。由式(9–27)得到二次正交旋转组合设计必须进行的中心点试验次数m_0为

$$m_0=4(1+\sqrt{m_c})-m_r=4(1+r^2)-2p \tag{9–28}$$

当组合设计满足正交条件$\lambda_4/\lambda_2^2=1$时，仍有旋转设计的非退化条件式(9–19)

$$\frac{\lambda_4}{\lambda_2^2}>\frac{p}{p+2}$$

成立，说明二次组合设计的旋转性和正交性兼容并存。

三、正交旋转设计类别

当由式(9–28)计算出m_0为整数时，表明$\lambda_4/\lambda_2^2=1$，则旋转组合设计为完全正交的。例如，当p=2，m_c=4时，计算得m_0=8，这就是完全正交旋转设计方案。

当计算出m_0不为整数时，此时m_0四舍五入取整数，使$\lambda_4\approx\lambda_2^2$，则旋转组合设计为近似正交。例如，当$p$=3，$m_c$=8时，计算得$m_0\approx 9.31$，取整数$m_0\approx 9$，$\lambda_4/\lambda_2^2=0.99$。那么，这一方案就是近似正交旋转组合设计。

二次正交旋转组合设计的基本参数计算值列入表9–1。

由旋转设计条件式(9–22)和正交设计条件式(9–28)知，二次正交旋转组合设计的总试验次数

$$N=m_c+4(1+\sqrt{m_c})=(2+\sqrt{m_c})^2 \tag{9–29}$$

由此可见，正交旋转组合设计的总试验次数仅取决于m_c。例如，当p=3，m_c=8时，

$$N=m_c+4(1+\sqrt{m_c})=8+4\times(1+\sqrt{8})=8+15.3\approx 23$$

$$m_0=N-m_c-m_r=23-8-6=9$$

二次正交旋转组合设计具有回归正交设计的优点，又具有旋转性，是常用的回归设计方法，但从表9–1看出，它的中心点试验次数m_0增加较多。

表9–2是在二次旋转组合设计的基础上，通过适当选择m_0和中心化处理而形成的三元二次正交旋转组合设计方案。当p=3时，查表9–1取m_0=9，以消除平方项回归系数b_{hh}与b_{jj}之

间的相关性；在尚未消除常数项 b_0 与平方项回归系数 b_{jj} 之间的相关性时，三元二次旋转设计方案接近正交设计，见表9-2。

表9-2　三元二次旋转组合设计方案

	试验号	x_0	x_1	x_2	x_3	x_1x_2	x_1x_3	x_2x_3	x_1^2	x_2^2	x_3^2
m_c	1	1	1	1	1	1	1	1	1	1	1
	2	1	1	1	−1	1	−1	−1	1	1	1
	3	1	1	−1	1	−1	1	−1	1	1	1
	4	1	1	−1	−1	−1	−1	1	1	1	1
	5	1	−1	1	1	−1	−1	1	1	1	1
	6	1	−1	1	−1	−1	1	−1	1	1	1
	7	1	−1	−1	1	1	−1	−1	1	1	1
	8	1	−1	−1	−1	1	1	1	1	1	1
m_r	9	1	1.682	0	0	0	0	0	2.828	0	0
	10	1	−1.682	0	0	0	0	0	2.828	0	0
	11	1	0	1.682	0	0	0	0	0	2.828	0
	12	1	0	−1.682	0	0	0	0	0	2.828	0
	13	1	0	0	1.682	0	0	0	0	0	2.828
	14	1	0	0	−1.682	0	0	0	0	0	2.828
m_0	15	1	0	0	0	0	0	0	0	0	0
	16	1	0	0	0	0	0	0	0	0	0
	17	1	0	0	0	0	0	0	0	0	0
	18	1	0	0	0	0	0	0	0	0	0
	19	1	0	0	0	0	0	0	0	0	0
	20	1	0	0	0	0	0	0	0	0	0
	21	1	0	0	0	0	0	0	0	0	0
	22	1	0	0	0	0	0	0	0	0	0
	23	1	0	0	0	0	0	0	0	0	0

在表9-2的基础上，再对平方项 x_j^2 进行中心化处理，消除常数项 b_0 与平方项回归系数 b_{jj} 之间的相关性，即令

$$
\begin{aligned}
x'_{ij} &= x_{ij}^2 - \frac{1}{N}\sum_{i=1}^{N} x_{ij}^2 \\
&= x_{ij}^2 - \frac{1}{23}\times\sum_{i=1}^{23} x_{ij}^2 = x_{ij}^2 - \frac{1}{23}\times 13.956 \\
&= x_{ij}^2 - 0.594
\end{aligned}
$$

由此形成三元二次正交旋转组合设计方案，见表9-3。对于 p=3，取 m_0=9，并对平方项 x_j^2 进行中心化处理，即可获得三元二次正交旋转组合设计方案；如果改变 m_0 的取值还可以获得通用旋转组合设计方案。

表9-3 三元二次旋转组合设计、正交旋转设计和通用旋转组合设计方案

试验号			x_0	x_1	x_2	x_3	x_1x_2	x_1x_3	x_2x_3	x_1'	x_2'	x_3'
m_c		1	1	1	1	1	1	1	1	0.406	0.406	0.406
		2	1	1	1	−1	1	−1	−1	0.406	0.406	0.406
		3	1	1	−1	1	−1	1	−1	0.406	0.406	0.406
		4	1	1	−1	−1	−1	−1	1	0.406	0.406	0.406
		5	1	−1	1	1	−1	−1	1	0.406	0.406	0.406
		6	1	−1	1	−1	−1	1	−1	0.406	0.406	0.406
		7	1	−1	−1	1	1	−1	−1	0.406	0.406	0.406
		8	1	−1	−1	−1	1	1	1	0.406	0.406	0.406
m_r		9	1	1.682	0	0	0	0	0	2.234	−0.594	−0.594
		10	1	−1.682	0	0	0	0	0	2.234	−0.594	−0.594
		11	1	0	1.682	0	0	0	0	−0.594	2.234	−0.594
		12	1	0	−1.682	0	0	0	0	−0.594	2.234	−0.594
		13	1	0	0	1.682	0	0	0	−0.594	−0.594	2.234
		14	1	0	0	−1.682	0	0	0	−0.594	−0.594	2.234
正交旋转设计 m_0	通用旋转设计 m_0	15	1	0	0	0	0	0	0	−0.594	−0.594	−0.594
		16	1	0	0	0	0	0	0	−0.594	−0.594	−0.594
		17	1	0	0	0	0	0	0	−0.594	−0.594	−0.594
		18	1	0	0	0	0	0	0	−0.594	−0.594	−0.594
		19	1	0	0	0	0	0	0	−0.594	−0.594	−0.594
		20	1	0	0	0	0	0	0	−0.594	−0.594	−0.594
		21	1	0	0	0	0	0	0	−0.594	−0.594	−0.594
		22	1	0	0	0	0	0	0	−0.594	−0.594	−0.594
		23	1	0	0	0	0	0	0	−0.594	−0.594	−0.594

§9-5 通用旋转组合设计

一、通用旋转设计概念

二次组合设计的旋转性使得同一球面各试验点预测估计值的方差 $D(\hat{y})$ 相等，这对某一球面范围内选择最优试验点或试验区域方便了许多，但是在不同半径的球面上，各试验点的预测估计值方差 $D(\hat{y})$ 却不相同。然而，在试验中常需要对不同半径球面上各试验点的预测值 $\hat{y}$ 进行比较，因而希望不同半径的球面上各试验点的 $D(\hat{y})$ 相等，即是使旋转设计具有通用性，也就是在编码空间内，半径ρ在 0 ~ 1 范围内的各球面上各试验点的 $D(\hat{y})$ 基本相等，使不同球面上的试验点能够比较寻优。

二、估计值方差 $D(\hat{y})$ 的表达式及分析

以下讨论二次旋转组合设计的试验点预测值 $\hat{y}$ 的方差 $D(\hat{y})$，以寻求实现通用旋转设计的条件。对于古典回归分析，回归系数之间存在相关性，相关矩阵复杂；估计值方差 $D(\hat{y})$ 在因子空间中分布不均匀，即 $D(\hat{y})$ 与估计点位置有关；因而计算估计值方差 $D(\hat{y})$ 是相当困难的，难怪古典回归分析很少研究回归方程的精度。但在旋转设计中，计算分析估计值方差 $D(\hat{y})$ 容易得多。

在二次旋转组合设计中，由于常数项 b_0 与平方项回归系数 b_{jj} 之间以及平方项回归系数 b_{hh} 与 b_{jj} 之间存在相关性，估计值方差 $D(\hat{y})$ 为

$$\begin{aligned} D(\hat{y}) = D(b_0) + D(b_j)\sum_{j=1}^{p} x_j^2 + D(b_{hj})\sum_{h<j} x_h^2 x_j^2 + D(b_{jj})\sum_{j=1}^{p} x_j^4 \\ +2\operatorname{cov}(b_0, b_{jj})\sum_{j=1}^{p} x_j^2 + 2\operatorname{cov}(b_{hh}, b_{jj})\sum_{h<j} x_h^2 x_j^2 \end{aligned} \tag{9-30}$$

根据旋转性，因子空间同一球面上各点 $D(\hat{y})$ 相等，因此可在球面上选择特殊点来计算 $D(\hat{y})$，这一点位于某一坐标轴 x_j 上，其坐标为 $(0,\cdots,0,\rho_i,0,\cdots,0)$，$(0,\cdots,0,\rho_j,0,\cdots,0)$，其中 ρ_i,ρ_j 是该点所在球面的半径，令 $\rho_i=\rho_j=\rho$，于是

$$\begin{cases} \sum_{j=1}^{p} x_j^2 = \rho^2 \\ \sum_{j=1}^{p} x_j^4 = \rho^4 \\ \sum_{h<j} x_h^2 x_j^2 = 0, \qquad (\text{点不在坐标轴上}) \end{cases} \tag{9-31}$$

式中编码空间半径 $\rho=0\sim r$，即估计预测值在坐标轴 x_j 上的取值为 $0\sim r$，最大值为 r。

$$\sum_{j=1}^{p} x_j^2 \leqslant r^2$$

例如，对于 m_r 试验点，$\sum x_j^2 = 0+0+\cdots+r^2+\cdots+0=r^2$；对于 m_c 试验点，$\sum x_j^2 = 1$。

因为 1，-1 表示自然因子的上、下水平，所以试验者最关心半径 $\rho=0\sim1$ 范围内的预测估计值方差 $D(\hat{y})$。将式(9-31)代入式(9-30)得

$$\begin{aligned} D(\hat{y}) &= D(b_0) + D(b_j)\rho^2 + D(b_{jj})\rho^4 + 2\operatorname{cov}(b_0,b_{jj})\rho^2 \\ &= D(b_0) + [D(b_j) + 2\operatorname{cov}(b_0,b_{jj})]\rho^2 + D(b_{jj})\rho^4 \end{aligned} \tag{9-32}$$

式中等式右边的各个方差和协方差（相关矩）都可以从相关矩阵(9-24)找到

$$\begin{cases} D(b_0) = 2\lambda_4^2(p+2)t\sigma^2/N \\ D(b_j) = \sigma^2/\lambda_2 N \\ D(b_{jj}) = [(p+1)\lambda_4 - (p-1)\lambda_2^2]t\sigma^2/N \\ \operatorname{cov}(b_0,b_{jj}) = -2\lambda_2\lambda_4 t\sigma^2/N \\ t = 1/2\lambda_4[(p+2)\lambda_4 - p\lambda_2^2] \end{cases} \tag{9-33}$$

为了使讨论简单起见，可约定 $\lambda_2=1$，这个约定并不是本质的，因为在式(9-20)中，其等式 $\sum x_{ij}^2 = \lambda_2 N$ 中，当 $\lambda_2\neq1$ 时，可以改变编码值 x_{ij} 为 $(x_{ij}/\sqrt{\lambda_2})$，这时有 $\sum(x_{ij}/\sqrt{\lambda_2})^2 = N$，这样的编码值改变并不会影响具体的试验计划，只是把编码值的影响集中到了参数 λ_4 上。

在约定$\lambda_2=1$的条件下，式(9-33)可写为

$$\begin{cases} D(b_0)=\dfrac{(p+2)\sigma^2}{[(p+2)\lambda_4-p]N/\lambda_4} \\ D(b_j)=\dfrac{\sigma^2}{\lambda_4(N/\lambda_4)} \\ D(b_{jj})=\dfrac{\sigma^2[(p+1)\lambda_4-(p-1)]}{2\lambda_4^2[(p+2)\lambda_4-p]N/\lambda_4} \\ \operatorname{cov}(b_0,b_{jj})=\dfrac{-\sigma^2}{\lambda_4[(p+2)\lambda_4-p]N/\lambda_4} \end{cases} \tag{9-34}$$

将式(9-34)代入式(9-32)即得

$$\frac{D(\hat{y})}{\sigma^2}=\frac{(p+2)}{[(p+2)\lambda_4-p]N/\lambda_4}\cdot[1+\frac{\lambda_4-1}{\lambda_4}\rho^2+\frac{(p+1)\lambda_4-(p-1)}{2\lambda_4^2(p+2)}\rho^4] \tag{9-35}$$

对于任一旋转组合设计方案，由式(9-27)知，当$\lambda_2=1$时

$$\frac{N}{\lambda_4/\lambda_2^2}=(2+\sqrt{m_c})^2 \quad \text{成为} \quad \frac{N}{\lambda_4}=(2+\sqrt{m_c})^2$$

可见，式(9-35)中因子个数p和比值N/λ_4都是确定的。

于是$D(\hat{y})/\sigma^2$只是λ_4和ρ的函数，当$p=2$和$p=3$时，式(9-35)分别变化为式(9-36)和式(9-37)。

$$\frac{D(\hat{y})}{\sigma^2}=\frac{1}{8(2\lambda_4-1)}\cdot[1+\frac{\lambda_4-1}{\lambda_4}\rho^2+\frac{3\lambda_4-1}{8\lambda_4^2}\rho^4] \tag{9-36}$$

$$\frac{D(\hat{y})}{\sigma^2}=\frac{5}{23.311\times(5\lambda_4-3)}\cdot[1+\frac{\lambda_4-1}{\lambda_4}\rho^2+\frac{2\lambda_4-1}{5\lambda_4^2}\rho^4] \tag{9-37}$$

图9-1为式(9-36)的曲线图形。

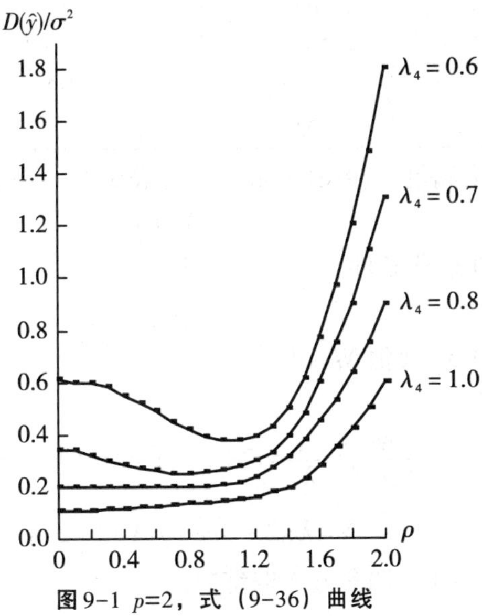

图9-1 $p=2$，式(9-36)曲线

在$p=2$时，从图9-1可见，当$\rho\geq1$时，$D(\hat{y})$随ρ增加而上升；但在$0<\rho<1$内，$D(\hat{y})$的变化较复杂，有的先下降后上升（如$\lambda_4=0.6$），有的基本保持不变（如$\lambda_4=0.8$）；有的缓慢上升（如$\lambda_4=1.0$）。通常确定最优区域是在$0<\rho<1$的范围内进行，因而希望$D(\hat{y})$在区间$0<\rho<1$内基本保持不变，这有利于选优和预测估计。

三、实现通用性的方法

实现通用性的思路是：在约定$\lambda_2=1$的情况下，首先确定待估计参数λ_4，由λ_4确定N，最后确定m_0。

如果一种回归设计可使它的预测估计值方差$D(\hat{y})$在区间$0<\rho<1$内基本上保持为某一常数，那就称这种回归组合设计具有通用性，或称为通用设计。

由此可见，要使旋转组合设计具有通用性，关键在于在$0<\rho<1$内，如何确定λ_4。为此，在区间$0<\rho<1$内，插入如下分点

$$0<\rho_1<\rho_2<\cdots<\rho_i<\cdots<\rho_n<1,\ i=1,2,\cdots,n$$

然后，令式(9-35)在各ρ_i处的值与在$\rho=0$处的值的差值的平方和为最小，来确定λ_4值，即

$$Q(\lambda_4)=f_0^2(\lambda_4)\sum_{i=1}^{n}[f_1(\lambda_4)\rho_i^2+f_2(\lambda_4)\rho_i^4]^2\to\min \tag{9-38}$$

式中

$$\begin{cases} f_0(\lambda_4)=\dfrac{p+2}{[(p+2)\lambda_4-p](N/\lambda_4)} \\ f_1(\lambda_4)=\dfrac{\lambda_4-1}{\lambda_4} \\ f_2(\lambda_4)=\dfrac{(p+1)\lambda_4-(p-1)}{2\lambda_4^2(p+2)} \end{cases}$$

表9-4　λ_4与非退化条件

p	λ_4	$p/(p+2)$
2	0.813	0.50
3	0.857	0.60
4	0.861	0.67
5	0.889	0.71

对于不同p，可以求出满足式(9-38)的λ_4值，见表9-1。可见，通用设计的条件式为

$$\lambda_4/\lambda_2^2<1$$

但是仍能够满足于非退化条件，见表9-4，即

$$\lambda_4/\lambda_2^2>p/(p+2)$$

在确定了λ_4以后，可以据比值N/λ_4再确定N，

在约定$\lambda_2=1$下，即有

$$\frac{N}{\lambda_4/\lambda_2^2}=\frac{N}{\lambda_4}=(2+\sqrt{m_c})^2=m_c+4(1+\sqrt{m_c})$$

$$N=\lambda_4(2+\sqrt{m_c})^2=\lambda_4(2+2^{p/2})^2 \tag{9-39}$$

当计算结果N不为整数时，四舍五入取整数。

最后，依据N计算m_0。

$$\begin{aligned} m_0&=N-m_c-m_r=\lambda_4(2+\sqrt{m_c})^2-m_c-2p \\ &=\lambda_4(2+\sqrt{2^p})^2-2^p-2p \end{aligned} \tag{9-40}$$

显然，通用设计使中心试验次数m_0减少了许多，见表9-1。

与正交旋转设计相似，当采用通用设计时，只需在二次旋转组合设计的基础上，补做中心点试验m_0次。

综上所述，旋转组合设计、正交旋转组合设计和通用旋转组合设计的本质区别在于比值λ_4/λ_2^2的不同。

旋转设计 $\dfrac{\lambda_4}{\lambda_2^2} > \dfrac{p}{p+2}$

正交旋转设计 $1 = or \approx \dfrac{\lambda_4}{\lambda_2^2} > \dfrac{p}{p+2}$

通用旋转设计 $1 > \dfrac{\lambda_4}{\lambda_2^2} > \dfrac{p}{p+2}$

而试验设计方案是通过调整中心点试验次数m_0来实现；m_0由λ_4/λ_2^2确定，即在旋转组合设计的基础上增加不同的m_0即实现正交旋转组合设计和通用旋转组合设计。

正交旋转设计的优势在于正交性，是通过增加中心点试验次数m_0换来的，但有时并不一定合算，在解决有些问题时，反倒不如采用通用旋转设计。例如，当p=3时，按照表9-1，二次旋转组合设计需选择m_c=8，m_r=6，r=1.682，m_0可以任选；但是若要使试验方案具有正交旋转性，就需要选取m_0=9，则N=23；若要使试验方案具有通用旋转性，需选取m_0=6，则N=20，试验次数减少了3次，见表9-3。

§9-6 旋转设计的统计分析

二次旋转设计中，最常用、最典型的是二次旋转组合设计。二次正交旋转组合设计的统计分析步骤及方法与二次正交组合设计相似；而通用旋转组合设计与二次旋转组合设计相似。以下主要讲述二次旋转组合设计的设计步骤及统计分析。

一、确定因子的变化范围并编码

设有p个因子，第j个因子的上、下界为z_{2j}，z_{1j}（j=1，2，…，p）；零水平及变化区间为

$$z_{0j} = \frac{z_{1j} + z_{2j}}{2} \quad , \quad \Delta_j = \frac{z_{2j} - z_{0j}}{r} = \frac{z_{2j} - z_{1j}}{2r}$$

编码公式

$$x_j = \frac{z_j - z_{0j}}{\Delta_j}$$

表9-5 二次回归旋转设计因子水平编码表

x_j \ z_j	z_1	z_2	…	z_p
r	z_{21}	z_{22}	…	z_{2p}
1	$z_{01}+\Delta_1$	$z_{02}+\Delta_2$	…	$z_{0p}+\Delta_p$
0	z_{01}	z_{02}	…	z_{0p}
−1	$z_{01}-\Delta_1$	$z_{02}-\Delta_2$	…	$z_{0p}-\Delta_p$
$-r$	z_{11}	z_{12}	…	z_{1p}
编码公式	$x_1=\dfrac{z_1-z_{01}}{\Delta_1}$	$x_2=\dfrac{z_2-z_{02}}{\Delta_2}$	…	$x_p=\dfrac{z_p-z_{0p}}{\Delta_p}$

二、确定试验方案

试验方案必须按表9-1所列参数进行组合设计。例如，$p=3$时，二次旋转组合设计应选取$m_c=8$，$m_r=6$，$r=1.682$，m_0可以任选；若要使试验方案具有正交旋转性，就需要选取$m_0=9$，则$N=23$；若要使试验方案具有通用旋转性，需选取$m_0=6$，则$N=20$，试验次数减少了3次，见表9-3。而回归正交组合设计的参数选择方式却不相同，回归正交组合设计是先确定因子个数p和中心点试验次数m_0，然后根据p和m_0，查表8-5或采用式（8-12）计算出星号臂r和总试验次数$N=2^p+2p+m_0$。

三、计算回归系数

在§8-3中，由式（8-10）得知二元二次回归设计相关矩阵C为

$$
C=(X'X)^{-1}=\begin{pmatrix} K & E & E & & & 0 \\ E & F & G & & & \\ E & G & F & & & \\ & & & e^{-1} & & \\ & & & & e^{-1} & \\ 0 & & & & & m_c^{-1} \end{pmatrix}
$$

类推...

回归系数$b=CB=(X'X)^{-1}(X'Y)$为

$$
\begin{pmatrix} b_0 \\ b_{11} \\ b_{22} \\ \vdots \\ b_{pp} \\ b_1 \\ b_2 \\ \vdots \\ b_p \\ b_{12} \\ b_{13} \\ \vdots \\ b_{p-1,p} \end{pmatrix}
=\begin{bmatrix} K & E & E & \cdots & E & & & & & & & \\ E & F & G & \cdots & G & & & & & & & \\ E & G & F & \cdots & G & & & & & & & \\ \vdots & \vdots & \vdots & \cdots & \vdots & & & & & & & \\ E & G & \cdots & G & F & & & & & & & \\ & & & & & e^{-1} & & & & & & \\ & & & & & & e^{-1} & & & & & \\ & & & & & & & \ddots & & & & \\ & & & & & & & & e^{-1} & & & \\ & & & & & & & & & m_c^{-1} & & \\ & & & & & & & & & & m_c^{-1} & \\ & & & & & & & & & & & \ddots \\ & & & & & & & & & & & & m_c^{-1} \end{bmatrix}
\cdot
\begin{bmatrix} \sum y_i \\ \sum x_{i1}^2 y_i \\ \sum x_{i2}^2 y_i \\ \vdots \\ \sum x_{ip}^2 y_i \\ \sum x_{i1} y_i \\ \sum x_{i2} y_i \\ \vdots \\ \sum x_{ip} y_i \\ \sum x_{i1}x_{i2} y_i \\ \sum x_{i1}x_{i3} y_i \\ \vdots \\ \sum x_{i,p-1}x_{ip} y_i \end{bmatrix}
\tag{9-41}
$$

则二次旋转设计的回归系数计算为

$$
\begin{cases}
b_0=K\sum_{i=1}^{N}y_i+E\sum_{j=1}^{p}(\sum_{i=1}^{N}x_{ij}^2y_i) \\
b_j=e^{-1}\sum_{i=1}^{N}x_{ij}y_i=B_j/D_j \\
b_{hj}=m_c^{-1}\sum_{\substack{i=1\\h<j}}^{N}x_{ih}x_{ij}y_i=B_{hj}/D_{hj} \\
b_{jj}=E\sum_{i=1}^{N}y_i+(F-G)\sum_{i=1}^{N}x_{ij}^2y_i+G\sum_{j=1}^{p}(\sum_{i=1}^{N}x_{ij}^2y_i)
\end{cases}
\tag{9-42}
$$

式中

$$\begin{cases}K=2r^4H^{-1}[f+(p-1)m_c]\\H=2r^4[Nf+(p-1)Nm_c-pe^2]\\F=H^{-1}[Nf+(p-2)Nm_c-(p-1)e^2]\\E=-2H^{-1}er^4\\G=H^{-1}(e^2-Nm_c)\\e=m_c+2r^2\\f=m_c+2r^4\\(F-G)=\frac{1}{2}r^{-4}\end{cases} \tag{9-43}$$

当采用通用旋转设计时，K,E,F,G可直接由表9-1查得。对于正交旋转组合设计，它的回归系数的计算及其显著性检验，类似于二次回归正交组合设计的统计分析，不再重复，可参阅§8-4。

如果相关矩阵采用式(9-24)形式，则回归系数可以直接使用λ_2和λ_4表示为

$$\begin{cases}b_0=\frac{t}{N}[2\lambda_4^2(p+2)\sum_{i=1}^{N}y_i-2\lambda_2\lambda_4\sum_{j=1}^{p}\sum_{i=1}^{N}x_{ij}^2y_i]\\b_j=\frac{1}{N\lambda_2}\sum_{i=1}^{N}x_{ij}y_i\\b_{hj}=\frac{1}{N\lambda_4}\sum_{i=1}^{N}x_{ih}x_{ij}y_i\\b_{jj}=\frac{t}{N}\left([(p+2)\lambda_4-p\lambda_2^2]\sum_{i=1}^{N}x_{ij}^2y_i+(\lambda_2^2-\lambda_4)\sum_{j=1}^{p}\sum_{i=1}^{N}x_{ij}^2y_i-2\lambda_2\lambda_4\sum_{i=1}^{N}y_i\right)\end{cases} \tag{9-44}$$

式中 $t=1/2\lambda_4[(p+2)\lambda_4-p\lambda_2^2]$

四、显著性检验

显著性检验仍然包括回归系数检验、回归方程检验和拟合性检验。首先计算各离差平方和及其自由度。

设$y_1,y_2,\cdots y_N$为二次旋转组合设计的N个试验数据，各偏差平方和及其自由度分别为

$$S_{总}=\sum_i y_i^2-\frac{1}{N}(\sum_i y_i)^2,\quad f_{总}=N-1$$

$$S_{剩}=\sum_i y_i^2-b_0B_0-\sum_{j=1}^{p}b_jB_j-\sum_{h<j}b_{hj}^*B_{hj}-\sum_{j=1}^{p}b_{jj}B_{jj},\quad f_{剩}=N-2p-\lambda^*-1$$

$$S_{回}=S_{总}-S_{剩},\quad f_{回}=f_{总}-f_{剩}=2p+\lambda^*$$

式中*表示需要考察的交互作用项，λ^*为其自由度。

设中心点重复试验结果为$y_{01},y_{02},\cdots,y_{0m_0}$，则

$$S_e=\sum_{i_0=1}^{m_0}(y_{i_0}-\bar{y}_0)^2,\quad f_e=m_0-1$$

$$S_{lf}=S_{剩}-S_e,\quad f_{lf}=f_{剩}-f_e$$

回归方程的显著性检验和拟合性检验仍采用F检验。

$$F_{回}=\frac{S_{回}/f_{回}}{S_{剩}/f_{剩}}\sim F_\alpha(f_{回},f_{剩})$$

$$F_{lf}=\frac{S_{lf}/f_{lf}}{S_e/f_e}\sim F_\alpha(f_{lf},f_e)$$

检验回归系数时，对于旋转设计和通用设计，用t检验较为简便。为此，需要计算各回归系数的方差和相应的t统计量。

$$\begin{cases} D(b_0)=K\sigma^2 , & t_0=|b_0|\Big/\sqrt{K\sigma^2}\sim t_\alpha(f_e) \\ D(b_j)=e^{-1}\sigma^2 , & t_0=|b_j|\Big/\sqrt{e^{-1}\sigma^2}\sim t_\alpha(f_e) \\ D(b_{hj})=m_c^{-1}\sigma^2 , & t_{hj}=|b_{hj}|\Big/\sqrt{m_c^{-1}\sigma^2}\sim t_\alpha(f_e) \\ D(b_{jj})=F\sigma^2 , & t_{jj}=|b_{jj}|\Big/\sqrt{F\sigma^2}\sim t_\alpha(f_e) \end{cases} \tag{9-45}$$

同时，相关矩（协方差）为

$$\begin{cases} \mathrm{cov}(b_0,b_{jj})=E\sigma^2 \\ \mathrm{cov}(b_{hh},b_{jj})=G\sigma^2 \end{cases} \tag{9-46}$$

式中 σ^2 可用 $\hat{\sigma}^2=S_e/f_e$ 来估计，若统计检验回归方程不失拟，则可用 $\hat{\sigma}^2=S_{剩}/f_{剩}$，作为 σ^2 的无偏估计。

需要指出，由于 $F_\alpha(1,\ f_e)=t_\alpha^2(f_e)$，回归系数也可以采用$F$检验。其中，一次项与交互项回归系数的检验，与回归正交设计完全一样；但常数项与二次项回归系数检验时，离差平方和可由下式近似计算

$$S_0=b_0^2/K,\qquad f_0=1$$
$$S_{jj}=b_{jj}^2/F,\qquad f_{jj}=1$$

表9-6给出了3种不同旋转设计的异同点，有利于进一步理解旋转设计的原理和方法，方便比较和选择使用。

表9-6　3种不同旋转设计对比

类 型	不同点				共同点
	优良性	m_0的选择	回归系数计算	回归系数检验	
旋转设计	旋转性	任选	按式(9-42)计算	按式(9-45)进行t检验	1. 具有旋转性 $r=m_c^{1/4}$ 2. 组合设计 $N=m_c+m_r+m_0$ 3. 都采用计算分析表列示试验方案及结果分析 4. 都进行回归系数、回归方程及拟合性三项检验
正交旋转设计	正交性 旋转性	较多 按式(9-28)选取	同二次回归正交设计	同二次回归正交设计	
通用旋转设计	旋转性 通用性	较少 按式(9-40)选取	按式(9-42)计算或查表9-1	按式(9-45)进行t检验	

例9-1 为了考察镓溶液的导电率y与温度z_1、镓的浓度z_2和苛性碱的浓度z_3的关系，试采用三元二次回归通用旋转组合设计进行试验研究。参照表9-5，自然因子水平及其编码如表9-7所示。根据$p=3$，$m_c=2^p=2^3=8$，$m_r=2p=6$，查表9-1，或者通过计算得到 $r=m_c^{1/4}=1.682$，同样，根据通用旋转设计查表9-1，获得$m_0=6$，因此总试验次数$N=m_c+m_r+m_0=20$。参照表9-3，试验方案设计及计算分析见表9-8。

表9-7 二次通用旋转设计因子水平编码表

z_j	x_j	z_1/℃	z_2/g·L^{-1}	z_3/g·L^{-1}
z_{2j}	$+r(+1.682)$	80	120	300
$z_{0j}+\Delta_1$	+1	70	100	240
z_{0j}	0	55	70	150
$z_{0j}-\Delta_1$	−1	40	40	60
z_{1j}	$-r(-1.682)$	30	20	0
$\Delta_j=\frac{z_{2j}-z_{1j}}{2r}$		15	30	89
编码公式		$x_1=\frac{z_1-55}{15}$	$x_2=\frac{z_2-70}{30}$	$x_3=\frac{z_3-150}{89}$

表9-8 三元二次通用旋转组合设计试验方案及计算分析表

试验号	x_0	x_1	x_2	x_3	x_1x_2	x_1x_3	x_2x_3	x_1^2	x_2^2	x_3^2	y
1	1	1	1	1	1	1	1	1	1	1	0.485
2	1	1	1	−1	1	−1	−1	1	1	1	0.242
3	1	1	−1	1	−1	1	−1	1	1	1	0.720
4	1	1	−1	−1	−1	−1	1	1	1	1	0.435
5	1	−1	1	1	−1	−1	1	1	1	1	0.322
6	1	−1	1	−1	−1	1	−1	1	1	1	0.159
7	1	−1	−1	1	1	−1	−1	1	1	1	0.453
8	1	−1	−1	−1	1	1	1	1	1	1	0.304
9	1	1.682	0	0	0	0	0	2.828	0	0	0.536
10	1	−1.682	0	0	0	0	0	2.828	0	0	0.284
11	1	0	1.682	0	0	0	0	0	2.828	0	0.291
12	1	0	−1.682	0	0	0	0	0	2.828	0	0.568
13	1	0	0	1.682	0	0	0	0	0	2.828	0.521
14	1	0	0	−1.682	0	0	0	0	0	2.828	0.143
15	1	0	0	0	0	0	0	0	0	0	0.433
16	1	0	0	0	0	0	0	0	0	0	0.422
17	1	0	0	0	0	0	0	0	0	0	0.435
18	1	0	0	0	0	0	0	0	0	0	0.436
19	1	0	0	0	0	0	0	0	0	0	0.423
20	1	0	0	0	0	0	0	0	0	0	0.440
D_j	20	13.658	13.658	13.658	8	8	8	23.995	23.995	23.995	
B_j	8.052	1.068	−1.170	1.476	−0.152	0.216	−0.028	5.439	5.549	4.998	
b_j	0.431	0.078	−0.086	0.108	−0.019	0.027	−0.004	−0.013	−0.006	−0.040	
b_jB_j	3.470	0.083	0.100	0.159	0.003	0.006	0.000	−0.069	−0.032	−0.198	
$t_{剩}$	11.184	3.058	3.350	4.226	0.569	0.808	0.105	0.510	0.235	1.606	
α	0.001	0.02	0.01	0.01						0.2	
t_e	143.82	39.32	43.08	54.35	7.31	10.39	1.35	6.56	3.02	20.66	
α	0.001	0.001	0.001	0.001	0.001	0.001	0.3	0.01	0.05	0.001	

根据式(9-42)计算回归系数,常数项为

$$b_0 = K\sum_{i=1}^{N} y_i + E\sum_{j=1}^{p}(\sum_{i=1}^{N} x_{ij}^2 y_i)$$

查表9-1得K=0.1663,E=-0.0568,则

$$\begin{aligned} b_0 &= 0.1663\sum_{i=1}^{20} y_i - 0.0568\sum_{j=1}^{3}(\sum_{i=1}^{20} x_{ij}^2 y_i) \\ &= 0.1663 \times 8.052 - 0.0568 \times (5.439 + 5.549 + 4.998) \\ &= 0.431 \end{aligned}$$

一次项和交互项回归系数可以直接在计算分析表9-8中获得

$$b_j = e^{-1}\sum_{i=1}^{N} x_{ij}^2 y_i = B_j/D_j$$

$$b_{hj} = m_c^{-1}\sum_{\substack{i=1 \\ h<j}}^{N} x_{ih} x_{ij} y_i = B_{hj}/D_{hj}$$

$$\begin{aligned} b_1 &= B_1/D_1 = 1.068/13.658 = 0.078 \\ b_2 &= B_2/D_2 = -1.170/13.658 = -0.086 \\ b_3 &= B_3/D_3 = 1.476/13.658 = 0.108 \\ b_{12} &= B_{12}/D_{12} = -0.152/8 = -0.019 \\ b_{13} &= B_{13}/D_{13} = 0.216/8 = 0.027 \\ b_{23} &= B_{23}/D_{23} = -0.028/8 = -0.004 \end{aligned}$$

二次项回归系数计算

$$\begin{aligned} b_{jj} &= E\sum_{i=1}^{N} y_i + (F-G)\sum_{i=1}^{N} x_{ij}^2 y_i + G\sum_{j=1}^{p}(\sum_{i=1}^{N} x_{ij}^2 y_i) \\ &= -0.0568\sum_{i=1}^{20} y_i + (0.0684 - 0.0069)\sum_{i=1}^{20} x_{ij}^2 y_i + 0.0069\sum_{j=1}^{3}(\sum_{i=1}^{20} x_{ij}^2 y_i) \end{aligned}$$

$$\begin{aligned} b_{11} &= -0.0568\sum_{i=1}^{20} y_i + 0.0615\sum_{i=1}^{20} x_{i1}^2 y_i + 0.0069\sum_{j=1}^{3}(\sum_{i=1}^{20} x_{ij}^2 y_i) \\ &= -0.0568 \times 8.052 + 0.0615 \times 5.439 + 0.0069 \times (5.439 + 5.549 + 4.998) \\ &= -0.013 \end{aligned}$$

$$\begin{aligned} b_{22} &= -0.0568\sum_{i=1}^{20} y_i + 0.0615\sum_{i=1}^{20} x_{i2}^2 y_i + 0.0069\sum_{j=1}^{3}(\sum_{i=1}^{20} x_{ij}^2 y_i) \\ &= -0.0568 \times 8.052 + 0.0615 \times 5.549 + 0.0069 \times (5.439 + 5.549 + 4.998) \\ &= -0.006 \end{aligned}$$

$$\begin{aligned} b_{33} &= -0.0568\sum_{i=1}^{20} y_i + 0.0615\sum_{i=1}^{20} x_{i3}^2 y_i + 0.0069\sum_{j=1}^{3}(\sum_{i=1}^{20} x_{ij}^2 y_i) \\ &= -0.0568 \times 8.052 + 0.0615 \times 4.998 + 0.0069 \times (5.439 + 5.549 + 4.998) \\ &= -0.040 \end{aligned}$$

常数项和平方项的回归系数计算结果一并列入分析表9-8,可得回归方程为

$$\begin{aligned} \hat{y} &= 0.431 + 0.078x_1 - 0.086x_2 + 0.108x_3 - 0.019x_1x_2 + 0.027x_1x_3 - 0.004x_2x_3 \\ &\quad -0.013x_1^2 - 0.006x_2^2 - 0.040x_3^2 \end{aligned} \tag{9-47}$$

为了检验回归方程的显著性，需要计算各类离差平方和及其自由度

$$S_{总}=\sum_{i=1}^{20}y_i^2-\frac{1}{20}(\sum_{i=1}^{20}y_i)^2=3.6126-3.2417=0.3708$$

$$f_{总}=N-1=19$$

$$S_{剩}=\sum_{i=1}^{20}y_i^2-\sum_{j=0}^{3}b_jB_j-\sum_{h<j}b_{hj}B_{hj}-\sum_{j=1}^{3}b_{jj}B_{jj}$$
$$=3.6126-3.5233=0.0893$$

$$f_{剩}=N-2p-\lambda^*-1=10$$

$$S_{回}=S_{总}-S_{剩}=0.3708-0.0893=0.2815$$

$$f_{回}=f_{总}-f_{剩}=(N-1)-(N-2p-\lambda^*-1)=2p+\lambda^*=9$$

$$S_e=\sum_{i=1}^{6}(y_{i_0}-\bar{y}_0)=0.00027$$

$$f_e=m_0-1=5$$

$$S_{lf}=S_{剩}-S_e=0.0893-0.00027=0.08903$$

$$f_{lf}=f_{剩}-f_e=5$$

首先进行失拟检验

$$F_{lf}=\frac{S_{lf}/f_{lf}}{S_e/f_e}=\frac{0.08903/5}{0.00027/5}=330.391>F_{0.25}(5,5)=1.89$$

检验结果表明，回归方程失拟；可以对试验中心处做进一步拟合性检验

$$S'_{lf}=(b_0-\bar{y}_0)^2=(0.431-\frac{1}{6}\sum_{i_0=1}^{6}y_{i_0})^2=(0.431-0.4315)^2=2.5\times10^{-7}$$

$$f'_{lf}=1$$

$$F'_{lf}=\frac{S'_{lf}/f'_{lf}}{S_e/f_e}=\frac{2.5\times10^{-7}/1}{2.7\times10^{-4}/5}=4.630\times10^{-3}<1$$

检验结果说明，在试验中心处回归方程拟合性很好。

回归方程检验如下：

$$F_{回}=\frac{S_{回}/f_{回}}{S_{剩}/f_{剩}}=\frac{0.2815/9}{0.0893/10}=3.503>F_{0.05}(9,10)=3.02$$

表明回归方程(9-47)在α=0.05水平下显著。

在回归方程(9-47)中，每个因子的一次项、二次项及其因子间的交互项对试验指标的影响是否显著，采用t检验比较简便，于是统计量

$$t(f_e)=|b_j|/\sqrt{D(b_j)}\sim t_\alpha(f_e)$$

当$t(f_e)>t_\alpha(f_e)$，则表明被检验的回归项在α水平下显著，否则在该水平下不显著，为此，需要按式(9-45)计算各回归系数的方差及相应的t统计量，即有

$$\begin{cases}D(b_0)=K\sigma^2=0.1663\sigma^2\\ t_0=|b_0|/\sqrt{0.1663\sigma^2}\end{cases}$$

$$\begin{cases}D(b_j)=e^{-1}\sigma^2=(m_c+2r^2)^{-1}\sigma^2=0.0732\sigma^2\\ t_j=|b_j|/\sqrt{0.0732\sigma^2}, \quad j=1,2,3\end{cases}$$

$$\begin{cases} D(b_{hj}) = m_c^{-1}\sigma^2 = 0.125\sigma^2 \\ t_{hj} = |b_{hj}| \Big/ \sqrt{0.125\sigma^2} \end{cases} \quad h<j,\ h,j\in 3$$

$$\begin{cases} D(b_{jj}) = F\sigma^2 = 0.0684\sigma^2 \\ t_{jj} = |b_{jj}| \Big/ \sqrt{0.0684\sigma^2} \end{cases} \quad j=1,2,3$$

式中 σ^2 通常用 $\hat{\sigma}^2 = S_e/f_e$ 来估计，若回归方程不失拟时，则可用 $\hat{\sigma}^2 = S_{剩}/f_{剩}$ 来估计 σ^2，这样对回归系数的检验更加保守。为便于对照，本例同时采用两种估计方式

$$\hat{\sigma}^2 = S_{剩}/f_{剩} = 0.0893/10 = 0.00893$$

$$\hat{\sigma}^2 = S_e/f_e = 0.00027/5 = 0.000054$$

对应这两种估计方式计算的 t 统计量分别用 $t_{剩}$ 和 t_e 表示，计算与检验结果一并列入计算分析表9-8。很明显，用 $\hat{\sigma}^2 = S_{剩}/f_{剩}$ 来估计 σ^2，对回归系数的检验更加保守，回归系数中交互项 b_{12}, b_{13}, b_{23} 和平方项 b_{11}, b_{22} 都不显著；而用 $\hat{\sigma}^2 = S_e/f_e$ 来估计 σ^2，全部回归系数都显著，主要原因在于回归方程的拟合性不够好。

在利用回归方程(9-47)对镓溶液的导电率 y 进行预测估计时，还希望知道预测值的方差 $D(\hat{y})$ 是多少。由式(9-32)

$$D(\hat{y}) = D(b_0) + [D(b_j) + 2\operatorname{cov}(b_0, b_{jj})]\rho^2 + D(b_{jj})\rho^4$$

结合式(9-45)、式(9-46)和表9-1可得

$$\begin{aligned} \frac{D(\hat{y})}{\sigma^2} &= K + (e^{-1} + 2E)\rho^2 + F\rho^4 \\ &= 0.1663 - 0.0404\rho^2 + 0.0694\rho^4 \end{aligned} \tag{9-48}$$

由式(9-48)获得随半径 ρ 变化的 $D(\hat{y})/\sigma^2$ 计算值，见表9-9。结果表明，当 ρ 在0～1之间时，$D(\hat{y})/\sigma^2$ 的计算值最多相差0.0348，通用性较好；当 $\rho>1$，$D(\hat{y})/\sigma^2$ 的增长速度很快。因此，当 ρ 在0～1之间时，可以直接根据预测值的大小来判断试验点的好坏。

表9-9 通用性验证计算表

ρ	$D(\hat{y})/\sigma^2$	ρ	$D(\hat{y})/\sigma^2$	ρ	$D(\hat{y})/\sigma^2$
0.0	0.1663	0.6	0.1608	1.2	0.2520
0.1	0.1659	0.7	0.1632	1.3	0.2962
0.2	0.1648	0.8	0.1689	1.4	0.3537
0.3	0.1632	0.9	0.1791	1.5	0.4267
0.4	0.1616	1.0	0.1953	2.0	1.1151
0.5	0.1605	1.1	0.2190	3.0	5.4241

例9-2 秸秆颗粒饲料螺旋挤压加工性能的试验研究[17]。

利用单螺杆挤压机对农作物秸秆进行颗粒饲料的加工试验研究。先通过初步试验确定了影响挤压加工性能的主要因素，再通过通用旋转组合试验寻求主要因素与试验指标的影响规律。试验选择3个因子：秸秆的含水率 z_1、螺杆头部与成形孔之间的出口间隙 z_2 和秸秆的粒度 z_3。试验因素水平及其编码见表9-10。

表9-10 因子水平及编码表

z_j	x_j	秸秆含水率 z_1/%	出口间隙 z_2/mm	秸秆粒度 z_3/mm
z_{2j}	$+r(+1.682)$	45	5	10
$z_{0j}+\Delta_1$	+1	41	4.2	8.4(8)
z_{0j}	0	35	3	6
$z_{0j}-\Delta_1$	−1	29	1.8	3.6(4)
z_{1j}	$-r(-1.682)$	25	1	2
$\Delta_j=\dfrac{z_{2j}-z_{1j}}{2r}$		6	1.2	2.4
编码公式 $x_j=f(z_j)$		$x_1=\dfrac{z_1-35}{6}$	$x_2=\dfrac{z_2-3}{1.2}$	$x_3=\dfrac{z_3-6}{2.4}$

选择反映加工性能的度电产量y_1、生产率y_2和压力y_3作为试验指标。试验方案及结果分析见表9-11，其中回归方程的平方项回归系数对原文有所修正。

表9-11 秸秆颗粒挤压加工性能试验方案及结果分析表

N	x_0	x_1	x_2	x_3	x_1x_2	x_1x_3	x_2x_3	x_1^2	x_2^2	x_3^2	y_1	y_2	y_3
1	1	1	1	1	1	1	1	1	1	1	4.89	18.25	2.62
2	1	1	1	−1	1	−1	−1	1	1	1	8.55	19.54	2.40
3	1	1	−1	1	−1	1	−1	1	1	1	9.38	19.35	2.04
4	1	1	−1	−1	−1	−1	1	1	1	1	5.63	13.85	2.41
5	1	−1	1	1	−1	−1	1	1	1	1	7.50	17.14	1.61
6	1	−1	1	−1	−1	1	−1	1	1	1	5.63	10.17	2.40
7	1	−1	−1	1	1	−1	−1	1	1	1	8.04	15.25	1.66
8	1	−1	−1	−1	1	1	1	1	1	1	7.50	15.52	1.48
9	1	1.682	0	0	0	0	0	2.828	0	0	8.03	20.93	1.15
10	1	−1.682	0	0	0	0	0	2.828	0	0	6.05	20.69	1.39
11	1	0	1.682	0	0	0	0	0	2.828	0	6.62	21.95	1.91
12	1	0	−1.682	0	0	0	0	0	2.828	0	4.26	10.72	1.49
13	1	0	0	1.682	0	0	0	0	0	2.828	4.50	17.48	2.12
14	1	0	0	−1.682	0	0	0	0	0	2.828	9.38	21.43	1.88
15	1	0	0	0	0	0	0	0	0	0	6.65	20.03	1.61
16	1	0	0	0	0	0	0	0	0	0	7.40	23.34	1.74
17	1	0	0	0	0	0	0	0	0	0	8.24	19.71	1.32
18	1	0	0	0	0	0	0	0	0	0	8.36	21.43	1.72
19	1	0	0	0	0	0	0	0	0	0	7.58	20.94	1.39
20	1	0	0	0	0	0	0	0	0	0	7.43	18.65	1.61
b_{1j}	7.579	0.228	−0.001	−0.418	0.105	−0.290	−0.760	−0.142	−0.699	−0.177			
b_{2j}	20.750	0.975	1.466	0.312	1.006	−0.311	0.056	−0.753	−2.309	−1.224			
b_{3j}	1.550	0.140	0.157	−0.026	−0.038	0.058	−0.048	−0.040	0.110	0.214			

按式(9-42)计算回归系数

$$
\begin{cases}
b_0 = 0.1663\sum_{i=1}^{20} y_i - 0.0568\sum_{j=1}^{3}(\sum_{i=1}^{20} x_{ij}^2 y_i) \\
b_j = e^{-1}\sum_{i=1}^{N} x_{ij} y_i = B_j/D_j \\
b_{hj} = m_c^{-1}\sum_{\substack{i=1 \\ h<j}}^{N} x_{ih} x_{ij} y_i = B_{hj}/D_{hj} \\
b_{jj} = -0.0568\sum_{i=1}^{20} y_i + 0.0615\sum_{i=1}^{20} x_{ij}^2 y_i + 0.0069\sum_{j=1}^{3}(\sum_{i=1}^{20} x_{ij}^2 y_i)
\end{cases}
$$

于是,得到3个试验指标:度电产量y_1、生产率y_2和压力y_3的回归方程为

$$
\hat{y}_1 = 7.579 + 0.228x_1 - 0.001x_2 - 0.418x_3 + 0.105x_1x_2 - 0.290x_1x_3 - 0.760x_2x_3 - 0.142x_1^2 - 0.699x_2^2 - 0.177x_3^2
$$

$$
\hat{y}_2 = 20.750 + 0.975x_1 + 1.466x_2 + 0.312x_3 + 1.006x_1x_2 - 0.311x_1x_3 + 0.056x_2x_3 - 0.753x_1^2 - 2.309x_2^2 - 1.224x_3^2
$$

$$
\hat{y}_3 = 1.550 + 0.140x_1 + 0.157x_2 - 0.026x_3 - 0.038x_1x_2 + 0.058x_1x_3 - 0.048x_2x_3 - 0.040x_1^2 + 0.110x_2^2 + 0.214x_3^2
$$

通过对上述3个回归方程及其回归系数的检验表明,秸秆物料的含水率z_1对度电产量、生产率和压力都有较显著的影响,其中对压力的影响最大;出口间隙z_2对生产率、压力的影响较显著;秸秆的粉碎粒度z_3对度电产量的影响比对其他两个指标的影响显著。

对于例9-2,建议参照表9-8,利用Excel进一步验证计算回归系数,并进行回归方程检验、拟合性检验和回归系数的检验。

思考题与习题

1. 什么是二次回归设计的旋转性?旋转性条件有哪些?如何满足旋转性条件?
2. 什么是二次回归旋转设计的非退化条件?如何满足非退化条件?
3. 什么是二次回归设计的通用性?如何满足通用性?
4. 二次回归正交旋转组合设计与通用旋转组合设计有何异同?
5. 研究水稻丰产规律,建立产量y与氮、磷、钾施用量的生产函数。已知表9-12和表9-13条件,说明回归设计的类型,求回归方程并作统计分析。

表9-12　因子水平编码表

因子	x_1 尿素/kg·hm^{-2}	x_2 过磷酸钙/kg·hm^{-2}	x_3 氯化钾/kg·hm^{-2}
1.682	318	1224	366
1	270	987	295.5
0	195	612	183
−1	120	237	72
−1.682	72	0	0
△	75	375	112.5

表9-13 试验方案与结果

试验号	x_1	x_2	x_3	$y/kg \cdot hm^{-2}$
1	1	1	1	8522
2	1	1	−1	8288
3	1	−1	1	8385
4	1	−1	−1	8814
5	−1	1	1	9029
6	−1	1	−1	8873
7	−1	−1	1	8931
8	−1	−1	−1	8970
9	1.682	0	0	8093
10	−1.682	0	0	8385
11	0	1.682	0	8912
12	0	−1.682	0	8483
13	0	0	1.682	8717
14	0	0	−1.682	8775
15	0	0	0	8912
16	0	0	0	9007
17	0	0	0	8951
18	0	0	0	9068
19	0	0	0	8931
20	0	0	0	8873

附　录

附录Ⅰ　常用正交表及交互列表

(1)$L_4(2^3)$

试验号＼列号	1	2	3
1	1	1	1
2	1	2	2
3	2	1	2
4	2	2	1

注:任两列的交互列为另外一列

(2)$L_8(2^7)$

试验号＼列号	1	2	3	4	5	6	7
1	1	1	1	1	1	1	1
2	1	1	1	2	2	2	2
3	1	2	2	1	1	2	2
4	1	2	2	2	2	1	1
5	2	1	2	1	2	1	2
6	2	1	2	2	1	2	1
7	2	2	1	1	2	2	1
8	2	2	1	2	1	1	2

$L_8(2^7)$交互列表

前列( )＼列号	1	2	3	4	5	6	7
1	(1)	3	2	5	4	7	6
2		(2)	1	6	7	4	5
3			(3)	7	6	5	4
4				(4)	1	2	3
5					(5)	3	2
6						(6)	1

(3)$L_{12}(2^{11})$

试验号 \ 列号	1	2	3	4	5	6	7	8	9	10	11
1	1	1	1	1	1	1	1	1	1	1	1
2	1	1	1	1	1	2	2	2	2	2	2
3	1	1	2	2	2	1	1	1	2	2	2
4	1	2	1	2	2	1	2	2	1	1	2
5	1	2	2	1	2	2	1	2	1	2	1
6	1	2	2	2	1	2	2	1	2	1	1
7	2	1	2	2	1	1	2	2	1	2	1
8	2	1	2	1	2	2	2	1	1	1	2
9	2	1	1	2	2	2	1	2	2	1	1
10	2	2	2	1	1	1	1	2	2	1	2
11	2	2	1	2	1	2	1	1	1	2	2
12	2	2	1	1	2	1	2	1	2	2	1

(4)$L_{16}(2^{15})$

试验号 \ 列号	1	2	3	4	5	6	7	8	9	10	11	12	13	14	15
1	1	1	1	1	1	1	1	1	1	1	1	1	1	1	1
2	1	1	1	1	1	1	1	2	2	2	2	2	2	2	2
3	1	1	1	2	2	2	2	1	1	1	1	2	2	2	2
4	1	1	1	2	2	2	2	2	2	2	2	1	1	1	1
5	1	2	2	1	1	2	2	1	1	2	2	1	1	2	2
6	1	2	2	1	1	2	2	2	2	1	1	2	2	1	1
7	1	2	2	2	2	1	1	1	1	2	2	2	2	1	1
8	1	2	2	2	2	1	1	2	2	1	1	1	1	2	2
9	2	1	2	1	2	1	2	1	2	1	2	1	2	1	2
10	2	1	2	1	2	1	2	2	1	2	1	2	1	2	1
11	2	1	2	2	1	2	1	1	2	1	2	2	1	2	1
12	2	1	2	2	1	2	1	2	1	2	1	1	2	1	2
13	2	2	1	1	2	2	1	1	2	2	1	1	2	2	1
14	2	2	1	1	2	2	1	2	1	1	2	2	1	1	2
15	2	2	1	2	1	1	2	1	2	2	1	2	1	1	2
16	2	2	1	2	1	1	2	2	1	1	2	1	2	2	1

$L_{16}(2^{15})$交互列表

前列( ) \ 列号	1	2	3	4	5	6	7	8	9	10	11	12	13	14	15
1	(1)	3	2	5	4	7	6	9	8	11	10	13	12	15	14
2		(2)	1	6	7	4	5	10	11	8	9	14	15	12	13
3			(3)	7	6	5	4	11	10	9	8	15	14	13	12
4				(4)	1	2	3	12	13	14	15	8	9	10	11
5					(5)	3	2	13	12	15	14	9	8	11	10
6						(6)	1	14	15	12	13	10	11	8	9
7							(7)	15	14	13	12	11	10	9	8
8								(8)	1	2	3	4	5	6	7
9									(9)	3	2	5	4	7	6
10										(10)	1	6	7	4	5
11											(11)	7	6	5	4
12												(12)	1	2	3
13													(13)	3	2
14														(14)	1
15															(15)

(5)$L_9(3^4)$

试验号 \ 列号	1	2	3	4
1	1	1	1	1
2	1	2	2	2
3	1	3	3	3
4	2	1	2	3
5	2	2	3	1
6	2	3	1	2
7	3	1	3	2
8	3	2	1	3
9	3	3	2	1

(6)$L_{16}(4^5)$

列号 试验号	1	2	3	4	5
1	1	1	1	1	1
2	1	2	2	2	2
3	1	3	3	3	3
4	1	4	4	4	4
5	2	1	2	3	4
6	2	2	1	4	3
7	2	3	4	1	2
8	2	4	3	2	1
9	3	1	3	4	2
10	3	2	4	3	1
11	3	3	1	2	4
12	3	4	2	1	3
13	4	1	4	2	3
14	4	2	3	1	4
15	4	3	2	4	1
16	4	4	1	3	2

(7)$L_{27}(2^{13})$

列号 试验号	1	2	3	4	5	6	7	8	9	10	11	12	13
1	1	1	1	1	1	1	1	1	1	1	1	1	1
2	1	1	1	1	2	2	2	2	2	2	2	2	2
3	1	1	1	1	3	3	3	3	3	3	3	3	3
4	1	2	2	2	1	1	1	2	2	2	3	3	3
5	1	2	2	2	2	2	2	3	3	3	1	1	1
6	1	2	2	2	3	3	3	1	1	1	2	2	2
7	1	3	3	3	1	1	1	3	3	3	2	2	2
8	1	3	3	3	2	2	2	1	1	1	3	3	3
9	1	3	3	3	3	3	3	2	2	2	1	1	1
10	2	1	2	3	1	2	3	1	2	3	1	2	3
11	2	1	2	3	2	3	1	2	3	1	2	3	1
12	2	1	2	3	3	1	2	3	1	2	3	1	2
13	2	2	3	1	1	2	3	2	3	1	3	1	2
14	2	2	3	1	2	3	1	3	1	2	1	2	3
15	2	2	3	1	3	1	2	1	2	3	2	3	1
16	2	3	1	2	1	2	3	3	1	2	2	3	1
17	2	3	1	2	2	3	1	1	2	3	3	1	2
18	2	3	1	2	3	1	2	2	3	1	1	2	3
19	3	1	3	2	1	3	2	1	3	2	1	3	2
20	3	1	3	2	2	1	3	2	1	3	2	1	3
21	3	1	3	2	3	2	1	3	2	1	3	2	1
22	3	2	1	3	1	3	2	2	1	3	3	2	1
23	3	2	1	3	2	1	3	3	2	1	1	3	2
24	3	2	1	3	3	2	1	1	3	2	2	1	3
25	3	3	2	1	1	3	2	3	2	1	2	1	3
26	3	3	2	1	2	1	3	1	3	2	3	2	1
27	3	3	2	1	3	2	1	2	1	3	1	3	2

$L_{27}(2^{13})$交互列表

前列( ) \ 列号	1	2	3	4	5	6	7	8	9	10	11	12	13
1	(1)	3 4	2 4	2 3	6 7	5 7	5 6	9 10	8 10	8 9	12 13	11 13	11 12
2		(2)	1 4	1 3	8 11	9 12	10 13	5 11	6 12	7 13	5 8	6 9	7 10
3			(3)	1 2	9 13	10 11	8 12	7 12	5 13	6 11	6 10	7 8	5 9
4				(4)	10 12	8 13	9 11	6 13	7 11	5 12	7 9	5 10	6 8
5					(5)	1 7	1 6	2 11	3 13	4 12	2 8	4 10	3 9
6						(6)	1 5	4 13	2 12	3 11	3 10	2 9	4 8
7							(7)	3 12	4 11	2 13	4 9	3 8	2 10
8								(8)	1 10	1 9	2 5	3 7	4 6
9									(9)	1 8	4 7	2 6	3 5
10										(10)	3 6	4 5	2 7
11											(11)	1 13	1 12
12												(12)	1 11
13													(13)

(8)$L_8(4\times2^4)$

试验号 \ 列号	1	2	3	4	5
1	1	1	1	1	1
2	1	2	2	2	2
3	2	1	1	2	2
4	2	2	2	1	1
5	3	1	2	1	2
6	3	2	1	2	1
7	4	1	2	2	1
8	4	2	1	1	2

(9) $L_9(2\times3^3)$

试验号 \ 列号	1	2	3	4
1	1	1	1	1
2	1	2	2	2
3	1	3	3	3
4	1	1	2	3
5	1	2	3	1
6	1	3	1	2
7	2	1	3	2
8	2	2	1	3
9	2	3	2	1

(10) $L_9(2^2\times3^2)$

试验号 \ 列号	1	2	3	4
1	1	1	1	1
2	1	1	2	2
3	1	2	3	3
4	1	1	2	3
5	1	1	3	1
6	1	2	1	2
7	2	1	3	2
8	2	1	1	3
9	2	2	2	1

(11) $L_{12}(3\times2^4)$

试验号 \ 列号	1	2	3	4	5
1	1	1	1	1	1
2	1	1	1	2	2
3	1	2	2	1	2
4	1	2	2	2	1
5	2	1	2	1	1
6	2	1	2	2	2
7	2	2	1	1	1
8	2	2	1	2	2
9	3	1	2	1	2
10	3	1	1	2	1
11	3	2	1	1	2
12	3	2	2	2	1

(12) $L_{12}(6\times2^2)$

试验号 \ 列号	1	2	3
1	2	1	1
2	5	1	2
3	5	2	1
4	2	2	2
5	4	1	1
6	1	1	2
7	1	2	1
8	4	2	2
9	3	1	1
10	6	1	2
11	6	2	1
12	3	2	2

(13) $L_{16}(4\times2^{12})$

试验号 \ 列号	1	2	3	4	5	6	7	8	9	10	11	12	13
1	1	1	1	1	1	1	1	1	1	1	1	1	1
2	1	1	1	1	1	2	2	2	2	2	2	2	2
3	1	2	2	2	2	1	1	1	1	2	2	2	2
4	1	2	2	2	2	2	2	2	2	1	1	1	1
5	2	1	1	2	2	1	1	2	2	1	1	2	2
6	2	1	1	2	2	2	2	1	1	2	2	1	1
7	2	2	2	1	1	1	1	2	2	2	2	1	1
8	2	2	2	1	1	2	2	1	1	1	1	2	2
9	3	1	2	1	2	1	2	1	2	1	2	1	2
10	3	1	2	1	2	2	1	2	1	2	1	2	1
11	3	2	1	2	1	1	2	1	2	2	1	2	1
12	3	2	1	2	1	2	1	2	1	1	2	1	2
13	4	1	2	2	1	1	2	2	1	1	2	2	1
14	4	1	2	2	1	2	1	1	2	2	1	1	2
15	4	2	1	1	2	1	2	2	1	2	1	1	2
16	4	2	1	1	2	2	1	1	2	1	2	2	1

注：$L_{16}(4\times2^{12})$，$L_{16}(4^2\times2^9)$，$L_{16}(4^3\times2^6)$，$L_{16}(4^4\times2^3)$均由$L_{16}(2^{15})$并列得到。

(14) $L_{16}(8\times2^{8})$

试验号 \ 列号	1	2	3	4	5	6	7	8	9
1	1	1	1	1	1	1	1	1	1
2	1	2	2	2	2	2	2	2	2
3	2	1	1	1	1	2	2	2	2
4	2	2	2	2	2	1	1	1	1
5	3	1	1	2	2	1	1	2	2
6	3	2	2	1	1	2	2	1	1
7	4	1	1	2	2	2	2	1	1
8	4	2	2	1	1	1	1	2	2
9	5	1	2	1	2	1	2	1	2
10	5	2	1	2	1	2	1	2	1
11	6	1	2	1	2	2	1	2	1
12	6	2	1	2	1	1	2	1	2
13	7	1	2	2	1	1	2	2	1
14	7	2	1	1	2	2	1	1	2
15	8	1	2	2	1	2	1	1	2
16	8	2	1	1	2	1	2	2	1

(15) $L_{16}(3\times2^{13})$

试验号 \ 列号	1	2	3	4	5	6	7	8	9	10	11	12	13	14
1	1	1	1	1	1	1	1	1	1	1	1	1	1	1
2	1	1	1	1	1	1	2	2	2	2	2	2	2	2
3	1	1	2	2	2	2	1	1	1	1	2	2	2	2
4	1	1	2	2	2	2	2	2	2	2	1	1	1	1
5	1	2	1	1	2	2	1	1	2	2	1	1	2	2
6	1	2	1	1	2	2	2	2	1	1	2	2	1	1
7	1	2	2	2	1	1	1	1	2	2	2	2	1	1
8	1	2	2	2	1	1	2	2	1	1	1	1	2	2
9	2	2	1	2	1	2	1	2	1	2	1	2	1	2
10	2	2	1	2	1	2	2	1	2	1	2	1	2	1
11	2	2	2	1	2	1	1	2	1	2	2	1	2	1
12	2	2	2	1	2	1	2	1	2	1	1	2	1	2
13	2	3	1	2	2	1	1	2	2	1	1	2	2	1
14	2	3	1	2	2	1	2	1	1	2	2	1	1	2
15	2	3	2	1	1	2	1	2	2	1	2	1	1	2
16	2	3	2	1	1	2	2	1	1	2	1	2	2	1

(16) $L_{16}(3^2\times2^{11})$

试验号 \ 列号	1	2	3	4	5	6	7	8	9	10	11	12	13
1	1	1	1	1	1	1	1	1	1	1	1	1	1
2	1	1	1	1	1	2	2	2	2	2	2	2	2
3	1	1	2	2	2	1	1	1	1	2	2	2	2
4	1	1	2	2	2	2	2	2	2	1	1	1	1
5	1	2	1	2	2	1	1	2	2	1	1	2	2
6	1	2	1	2	2	2	2	1	1	2	2	1	1
7	1	2	2	1	1	1	1	2	2	2	2	1	1
8	1	2	2	1	1	2	2	1	1	1	1	2	2
9	2	2	2	1	2	1	2	1	2	1	2	1	2
10	2	2	2	1	2	2	1	2	1	2	1	2	1
11	2	2	3	2	1	1	2	1	2	2	1	2	1
12	2	2	3	2	1	2	1	2	1	1	2	1	2
13	2	3	2	2	1	1	2	2	1	1	2	2	1
14	2	3	2	2	1	2	1	1	2	2	1	1	2
15	2	3	3	1	2	1	2	2	1	2	1	1	2
16	2	3	3	1	2	2	1	1	2	1	2	2	1

(17) $L_{16}(3^3\times2^9)$

试验号 \ 列号	1	2	3	4	5	6	7	8	9	10	11	12
1	1	1	1	1	1	1	1	1	1	1	1	1
2	1	1	1	1	1	2	2	2	2	2	2	2
3	1	1	2	2	2	1	1	1	2	2	2	2
4	1	1	2	2	2	2	2	2	1	1	1	1
5	1	2	1	2	2	1	2	2	1	1	2	2
6	1	2	1	2	2	2	1	1	2	2	1	1
7	1	2	2	1	1	1	2	2	2	2	1	1
8	1	2	2	1	1	2	1	1	1	1	2	2
9	2	2	2	1	2	2	1	2	1	2	1	2
10	2	2	2	1	2	3	2	1	2	1	2	1
11	2	2	3	2	1	2	1	2	2	1	2	1
12	2	2	3	2	1	3	2	1	1	2	1	2
13	2	3	2	2	1	2	2	1	1	2	2	1
14	2	3	2	2	1	3	1	2	2	1	1	2
15	2	3	3	1	2	2	2	1	2	1	1	2
16	2	3	3	1	2	3	1	2	1	2	2	1

(18) $L_{18}(2\times3^7)$

试验号 \ 列号	1	2	3	4	5	6	7	8
1	1	1	1	1	1	1	1	1
2	1	1	2	2	2	2	2	2
3	1	1	3	3	3	3	3	3
4	1	2	1	1	2	2	3	3
5	1	2	2	2	3	3	1	1
6	1	2	3	3	1	1	2	2
7	1	3	1	2	1	3	2	3
8	1	3	2	3	2	1	3	1
9	1	3	3	1	3	2	1	2
10	2	1	1	3	3	2	2	1
11	2	1	2	1	1	3	3	2
12	2	1	3	2	2	1	1	3
13	2	2	1	2	3	1	3	2
14	2	2	2	3	1	2	1	3
15	2	2	3	1	2	3	2	1
16	2	3	1	3	2	3	1	2
17	2	3	2	1	3	1	2	3
18	2	3	3	2	1	2	3	1

注:将第一列划去,便是非标准表 $L_{18}(3^7)$。

(19) $L_{18}(6\times3^6)$

试验号 \ 列号	1	2	3	4	5	6	7
1	1	1	1	1	1	1	1
2	1	2	2	2	2	2	2
3	1	3	3	3	3	3	3
4	2	1	1	2	2	3	3
5	2	2	2	3	3	1	1
6	2	3	3	1	1	2	2
7	3	1	2	1	3	2	3
8	3	2	3	2	1	3	1
9	3	3	1	3	2	1	2
10	4	1	3	3	2	2	1
11	4	2	1	1	3	3	2
12	4	3	2	2	1	1	3
13	5	1	2	3	1	3	2
14	5	2	3	1	2	1	3
15	5	3	1	2	3	2	1
16	6	1	3	2	3	1	2
17	6	2	1	3	1	2	3
18	6	3	2	1	2	3	1

(20) $L_{20}(5\times2^8)$

试验号 \ 列号	1	2	3	4	5	6	7	8	9
1	1	1	1	1	1	1	1	1	1
2	1	1	1	1	1	2	2	2	2
3	1	2	2	2	2	1	1	1	1
4	1	2	2	2	2	2	2	2	2
5	2	1	2	1	2	1	1	1	2
6	2	1	2	2	1	1	2	2	1
7	2	2	1	1	2	2	1	2	1
8	2	2	1	2	1	2	2	1	2
9	3	1	1	2	1	1	1	2	2
10	3	1	2	2	2	2	2	1	1
11	3	2	1	1	2	1	2	2	1
12	3	2	2	1	1	2	1	1	2
13	4	1	1	2	2	1	2	1	2
14	4	1	2	1	2	2	1	2	2
15	4	2	1	2	1	2	1	1	1
16	4	2	2	1	1	1	2	2	1
17	5	1	1	1	2	2	2	1	1
18	5	1	2	2	1	2	1	2	1
19	5	2	1	2	2	1	1	2	2
20	5	2	2	1	1	1	2	1	2

(21)$L_{24}(3\times4\times2^4)$

试验号 \ 列号	1	2	3	4	5	6
1	1	1	1	1	1	1
2	1	2	1	1	2	2
3	1	3	1	2	2	1
4	1	4	1	2	1	2
5	1	1	2	2	2	2
6	1	2	2	2	1	1
7	1	3	2	1	1	2
8	1	4	2	1	2	1
9	2	1	1	1	1	2
10	2	2	1	1	2	1
11	2	3	1	2	2	2
12	2	4	1	2	1	1
13	2	1	2	2	2	1
14	2	2	2	2	1	2
15	2	3	2	1	1	1
16	2	4	2	1	2	2
17	3	1	1	1	1	2
18	3	2	1	1	2	1
19	3	3	1	2	2	2
20	3	4	1	2	1	1
21	3	1	2	2	2	1
22	3	2	2	2	1	2
23	3	3	2	1	1	1
24	3	4	2	1	2	2

附录Ⅱ $F(f_1, f_2)$表

$F(f_1, f_2)$表（α=0.25）

f_2 \ f_1	1	2	3	4	5	6	7	8	9	10	20	f_1 / f_2
1	5.83	7.56	8.20	8.58	8.82	8.98	9.10	9.19	9.26	9.32	9.58	1
2	2.57	3.00	3.15	3.23	3.28	3.31	3.34	3.35	3.37	3.38	3.43	2
3	2.02	2.28	2.36	2.39	2.41	2.42	2.43	2.44	2.44	2.44	2.46	3
4	1.81	2.00	2.05	2.06	2.07	2.08	2.08	2.08	2.08	2.08	2.08	4
5	1.69	1.85	1.88	1.89	1.89	1.89	1.89	1.89	1.89	1.89	1.88	5
6	1.62	1.76	1.78	1.79	1.79	1.78	1.78	1.78	1.77	1.77	1.76	6
7	1.57	1.70	1.72	1.72	1.71	1.71	1.70	1.70	1.69	1.69	1.67	7
8	1.54	1.66	1.67	1.66	1.66	1.65	1.64	1.64	1.64	1.63	1.61	8
9	1.51	1.62	1.63	1.63	1.62	1.61	1.60	1.60	1.59	1.59	1.56	9
10	1.49	1.60	1.60	1.59	1.59	1.58	1.57	1.56	1.56	1.55	1.52	10
11	1.47	1.58	1.58	1.57	1.56	1.55	1.54	1.53	1.53	1.52	1.49	11
12	1.46	1.56	1.56	1.55	1.54	1.53	1.52	1.51	1.51	1.50	1.49	12
13	1.45	1.55	1.55	1.53	1.52	1.51	1.50	1.49	1.49	1.48	1.45	13
14	1.44	1.53	1.53	1.52	1.51	1.50	1.49	1.48	1.47	1.46	1.43	14
15	1.43	1.52	1.52	1.51	1.49	1.48	1.47	1.46	1.46	1.45	1.41	15
16	1.42	1.51	1.51	1.50	1.48	1.47	1.46	1.45	1.44	1.44	1.40	16
17	1.42	1.51	1.50	1.49	1.47	1.46	1.45	1.44	1.43	1.43	1.39	17
18	1.41	1.50	1.49	1.48	1.46	1.45	1.44	1.43	1.42	1.42	1.38	18
19	1.41	1.49	1.49	1.47	1.46	1.44	1.43	1.42	1.41	1.41	1.37	19
20	1.40	1.49	1.48	1.47	1.45	1.44	1.43	1.42	1.41	1.40	1.36	20
30	1.38	1.45	1.44	1.42	1.41	1.39	1.38	1.37	1.36	1.35	1.30	30
40	1.36	1.44	1.42	1.40	1.39	1.37	1.36	1.35	1.34	1.33	1.28	40
60	1.35	1.42	1.41	1.38	1.37	1.35	1.33	1.32	1.31	1.30	1.25	60
∞	1.32	1.39	1.37	1.35	1.33	1.31	1.29	1.28	1.27	1.25	1.19	∞

$F(f_1, f_2)$表（α=0.10）

f_2 \ f_1	1	2	3	4	5	6	7	8	9	10	20	f_1 / f_2
1	39.1	49.5	53.6	55.8	57.2	58.2	58.9	59.4	59.9	60.2	61.7	1
2	8.53	9.00	9.16	9.24	9.29	9.33	9.35	9.37	9.38	9.39	9.44	2
3	5.54	5.46	5.39	5.34	5.31	5.28	5.27	5.25	5.24	5.23	5.18	3
4	4.54	4.32	4.19	4.11	4.05	4.01	3.98	3.95	3.94	3.92	3.84	4
5	4.06	3.78	3.62	3.52	3.45	3.40	3.37	3.34	3.32	3.28	3.21	5
6	3.78	3.46	3.29	3.18	3.11	3.05	3.01	2.98	2.96	2.94	2.84	6
7	3.59	3.26	3.07	2.96	2.88	2.83	2.78	2.75	2.72	2.70	2.59	7
8	3.46	3.11	2.92	2.81	2.73	2.67	2.62	2.59	2.56	2.54	2.42	8
9	3.36	3.01	2.81	2.69	2.61	2.55	2.51	2.47	2.44	2.42	2.30	9
10	3.29	2.92	2.73	2.61	2.52	2.46	2.41	2.38	2.35	2.32	2.20	10
11	3.23	2.86	2.66	2.54	2.45	2.39	2.34	2.30	2.27	2.25	2.12	11
12	3.17	2.81	2.61	2.48	2.39	2.33	2.28	2.24	2.21	2.19	2.06	12
13	3.14	2.76	2.56	2.43	2.35	2.28	2.23	2.20	2.16	2.14	2.01	13
14	3.10	2.73	2.52	2.39	2.31	2.24	2.19	2.15	2.12	2.10	1.96	14
15	3.07	2.70	2.49	2.36	2.27	2.21	2.16	2.12	2.09	2.06	1.92	15
16	3.05	2.67	2.46	2.33	2.24	2.18	2.13	2.09	2.06	2.03	1.89	16
17	3.03	2.64	2.44	2.31	2.22	2.15	2.10	2.06	2.03	2.00	1.86	17
18	3.01	2.62	2.42	2.29	2.20	2.13	2.08	2.04	2.00	1.98	1.84	18
19	2.99	2.61	2.40	2.27	2.18	2.11	2.06	2.02	1.98	1.96	1.81	19
20	2.97	2.59	2.38	2.25	2.16	2.09	2.04	2.00	1.96	1.94	1.79	20
30	2.88	2.49	2.28	2.14	2.05	1.98	1.93	1.88	1.85	1.82	1.67	30
40	2.84	2.44	2.23	2.09	1.97	1.93	1.87	1.83	1.79	1.76	1.61	40
60	2.79	2.39	2.18	2.04	1.95	1.87	1.82	1.77	1.74	1.71	1.54	60
∞	2.71	2.30	2.08	1.94	1.85	1.77	1.72	1.67	1.63	1.60	1.42	∞

$F(f_1, f_2)$表（α=0.05）

f_2 \ f_1	1	2	3	4	5	6	7	8	9	10	20	f_1 / f_2
1	161	200	216	225	230	234	237	239	241	242	248	1
2	18.51	19.00	19.16	19.25	19.30	19.33	19.36	19.37	19.38	19.39	19.44	2
3	10.13	9.55	9.28	9.12	9.01	8.94	8.88	8.84	8.81	8.78	8.66	3
4	7.71	6.94	6.59	6.39	6.26	6.16	6.09	6.04	6.00	5.96	5.80	4
5	6.61	5.79	5.41	5.19	5.05	4.95	4.88	4.82	4.78	4.74	4.56	5
6	5.99	5.14	4.76	4.53	4.39	4.28	4.21	4.15	4.10	4.06	3.87	6
7	5.59	4.74	4.35	4.12	3.97	3.87	3.79	3.73	3.68	3.63	3.44	7
8	5.32	4.46	4.07	3.84	3.69	3.58	3.50	3.44	3.39	3.34	3.15	8
9	5.12	4.26	3.86	3.63	3.48	3.37	3.29	3.23	3.18	3.13	2.96	9
10	4.96	4.10	3.71	3.48	3.33	3.22	3.14	3.07	3.02	2.97	2.77	10
11	4.84	3.98	3.59	3.36	3.20	3.09	3.01	2.95	2.90	2.86	2.65	11
12	4.75	3.88	3.49	3.26	3.11	3.00	2.92	2.85	2.80	2.76	2.54	12
13	4.67	3.80	3.41	3.18	3.02	2.92	2.84	2.77	2.71	2.67	2.46	13
14	4.60	3.74	3.34	3.11	2.96	2.85	2.77	2.70	2.65	2.60	2.39	14
15	4.54	3.68	3.29	3.06	2.90	2.79	2.70	2.64	2.59	2.55	2.33	15
16	4.49	3.63	3.24	3.01	2.85	2.74	2.66	2.57	2.54	2.49	2.28	16
17	4.45	3.59	3.20	2.96	2.81	2.70	2.62	2.55	2.50	2.45	2.23	17
18	4.41	3.55	3.16	2.93	2.77	2.66	2.58	2.51	2.46	2.41	2.19	18
19	4.38	3.52	3.13	2.90	2.74	2.63	2.55	2.48	2.43	2.38	2.15	19
20	4.35	3.49	3.10	2.87	2.71	2.60	2.52	2.45	2.40	2.35	2.12	20
30	4.17	3.32	2.92	2.69	2.53	2.42	2.34	2.27	2.21	2.16	1.93	30
40	4.08	3.23	2.84	2.61	2.45	2.34	2.25	2.18	2.12	2.07	1.84	40
50	4.03	3.18	2.79	2.55	2.40	2.29	2.20	2.13	2.07	2.02	1.78	50
∞	3.84	2.99	2.60	2.37	2.21	2.09	2.01	1.94	1.88	1.83	1.57	∞

$F(f_1,f_2)$表（α=0.01）

f_2 \ f_1	1	2	3	4	5	6	7	8	9	10	20	f_1 / f_2
1	4052	4999	5403	5625	5764	5859	5928	5981	6022	6056	6208	1
2	98.49	99.01	99.17	99.25	99.30	99.33	99.34	99.36	99.38	99.40	99.45	2
3	34.12	30.81	29.46	28.71	28.24	27.91	27.67	27.49	27.34	27.25	26.69	3
4	21.20	18.00	16.69	15.98	15.52	15.21	14.98	14.80	14.66	14.54	14.02	4
5	16.26	13.27	12.06	11.39	10.97	10.67	10.45	10.27	10.15	10.05	9.55	5
6	13.74	10.92	9.78	9.15	8.75	8.47	8.26	8.10	7.98	7.87	7.39	6
7	12.25	9.55	8.45	7.85	7.46	7.19	7.00	6.84	6.71	6.62	6.15	7
8	11.26	8.65	7.59	7.01	6.63	6.37	6.19	6.03	5.91	5.82	5.36	8
9	10.56	8.02	6.99	6.42	6.06	5.80	5.62	5.47	5.35	5.26	4.80	9
10	10.04	7.56	6.55	5.99	5.64	5.39	5.21	5.06	4.95	4.85	4.41	10
11	9.65	7.20	6.22	5.67	5.32	5.07	4.88	4.74	4.63	4.54	4.10	11
12	9.33	6.93	5.95	5.41	5.06	4.82	4.65	4.50	4.39	4.30	3.86	12
13	9.07	6.70	5.74	5.20	4.86	4.62	4.44	4.30	4.19	4.10	3.67	13
14	8.86	6.51	5.56	5.03	4.69	4.46	4.28	4.14	4.03	3.94	3.51	14
15	8.68	6.36	5.42	4.89	4.56	4.32	4.14	4.00	3.89	3.80	3.36	15
16	8.53	6.23	5.29	4.77	4.44	4.20	4.03	3.89	3.78	3.69	3.26	16
17	8.40	6.11	5.18	4.67	4.34	4.10	3.94	3.79	3.68	3.59	3.16	17
18	8.28	6.01	5.09	4.58	4.25	4.01	3.85	3.71	3.60	3.51	3.07	18
19	8.18	5.93	5.01	4.50	4.17	3.94	3.77	3.63	3.52	3.43	3.00	19
20	8.10	5.84	4.94	4.43	4.10	3.87	3.71	3.56	3.45	3.37	2.94	20
30	7.59	5.39	4.51	4.02	3.70	3.47	3.30	3.17	3.06	2.98	2.55	30
40	7.31	5.18	4.31	3.83	3.51	3.29	3.12	2.99	2.88	2.80	2.37	40
50	7.17	5.06	4.20	3.72	3.41	3.18	3.02	2.88	2.78	2.70	2.26	50
∞	6.64	4.60	3.78	3.32	3.02	2.80	2.64	2.51	2.41	2.32	1.87	∞

附录Ⅲ　t 分布的双侧分位数 (t_α) 表

$P(|t|>t_\alpha)=\alpha$

α / f	0.9	0.8	0.7	0.6	0.5	0.4	0.3	0.2	0.1	0.05	0.02	0.01	0.001	α / f
1	0.158	0.325	0.510	0.727	1.000	1.376	1.963	3.078	6.314	12.706	31.821	63.657	636.62	1
2	0.142	0.289	0.445	0.617	0.816	1.061	1.386	1.886	2.920	4.303	6.965	9.925	31.598	2
3	0.137	0.277	0.424	0.584	0.765	0.978	1.250	1.638	2.353	3.182	4.541	5.841	12.924	3
4	0.134	0.271	0.414	0.569	0.741	0.941	1.190	1.533	2.132	2.776	3.747	4.604	8.610	4
5	0.132	0.267	0.408	0.559	0.727	0.920	1.156	1.476	2.015	2.571	3.365	4.032	6.859	5
6	0.131	0.265	0.404	0.553	0.718	0.906	1.134	1.440	1.943	2.447	3.143	3.707	5.959	6
7	0.130	0.263	0.402	0.549	0.711	0.896	1.119	1.415	1.895	2.365	2.998	3.499	5.405	7
8	0.130	0.262	0.399	0.546	0.706	0.889	1.108	1.397	1.860	2.306	2.896	3.355	5.041	8
9	0.129	0.261	0.398	0.543	0.703	0.883	1.100	1.383	1.833	2.262	2.821	3.250	4.781	9
10	0.129	0.260	0.397	0.542	0.700	0.879	1.093	1.372	1.812	2.228	2.764	3.169	4.587	10
11	0.129	0.260	0.396	0.540	0.697	0.876	1.088	1.363	1.796	2.201	2.718	3.106	4.437	11
12	0.128	0.259	0.395	0.539	0.695	0.873	1.083	1.356	1.782	2.179	2.681	3.055	4.318	12
13	0.128	0.259	0.394	0.538	0.694	0.870	1.079	1.350	1.771	2.160	2.650	3.012	4.221	13
14	0.128	0.258	0.393	0.537	0.692	0.868	1.076	1.345	1.761	2.145	2.624	2.977	4.140	14
15	0.128	0.258	0.393	0.536	0.691	0.866	1.074	1.341	1.753	2.131	2.602	2.947	4.073	15
16	0.128	0.258	0.392	0.535	0.690	0.865	1.071	1.337	1.746	2.120	2.583	2.921	4.015	16
17	0.128	0.257	0.392	0.534	0.689	0.863	1.069	1.333	1.740	2.110	2.567	2.898	3.965	17
18	0.127	0.257	0.392	0.534	0.688	0.862	1.067	1.330	1.734	2.101	2.552	2.878	3.922	18
19	0.127	0.257	0.391	0.533	0.688	0.861	1.066	1.328	1.729	2.093	2.539	2.861	3.883	19
20	0.127	0.257	0.391	0.533	0.687	0.860	1.064	1.325	1.725	2.086	2.528	2.845	3.850	20
21	0.127	0.257	0.391	0.532	0.686	0.859	1.063	1.323	1.721	2.080	2.518	2.831	3.819	21
22	0.127	0.256	0.390	0.532	0.686	0.858	1.061	1.321	1.717	2.074	2.508	2.819	3.792	22
23	0.127	0.256	0.390	0.532	0.685	0.858	1.060	1.319	1.714	2.069	2.500	2.807	3.767	23
24	0.127	0.256	0.390	0.531	0.685	0.857	1.059	1.318	1.711	2.064	2.492	2.797	3.745	24
25	0.127	0.256	0.390	0.531	0.684	0.856	1.058	1.316	1.708	2.060	2.485	2.787	3.725	25
26	0.127	0.256	0.390	0.531	0.684	0.856	1.058	1.315	1.706	2.056	2.479	2.779	3.707	26
27	0.127	0.256	0.389	0.531	0.684	0.855	1.057	1.314	1.703	2.052	2.373	2.771	3.690	27
28	0.127	0.256	0.389	0.530	0.683	0.855	1.056	1.313	1.701	2.048	2.467	2.763	3.674	28
29	0.127	0.256	0.389	0.530	0.683	0.854	1.056	1.311	1.699	2.045	2.462	2.756	3.659	29
30	0.127	0.256	0.389	0.530	0.683	0.854	1.055	1.310	1.697	2.042	2.457	2.750	3.646	30
40	0.126	0.255	0.388	0.529	0.681	0.851	1.050	1.303	1.684	2.021	2.423	2.704	3.551	40
60	0.126	0.254	0.387	0.527	0.679	0.848	1.046	1.296	1.671	2.000	2.390	2.660	3.460	60
120	0.126	0.254	0.386	0.526	0.677	0.845	1.041	1.289	1.658	1.980	2.358	2.617	3.373	120
∞	0.126	0.253	0.385	0.524	0.674	0.842	1.036	1.282	1.645	1.960	2.326	2.576	3.291	∞

附录Ⅳ 相关系数 R 检验表

f	独立自变量数(α=0.05)			独立自变量数(α= 0.01)			f
	1	2	3	1	2	3	
3	0.878	0.930	0.950	0.959	0.976	0.983	3
4	0.811	0.881	0.912	0.917	0.949	0.962	4
5	0.754	0.836	0.874	0.874	0.917	0.937	5
6	0.707	0.795	0.839	0.834	0.886	0.911	6
7	0.666	0.758	0.807	0.798	0.855	0.885	7
8	0.632	0.726	0.777	0.765	0.827	0.860	8
9	0.602	0.697	0.750	0.735	0.800	0.836	9
10	0.576	0.671	0.726	0.708	0.776	0.814	10
11	0.553	0.648	0.703	0.684	0.753	0.793	11
12	0.532	0.627	0.683	0.661	0.732	0.773	12
13	0.514	0.608	0.664	0.641	0.712	0.755	13
14	0.497	0.590	0.646	0.623	0.694	0.737	14
15	0.482	0.574	0.630	0.606	0.677	0.721	15
16	0.468	0.559	0.615	0.590	0.662	0.706	16
17	0.456	0.545	0.601	0.575	0.647	0.691	17
18	0.444	0.532	0.587	0.561	0.633	0.678	18
19	0.433	0.520	0.575	0.549	0.620	0.665	19
20	0.423	0.509	0.563	0.537	0.608	0.652	20
21	0.413	0.498	0.552	0.526	0.596	0.641	21
22	0.404	0.488	0.542	0.515	0.585	0.630	22
23	0.396	0.479	0.532	0.505	0.574	0.619	23
24	0.388	0.470	0.523	0.496	0.565	0.609	24
25	0.381	0.462	0.514	0.487	0.555	0.600	25
30	0.349	0.426	0.476	0.449	0.514	0.558	30
35	0.325	0.397	0.445	0.418	0.481	0.523	35
40	0.304	0.373	0.419	0.393	0.454	0.494	40
45	0.288	0.353	0.397	0.372	0.430	0.470	45
50	0.273	0.336	0.379	0.354	0.410	0.449	50
60	0.250	0.308	0.348	0.325	0.377	0.414	60
70	0.232	0.286	0.324	0.302	0.351	0.386	70
80	0.217	0.269	0.304	0.283	0.330	0.362	80
90	0.205	0.254	0.288	0.267	0.312	0.343	90
100	0.195	0.241	0.274	0.254	0.297	0.327	100

附录V 部分均匀设计表

(一)等水平均匀设计表

(1) $U_5(5^4)$

试验号n \ 列号	1	2	3	4
1	1	2	3	4
2	2	4	1	3
3	3	1	4	2
4	4	3	2	1
5	5	5	5	5

$U_5(5^4)$ 的使用表

因子数s	列号				偏差D
2	1	2			0.3100
3	1	2	4		0.4570
4	1	2	3	4	

(2) $U_6^*(6^4)$

试验号n \ 列号	1	2	3	4
1	1	2	3	6
2	2	4	6	5
3	3	6	2	4
4	4	1	5	3
5	5	3	1	2
6	6	5	4	1

$U_6^*(6^4)$ 的使用表

因子数s	列号				偏差D
2	1	3			0.1875
3	1	2	3		0.2656
4	1	2	3	4	0.2990

(3) $U_7(7^6)$

试验号 n \ 列号	1	2	3	4	5	6
1	1	2	3	4	5	6
2	2	4	6	1	3	5
3	3	6	2	5	1	4
4	4	1	5	2	6	3
5	5	3	1	6	4	2
6	6	5	4	3	2	1
7	7	7	7	7	7	7

$U_7(7^6)$ 的使用表

因子数 s	列 号						偏差 D
2	1	3					0.2398
3	1	2	3				0.3721
4	1	2	3	6			0.4760
5	1	2	3	4	6		
6	1	2	3	4	5	6	

(4) $U_8^*(8^5)$

试验号 n \ 列号	1	2	3	4	5
1	1	2	4	7	8
2	2	4	8	5	7
3	3	6	3	3	6
4	4	8	7	1	5
5	5	1	2	8	4
6	6	3	6	6	3
7	7	5	1	4	2
8	8	7	5	2	1

$U_8^*(8^5)$ 的使用表

因子数 s	列 号				偏差 D
2	1	3			0.1445
3	1	3	4		0.2000
4	1	2	3	5	0.2709

(5) $U_9(9^6)$

试验号 n \ 列号	1	2	3	4	5	6
1	1	2	4	5	7	8
2	2	4	8	1	5	7
3	3	6	3	6	3	6
4	4	8	7	2	1	5
5	5	1	2	7	8	4
6	6	3	6	3	6	3
7	7	5	1	8	4	2
8	8	7	5	4	2	1
9	9	9	9	9	9	9

$U_9(9^6)$ 的使用表

因子数 s	列号						偏差 D
2	1	3					0.1944
3	1	3	5				0.3102
4	1	2	3	5			0.4100
5	1	2	3	4	5		
6	1	2	3	4	5	6	

(6) $U_{10}^*(10^8)$

试验号 \ 列号	1	2	3	4	5	6	7	8
1	1	2	3	4	5	7	9	10
2	2	4	6	8	10	3	7	9
3	3	6	9	1	4	10	5	8
4	4	8	1	5	9	6	3	7
5	5	10	4	9	3	2	1	6
6	6	1	7	2	8	9	10	5
7	7	3	10	6	2	5	8	4
8	8	5	2	10	7	1	6	3
9	9	7	5	3	1	8	4	2
10	10	9	8	7	6	4	2	1

$U_{10}^*(10^8)$ 的使用表

因子数 s	列号						偏差 D
2	1	6					0.1125
3	1	5	6				0.1681
4	1	3	4	5			0.2236
5	1	3	4	5	7		0.2414
6	1	2	3	5	6	8	0.2994

(7) $U_{11}(11^{10})$

列号 / 试验号	1	2	3	4	5	6	7	8	9	10
1	1	2	3	4	5	6	7	8	9	10
2	2	4	6	8	10	1	3	5	7	9
3	3	6	9	1	4	7	10	2	5	8
4	4	8	1	5	9	2	6	10	3	7
5	5	10	4	9	3	8	2	7	1	6
6	6	1	7	2	8	3	9	4	10	5
7	7	3	10	6	2	9	5	1	8	4
8	8	5	2	10	7	4	1	9	6	3
9	9	7	5	3	1	10	8	6	4	2
10	10	9	8	7	6	5	4	3	2	1
11	11	11	11	11	11	11	11	11	11	11

$U_{11}(11^{10})$ 的使用表

因子数 s	列 号							偏差 D
2	1	7						0.1632
3	1	5	7					0.2649
4	1	2	5	7				0.3528
5	1	2	3	5	7			0.4286
6	1	2	3	5	7	10		0.4942
7	1	2	3	4	5	7	10	

(8) $U_{12}^{*}(12^{10})$

列号 / 试验号	1	2	3	4	5	6	7	8	9	10
1	1	2	3	4	5	6	8	9	10	12
2	2	4	6	8	10	12	3	5	7	11
3	3	6	9	12	2	5	11	1	4	10
4	4	8	12	3	7	11	6	10	1	9
5	5	10	2	7	12	4	1	6	11	8
6	6	12	5	11	4	10	9	2	8	7
7	7	1	8	2	9	3	4	11	5	6
8	8	3	11	6	1	9	12	7	2	5
9	9	5	1	10	6	2	7	3	12	4
10	10	7	4	1	11	8	2	12	9	3
11	11	9	7	5	3	1	10	8	6	2
12	12	11	10	9	8	7	5	4	3	1

$U_{12}^*(12^{10})$ 的使用表

因子数 s	列号							偏差 D
2	1	5						0.1163
3	1	6	9					0.1838
4	1	6	7	9				0.2233
5	1	3	4	8	10			0.2272
6	1	2	6	7	8	9		0.2670
7	1	2	6	7	8	9	10	0.2768

(9) $U_{13}(13^{12})$

试验号 \ 列号	1	2	3	4	5	6	7	8	9	10	11	12
1	1	2	3	4	5	6	7	8	9	10	11	12
2	2	4	6	8	10	12	1	3	5	7	9	11
3	3	6	9	12	2	5	8	11	1	4	7	10
4	4	8	12	3	7	11	2	6	10	1	5	9
5	5	10	2	7	12	4	9	1	6	11	3	8
6	6	12	5	11	4	10	3	9	2	8	1	7
7	7	1	8	2	9	3	10	4	11	5	12	6
8	8	3	11	6	1	9	4	12	7	2	10	5
9	9	5	1	10	6	2	11	7	3	12	8	4
10	10	7	4	1	11	8	5	2	12	9	6	3
11	11	9	7	5	3	1	12	10	8	6	4	2
12	12	11	10	9	8	7	6	5	4	3	2	1
13	13	13	13	13	13	13	13	13	13	13	13	13

$U_{13}(13^{12})$ 的使用表

因子数 s	列号							偏差 D
2	1	5						0.1405
3	1	6	10					0.2308
4	1	6	8	10				0.3107
5	1	6	8	9	10			0.3814
6	1	2	6	8	9	10		0.4439
7	1	2	6	8	9	10	12	0.4992

(二)等水平均匀设计奇数n的U_n^*表

(10) $U_7^*(7^4)$

试验号 \ 列号	1	2	3	4
1	1	3	5	7
2	2	6	2	6
3	3	1	7	5
4	4	4	4	4
5	5	7	1	3
6	6	2	6	2
7	7	5	3	1

$U_7^*(7^4)$ 的使用表

s	列 号			D
2	1	3		0.1582
3	2	3	4	0.2132

(11) $U_9^*(9^4)$

试验号 \ 列号	1	2	3	4
1	1	3	7	9
2	2	6	4	8
3	3	9	1	7
4	4	2	8	6
5	5	5	5	5
6	6	8	2	4
7	7	1	9	3
8	8	4	6	2
9	9	7	3	1

$U_9^*(9^4)$ 的使用表

s	列 号			D
2	1	2		0.1574
3	2	3	4	0.1980

(12) $U_{11}^*(11^4)$

试验号 \ 列号	1	2	3	4
1	1	5	7	11
2	2	10	2	10
3	3	3	9	9
4	4	8	4	8
5	5	1	11	7
6	6	6	6	6
7	7	11	1	5
8	8	4	8	4
9	9	9	3	3
10	10	2	10	2
11	11	7	5	1

$U_{11}^*(11^4)$ 的使用表

s	列 号			D
2	1	2		0.1136
3	2	3	4	0.2307

(13) $U_{13}^*(13^4)$

列号 / n	1	2	3	4
1	1	5	9	11
2	2	10	4	8
3	3	1	13	5
4	4	6	8	2
5	5	11	3	13
6	6	2	12	10
7	7	7	7	7
8	8	12	2	4
9	9	3	11	1
10	10	8	6	12
11	11	13	1	9
12	12	4	10	6
13	13	9	5	3

$U_{13}^*(13^4)$ 的使用表

s	列 号				D
2	1	3			0.0963
3	1	3	4		0.1442
4	1	2	3	4	0.2076

(三)混合水平的均匀设计表

(14) $U_6(3\times2)$

列号 / n	1	2
1	1	1
2	1	2
3	2	2
4	2	1
5	3	1
6	3	2
D	0.3750	

(15) $U_6(6\times2)$

列号 / n	1	2
1	1	1
2	2	2
3	3	2
4	4	1
5	5	1
6	6	2
D	0.3125	

(16) $U_6(6\times3)$

列号 / n	1	2
1	3	3
2	6	2
3	2	1
4	5	3
5	1	2
6	4	1
D	0.2361	

(17) $U_6(6\times3^2)$

列号 / n	1	2	3
1	1	1	2
2	2	2	3
3	3	3	1
4	4	1	3
5	5	2	1
6	6	3	2
D	0.3634		

(18) $U_6(6\times3\times2)$

列号 / n	1	2	3
1	1	1	1
2	2	2	2
3	3	3	1
4	4	1	2
5	5	2	1
6	6	3	2
D	0.4271		

(19) $U_6(6^2\times3)$

列号 / n	1	2	3
1	2	3	3
2	4	6	2
3	6	2	1
4	1	5	3
5	3	1	2
6	5	4	1
D	0.2998		

(20) $U_6(6^2\times2)$

列号 / n	1	2	3
1	1	2	1
2	2	4	2
3	3	6	1
4	4	1	2
5	5	3	1
6	6	5	2
D	0.3698		

(21) $U_6(6^2\times3\times2)$

列号 / n	1	2	3	4
1	1	2	2	2
2	2	4	3	1
3	3	6	1	1
4	4	1	3	2
5	5	3	1	2
6	6	5	2	1
D	0.4748			

(22) $U_6(6^2\times3^2)$

列号 / n	1	2	3	4
1	1	2	2	3
2	2	4	3	2
3	3	6	1	1
4	4	1	3	3
5	5	3	1	2
6	6	5	2	1
D	0.4165			

(23) $U_8(8\times4)$

列号 / n	1	2
1	2	3
2	4	1
3	6	3
4	8	1
5	1	4
6	3	2
7	5	4
8	7	2
D	0.1797	

(24) $U_8(8\times2)$

列号 / n	1	2
1	7	2
2	5	2
3	3	2
4	1	2
5	8	1
6	6	1
7	4	1
8	2	1
D	0.2969	

(25) $U_8(8^2\times4)$

列号 / n	1	2	3
1	1	4	4
2	2	8	3
3	3	3	2
4	4	7	1
5	5	2	4
6	6	6	3
7	7	1	2
8	8	5	1
D	0.2310		

(26) $U_8(8\times4^2)$

n \ 列号	1	2	3
1	1	3	4
2	2	1	3
3	3	3	2
4	4	1	1
5	5	4	4
6	6	2	3
7	7	4	2
8	8	2	1
D	0.2822		

(27) $U_8(8\times4\times2)$

n \ 列号	1	2	3
1	1	1	2
2	2	2	2
3	3	3	2
4	4	4	2
5	5	1	1
6	6	2	1
7	7	3	1
8	8	4	1
D	0.3848		

(28) $U_8(8^2\times2)$

n \ 列号	1	2	3
1	1	2	2
2	2	4	1
3	3	6	2
4	4	8	1
5	5	1	2
6	6	3	1
7	7	5	2
8	8	7	1
D	0.3408		

(29) $U_{10}(10\times5)$

n \ 列号	1	2
1	8	5
2	5	4
3	2	3
4	10	2
5	7	1
6	4	5
7	1	4
8	9	3
9	6	2
10	3	1
D	0.1450	

(30) $U_{10}(10\times2)$

n \ 列号	1	2
1	7	2
2	3	1
3	10	1
4	6	2
5	2	2
6	9	1
7	5	1
8	1	2
9	8	2
10	4	1
D	0.2875	

(31) $U_{10}(5\times2)$

n \ 列号	1	2
1	4	2
2	2	2
3	5	1
4	3	1
5	1	1
6	5	2
7	3	2
8	1	2
9	4	1
10	2	1
D	0.3250	

(32) $U_{10}(10\times5\times2)$

列号 / n	1	2	3
1	1	1	1
2	2	2	2
3	3	3	1
4	4	4	2
5	5	5	1
6	6	1	2
7	7	2	1
8	8	3	2
9	9	4	1
10	10	5	2
D	0.3588		

(33) $U_{10}(10\times5^2)$

列号 / n	1	2	3
1	3	3	5
2	6	5	4
3	9	2	3
4	1	5	2
5	4	2	1
6	7	4	5
7	10	1	4
8	2	4	3
9	5	1	2
10	8	3	1
D	0.2305		

(34) $U_{10}(10^2\times5)$

列号 / n	1	2	3
1	2	3	5
2	4	6	5
3	6	9	4
4	8	1	4
5	10	4	3
6	1	7	3
7	3	10	2
8	5	2	2
9	7	5	1
10	9	8	1
D	0.1878		

(35) $U_{12}(6\times4\times3)$

列号 / n	1	2	3
1	1	1	1
2	1	2	2
3	2	3	3
4	2	4	1
5	3	1	2
6	3	2	3
7	4	3	1
8	4	4	2
9	5	1	3
10	5	2	1
11	6	3	2
12	6	4	3
D	0.3316		

(36) $U_{12}(6\times4^2)$

列号 / n	1	2	3
1	1	1	2
2	1	2	3
3	2	3	4
4	2	4	1
5	3	1	3
6	3	2	4
7	4	3	1
8	4	4	2
9	5	1	4
10	5	2	1
11	6	3	2
12	6	4	3
D	0.2982		

(37) $U_{12}(6^2\times4)$

列号 / n	1	2	3
1	4	5	4
2	2	4	4
3	6	2	4
4	3	1	3
5	1	6	3
6	5	4	3
7	2	3	2
8	6	1	2
9	4	6	2
10	1	5	1
11	5	3	1
12	3	2	1
D	0.2648		

(38) $U_{12}(12\times6\times3)$

列号 n	1	2	3
1	7	5	3
2	1	3	2
3	8	1	1
4	2	5	1
5	9	3	3
6	3	1	2
7	10	6	2
8	4	4	1
9	11	2	3
10	5	6	3
11	12	4	2
12	6	2	1
D	0.2679		

(39) $U_{12}(12\times6^2)$

列号 n	1	2	3
1	1	3	5
2	2	6	3
3	3	3	1
4	4	6	5
5	5	2	3
6	6	5	1
7	7	2	6
8	8	5	4
9	9	1	2
10	10	4	6
11	11	1	4
12	12	4	2
D	0.1947		

(40) $U_{12}(12\times6\times4)$

列号 n	1	2	3
1	4	5	4
2	8	4	3
3	12	2	3
4	3	1	2
5	7	6	1
6	11	4	1
7	2	3	4
8	6	1	4
9	10	6	3
10	1	5	2
11	5	3	2
12	9	2	1
D	0.2313		

(41) $U_{12}(12\times6^2\times4)$

列号 n	1	2	3	4
1	1	2	2	4
2	2	3	4	4
3	3	5	6	4
4	4	6	2	3
5	5	1	4	3
6	6	3	6	3
7	7	4	1	2
8	8	6	3	2
9	9	1	5	2
10	10	2	1	1
11	11	4	3	1
12	12	5	5	1
D	0.2954			

(42) $U_{12}(12\times6\times4\times3)$

列号 n	1	2	3	4
1	1	1	1	3
2	2	2	2	3
3	3	3	3	3
4	4	4	4	3
5	5	5	1	2
6	6	6	2	2
7	7	1	3	2
8	8	2	4	2
9	9	3	1	1
10	10	4	2	1
11	11	5	3	1
12	12	6	4	1
D	0.3594			

(43) $U_{12}(12^2\times6\times3)$

列号 n	1	2	3	4
1	1	3	3	2
2	2	6	5	1
3	3	9	1	2
4	4	12	4	1
5	5	2	6	3
6	6	5	2	1
7	7	8	5	3
8	8	11	1	1
9	9	1	3	3
10	10	4	6	2
11	11	7	2	3
12	12	10	4	2
D	0.2984			

(44) $U_{14}(14\times 7^2)$

列号 / n	1	2	3
1	2	6	7
2	4	4	7
3	6	2	6
4	8	7	6
5	10	5	5
6	12	3	5
7	14	1	4
8	1	7	4
9	3	5	3
10	5	3	3
11	7	1	2
12	9	6	2
13	11	4	1
14	13	2	1
D	0.1780		

(45) $U_{14}(14\times 7\times 2)$

列号 / n	1	2	3
1	1	2	2
2	2	4	2
3	3	6	2
4	4	1	1
5	5	3	1
6	6	5	1
7	7	7	1
8	8	1	2
9	9	3	2
10	10	5	2
11	11	7	2
12	12	2	1
13	13	4	1
14	14	6	1
D	0.3284		

(46) $U_{14}(14^2\times 7)$

列号 / n	1	2	3
1	2	11	7
2	4	7	7
3	6	3	6
4	8	14	6
5	10	10	5
6	12	6	5
7	14	2	4
8	1	13	4
9	3	9	3
10	5	5	3
11	7	1	2
12	9	12	2
13	11	8	1
14	13	4	1
D	0.1666		

附录Ⅵ 正交设计趣味试验指导

一、趣味试验的意义

试验设计是一门实践性很强的学科。学生在学完试验设计后仍不会设计和操作试验是普遍的现象。作者将趣味试验引入教学活动的意义就在于让学生真正掌握试验方案设计、试验操作和数据处理的方法,亲身感受试验的细节,培养科学的态度和精神。趣味试验虽不同于真正的科学试验,但试验方法和过程是相同的。可以说"吹肥皂"的配方试验与太妃糖、中成药及食品配方试验无本质区别[2]。

二、试验设计

1. 纸折飞机正交试验设计

(1)试验目的与试验指标:试验目的在于寻找最佳制作工艺,使飞机在空中能平稳飞行;试验指标为飞机在空中飞行时间/s,或直线飞行距离/m。

(2)影响因素及水平:影响因素包括纸张类型、长宽比、厚度、飞机类型、飞机放飞速度和角度等;每个因子可取2~3个水平。

2. 吹"肥皂泡"正交试验设计

(1)试验目的和试验指标:试验目的在于寻找最佳配方,使肥皂泡吹得很大;试验指标为肥皂泡直径/cm。

(2)影响因素及水平:影响因素包括原料种类、配比、吹管直径、吹管长度、吹气大小等;每个因子可取2~3个水平。

三、试验要求

1. 每个试验小组3人,设组长1名,负责试验准备,只交1份报告。

2. 自备各种试验材料和用具。

3. 严格按试验方案下料折飞机和配"肥皂液",每折一架飞机均需编上试验号,做好试验记录。

4. 认真处理试验结果,计算最优工程平均,以便试验验证,绘制因子指标图。

5. 准备清洁用具,试验结束后打扫卫生。

纸折飞机正交试验报告

姓名________________ 专业班级________________ 小组成员________________

1. 试验目的及指标：

2. 试验材料：

3. 因子水平表

因子 / 水平	

4. 试验方案及结果分析（表号： ）

	因子		试验结果 y_i/( )
	列号 / 试验号		
	1		
	2		
	3		
	4		
	5		
	6		
	7		
	8		
	9		
极差分析	k_{1j}		K=
	k_{2j}		
	k_{3j}		
	R_j		
	因子主次		
	最优组合		

5. 计算最优工程平均$U_{优}$

6. 绘制因子指标图

7. 试验总结

吹“肥皂泡”正交试验报告

姓名________________　专业班级________________　小组成员________________

1. 试验目的及指标：

2. 试验材料：

3. 因子水平表

因子 / 水平	

4. 试验方案及结果分析（表号：　　　　）

因子			试验结果 y_i/(　　)
列号 / 试验号			
1			
2			
3			
4			
5			
6			
7			
8			
9			
极差分析	k_{1j}		K=
	k_{2j}		
	k_{3j}		
	R_j		
	因子主次		
	最优组合		

5. 计算最优工程平均$U_{优}$

6. 绘制因子指标图

7. 试验总结

附录Ⅶ　软试验设计指导

学生成绩影响因素调查研究

一、试验目的

学生成绩是学生学习状况的综合反映，影响学习成绩的因素有很多。通过软试验设计可以分清影响学习成绩的因子主次，找出优秀成绩的最佳学习状态和较差成绩的不良学习状态。

二、影响学习成绩的因素

①入学成绩 ②家庭背景 ③学习态度 ④恋爱状况 ⑤性别 ⑥家庭收入 ⑦年龄，选择主要因素，取2水平构成因子水平表见表Ⅶ-1。

表Ⅶ-1　因子水平表

因子 水平	入学成绩	家庭背景	家庭收入	恋爱状况	性别	学习态度	年龄
1	高	城市	高	是	女	积极	小
2	低	农村	低	否	男	消极	大

三、软试验方案

根据因子水平表可选择$L_8(2^7)$设计试验方案，当确定的因子水平比表Ⅶ-1更多时，可选择$L_{12}(2^{11})$，$L_{16}(4\times2^{12})$。若按$L_8(2^7)$设计方案，将形成8种学生状况；若要考察因子间的交互作用，则可选用$L_{16}(2^{15})$，或者少选因子，使用$L_8(2^7)$。软试验并不要求学生按某一组合（处理）去实践，否则是很荒唐的。

四、试验记录

试验实际上是按组合的8种学生状况在学生中取样，每种组合选择5～10人，记录下他们的学习成绩，也就是得到了试验指标值。

如果试验是在不同年级跨院系和专业进行，最好采用随机不完全区组设计，以控制不同院系和专业的差异。

附录Ⅷ 正交试验设计练习指南

练习一 铝套(ZL-101)硬质阳极化试验

练习两水平试验的极差分析,并注意简化数据。

练习二 吹气式稻种穴盘精播排种器试验研究

练习三水平试验的极差分析;按要求绘出因子指标图;比较二水平和三水平试验在极差计算和因子对指标影响的变化趋势方面的异同;了解本院包衣稻种穴盘播种的研究情况。

练习三 工农-16喷雾器常量变低量喷雾的改进试验

练习用综合平衡法确定多指标试验的因子主次和优组合。

练习四 食用菌烘干工艺试验

练习用综合平衡法确定两指标试验的因子主次和优组合,注意属性指标的量化。

练习五 东方红-75拖拉机悬挂机组试验

拟水平试验,练习"拟水平化简"和"直接对比法",关注不等水平对极差的影响程度,熟悉"袁氏定理"。

练习六 加工长螺栓光杆工艺条件的优选试验

多指标试验,练习处理多指标的加权评分法和方差分析基本方法。

练习七 柴油机代用燃料乌桕油酯化处理试验

练习方差分析基本方法。

练习八 电刷镀镀层沉积速度试验研究

练习方差分析基本方法,思考因子列离差平方和为什么会小于空列离差平方和。

练习九 刀具耐用度试验

练习方差分析技巧—合并误差,只要求计算合并1个因子的离差平方和。

练习十 钢材热处理工艺条件试验

练习方差分析技巧,分别尝试合并1个和2个因子离差平方和的检验情况。

练习顺序:

1. 练习一、二,Excel练习二
2. 练习三、四
3. 练习五
4. 练习六、七、八,Excel练习七
5. 练习九、十

练习一　铝套(ZL-101)硬质阳极化试验

试验方案							试验结果
因 子	A H_2SO_4 /g·L^{-1}	B 槽温 /℃	C 给电方式		D AL^{+3} /g·L^{-1}	E Cu^{+2} /g·L^{-1}	维氏硬度 y_i/Hv
列号 / 试验号	1	2	3	4	5	7	
1	1　130	1　−3	1　Ⅰ	1	1　2	1　自然	1.5
2	1	1	1	2	2　5	2　0.2	2.0
3	1	2　−8	2　Ⅱ	1	1	2	2.0
4	1	2	2	2	2	1	1.5
5	2　180	1	2	1	2	2	2.0
6	2	1	2	2	1	1	3.0
7	2	2	1	1	2	1	2.5
8	2	2	1	2	1	2	2.0
极差分析 K_{1j} K_{2j}							$K=\sum_{i=1}^{8}y_i$ =
$k_{1j}=K_{1j}/4$ $k_{2j}=K_{2j}/4$							
$R_j=k_{ij\max}-k_{ij\min}$							
因子主次							
最优组合							

注：1.E因子的1水平为自然状态，指槽液中原有Cu^{+2}含量，2水平为再加进0.2 g/L；

2.试验数据为简化数据，等于原始数据−354。

练习二　吹气式稻种穴盘精播排种器试验研究[1]

试验方案					试验结果
因子	A 型孔型式	B 型孔锥度[2]	C 气流量[2]	D 带速[2]	排种均匀性[3] y_i/%
试验号＼列号	1	2	3	4	
1	1　圆锥	1　40	1　8.27	1　0.38	94
2	1	2　45	2　9.54	2　0.47	44
3	1	3　50	3　10.40	3　0.57	28
4	2　椭圆锥	1	2	3	19
5	2	2	3	1	43
6	2	3	1	2	18
7	3　方锥	1	3	2	25
8	3	2	1	3	91
9	3	3	2	1	45
极差分析 K_{1j}					$K=\sum_{i=1}^{9} y_i=$
极差分析 K_{2j}					
极差分析 K_{3j}					
极差分析 $k_{1j}=K_{1j}/3$					
极差分析 $k_{2j}=K_{2j}/3$					
极差分析 $k_{3j}=K_{3j}/3$					
极差分析 $R_j=k_{ij\max}-k_{ij\min}$					
极差分析 因子主次					
极差分析 最优组合					

注：①汤楚宇.气吹式杂交水稻精播排种器型孔型式的试验研究.农业工程学报，1999(1):241～243

②型孔锥度的单位为°；气流量单位为$10^{-4}m^3/s$；带速单位为m/s。

③指标“排种均匀性”采用每试验号测试20次的离差平方和表示，指标值越小均匀性越好。

y_i

因子水平

练习二　因子指标图

练习三 “工农-16”喷雾器常量变低量喷雾的改进试验

试验方案					试验结果			
因子	A 压力/kg·cm^{-2}	B 喷孔径/mm		C 通液孔径/mm	雾滴直径/μm y_{i1}	喷雾均匀度/mL·min^{-1} y_{i2}	雾锥角/° y_{i3}	喷量/mL·min^{-1} y_{i4}
试验号 \ 列号	1	2	3	4				
1	1 2.0	1 0.7	1	1 1.3	259	50.9	52.5	242
2	1	2 0.9	2	2 0.9	268	28.0	52.2	193
3	1	3 1.0	3	3 0.7	312	17.4	45.9	254
4	2 3.0	1	2	3	283	19.3	59.7	242
5	2	2	3	1	240	32.3	65.2	307
6	2	3	1	2	217	15.7	64.7	317
7	3 2.5	1	3	2	276	19.85	61.4	223
8	3	2	1	3	281	26.4	66.1	240
9	3	3	2	1	227	26.35	68.4	347

注：1. 雾滴直径(容积中径)要求在150～200μm之间，小为好；

2. 喷雾均匀度用方差衡量；

3. 雾锥角要求在60°左右，一般大为好；

4. 喷量一般要求200 mL/min；

5. 试验由工程技术学院李庆东老师带领学生通过毕业设计完成，研究成果曾在四川省推广使用。

练习三续 “工农-16”喷雾器改进试验综合平衡分析

指 标		雾滴直径/μm y_{i1}			喷雾均匀度/mL·min^{-1} y_{i2}			雾锥角/° y_{i3}			喷量/mL·min^{-1} y_{i4}		
因 子		A	B	C	A	B	C	A	B	C	A	B	C
极差分析	K_1	279.7	272.3	241.7	32.1	30.0	36.5	50.2	57.9	62.0	229.7	235.7	298.7
	K_2	246.3	262.7	253.3	22.4	28.9	21.2	63.2	61.2	59.4	288.7	246.7	244.3
	K_3	261.0	251.7	291.7	24.2	19.8	21.0	65.3	59.7	57.2	270.0	306.0	245.3
	极差$R(K)$	33.3	20.7	50.3	9.7	12.2	15.5	15.1	3.3	4.8	59.0	70.3	54.3
综合平衡	单指标优组合	A_2	B_3	C_1	A_2	B_3	C_3	A_3	B_2	C_1	A_1	B_1	C_2
	单指标因子主次	$C\ A\ B$			$C\ B\ A$			$A\ C\ B$			$B\ A\ C$		
	综合平衡主次	$C\ A\ B$			选择理由								
	综合平衡优组合	$C_2\ A_2\ B_1$			选择理由			A因子：A_2 出现2次； B因子：B_1在指标“喷量”中，排第1，据此取优水平； C因子：在前两个指标中，C因子优水平分别为C_1，C_3，折中取C_2。					

练习四 食用菌烘干工艺试验

试验方案						试验结果		
因子		A 烘干温度/℃	B 原始水分/%		C 烘干时间/h	降水幅度/%	烘后色泽	
试验号 \ 列号		1	2	3	4		颜色	得分
1		1 45	1 92.5	1	1 2	22.4	乳白色	100
2		1	2 71.3	2	2 4	38.2	微黄色	90
3		1	3 50.7	3	3 6	40.6	浅虎皮色	80
4		2 65	1	2	3	79.5	深虎皮色	70
5		2	2	3	1	34.4	浅虎皮色	80
6		2	3	1	2	43.9	深虎皮色	70
7		3 85	1	3	2	74.9	浅褐色	60
8		3	2	1	3	67.2	深褐色	50
9		3	3	2	1	37.0	深虎皮色	70
降水幅度	k_1	33.7	58.9	44.5	31.3	综合平衡		
	k_2	52.6	46.6	51.6	52.3			
	k_3	59.7	40.5	50.0	62.4	因子主次：		
	R_j	26.0	18.4	7.1	31.2	选择理由：		
	因子主次	$C\ A\ B$						
	最优组合	$C_3\ A_3\ B_1$						
烘后色泽	k_1	90.0	76.7	73.3	83.3	最优组合：		
	k_2	73.3	73.3	76.7	73.3	选择理由：		
	k_3	60.0	73.3	73.3	66.7			
	R_j	30.0	3.4	3.4	16.7			
	因子主次	$A\ C\ B$						
	最优组合	$A_1\ C_1\ B_1$						

注：试验材料为平菇。

练习五　东方红-75拖拉机悬挂机组试验

试验方案							试验结果
因子	A 犁铧		B 悬挂点高度/mm	C 主柱+悬点高/mm			最大耕深/cm
试验号＼列号	a	1	2	3		4	y_i
1	1 锐	1	1 500	1 1565		1	28.4
2	1	1	2 575	2 1492		2	30.0
3	1	1	3 650	3 1419		3	31.9
4	2 钝	2	1	2		3	24.4
5	2	2	2	3		1	28.1
6	2	2	3	1		2	27.5
7	1 锐	3	1	3		2	28.4
8	1	3	2	1		3	26.0
9	1	3	3	2		1	31.6
极差分析 K_{1j}							K=
极差分析 K_{2j}							
极差分析 K_{3j}							
极差分析 $R_j(K)$							
极差分析 k_{1j}							
极差分析 k_{2j}							
极差分析 k_{3j}							
极差分析 R_j							
极差分析 因子主次							
极差分析 最优组合							

注：此试验为拟水平试验。

练习六　例1-6　加工长螺栓光杆工艺条件的优选试验

因子	试验方案				试验结果						
因子	A 转速/r·min^{-1}	B 走刀量/mm		C 刀具类型	表面粗糙度		每根加工时间		排屑情况		综合评分
试验号＼列号	1	2	3	4	等级	得分	时间/s	得分	等级	得分	y_i
1	1　1000	1　0.20	1	1　Ⅰ型	3.5	1	25	5	不好	2	15
2	1	2　0.10	2	2　Ⅱ型	4	2	48	4	中等	3	17
3	1	3　0.05	3	3　Ⅲ型	4	2	95	2	较好	4	14
4	2　1250	1	2	3	5	4	21	5	不好	2	24
5	2	2	3	1	4.5	3	40	4	中等	3	20
6	2	3	1	2	4.5	3	75	3	较好	4	19
7	3　1600	1	3	2	5.5	5	15	5	好	5	30
8	3	2	1	3	5	4	30	5	好	5	27
9	3	3	2	1	5	4	60	3	较好	4	22

分析	项目	1	2	3	4
方差分析	K_{1j}				
	K_{2j}				
	K_{3j}				
	$Q=\frac{1}{3}\sum_{h=1}^{3}K_{hj}^2$				
	$S_j=Q_j-P$				
	$f_j=m-1$				
	$\bar{S}_j=S_j/f_j$				
	$F=\bar{S}_{因}/\bar{S}_e$				
极差分析	R_j(K)				
	因子主次				
	最优组合				

综合得分=3×表面粗糙度+2×时间得分+排屑得分

$K=\sum_{i=1}^{9}y_i=$　　$\bar{y}=K/9=$　　$P=K^2/9=$

$S=\sum_{j=1}^{4}S_j=$　　$S_e=S_3=$　　$f_e=f_3=$

$\bar{S}_e=S_e/f_e=$

$F_{0.01}(2,2)=$

$F_{0.05}(2,2)=$

$F_{0.1}(2,2)=$

注：1. Ⅱ型刀前角20°，后角8°，主偏角67°，副偏角2°～3°，分屑槽R_3；
2. “每根加工时间”指加工每根螺栓光杆所用时间。
3. 表中最优与最优组合是否一致，是否相等？

练习七　柴油机代用燃料乌桕油酯化处理试验

试验方案					试验结果
因子	*A* NaOH	*B* 甲醇	*C* 温度/℃		试验指标
试验号 \ 列号	1	2	3	4	y_i/s
1	1　0.4	1　1.6	1　室温	1	48.9
2	1	2　1.8	2　40	2	56.2
3	1	3　2.0	3　60	3	57.5
4	2　0.6	1	2	3	46.7
5	2	2	3	1	45.7
6	2	3	1	2	44.8
7	3　0.8	1	3	2	45.1
8	3	2	1	3	44.3
9	3	3	2	1	47.2
方差分析 K_{1j}					$K=$
K_{2j}					$P=K^2/n=$
K_{3j}					$S_{e1}=S_4=$
Q					$f_{e1}=f_4=$
S_j					
f_j					
$\bar{S}_j$					
$F=\bar{S}_j/\bar{S}_e$					
极差分析 $R_j(K)$					$F_{0.1}(2,2)=$
因子主次					$F_{0.05}(2,2)=$
最优组合					

注：1. 试验指标 y_i 为恩氏粘度计流出100mL的时间，s；

2. 指标小为好；

3. *A*因子NaOH的各水平按乌桕油重量百分比计；

4. *B*因子甲醇(CH_2OH)为化学计称量的倍数；

5. 资料来源：西南大学工程技术学院简晓春硕士论文。

练习八　电刷镀镀层沉积速度试验研究

试验方案							试验结果
因子		A 镀液初温/℃	B 工件速度/m·min⁻¹	C 工作电压/V			镀层速度 v/μm·h⁻¹
试验号＼列号		1	2	3	4		
1		1　25	1　7.84	1　8.0	1		77.74
2		1	2　10.36	2　12.0	2		155.68
3		1	3　12.43	3　16.0	3		200.88
4		2　35	1	2	3		155.52
5		2	2	3	1		190.36
6		2	3	1	2		58.00
7		3　45	1	3	2		180.96
8		3	2	1	3		95.50
9		3	3	2	1		183.84
方差分析	K_{1j}						$K=$
	K_{2j}						$P=K^2/n=$
	K_{3j}						$S_{e1}=S_4=$
	Q						$f_{e1}=f_4=$
	S_j						$S_e^{\Delta}=$
	f_j						$f_e^{\Delta}=$
	$\bar{S}_j$						$\bar{S}_e^{\Delta}=S_e^{\Delta}/f_e^{\Delta}$
	F						$=$
极差分析	$R_j(K)$						
	因子主次						$F_{0.05}(2,2)=$
	最优组合						$F_{0.01}(2,6)=$

注：1. 试验指标镀层速度 v 为镀层单边沉积速度，μm/h；

2. 指标大为好；

3. A 因子为镀液初始温度，℃；B 为工件与阳极相对运动速度，m/min；C 为工作电压，V；

4. 资料来源：试验由西南大学工程技术学院彭桂芬老师主持完成。

练习九　刀具耐用度试验

试验方案									试验结果
因子		A 切削速度/$m \cdot min^{-1}$		B 走刀量/$mm \cdot r^{-1}$		C 切削深度/mm			刀具耐用度 y_i/min
试验号＼列号		1		2		3		4	
1		1	20	1	0.30	1	4.0	1	30.2
2		1		2	0.39	2	5.7	2	19.5
3		1		3	0.50	3	8.0	3	10.0
4		2	28	1		2		3	9.2
5		2		2		3		1	4.8
6		2		3		1		2	5.6
7		3	40	1		3		2	2.5
8		3		2		1		3	2.0
9		3		3		2		1	1.5
方差分析	K_{1j}								$K=$
	K_{2j}								$P=K^2/n=$
	K_{3j}								$S_{e1}=S_4=$
	Q								$f_{e1}=f_4=$
	S_j								$S_e^{\Delta}=$
	f_j								$f_e^{\Delta}=$
	$\bar{S}_j$								$\bar{S}_e^{\Delta}=S_e^{\Delta}/f_e^{\Delta}$
	F								$=$
	F^{Δ}								$F_{0.1}(2,2)=$
极差分析	$R_j(K)$								$F_{0.05}(2,2)=$
	因子主次								$F_{0.05}(2,4)=$
	最优组合								$F_{0.01}(2,4)=$

注：1.试验指标刀具耐用度，min，时间越长越好。

2. F^{Δ}表示采用合并误差计算的F值。

练习十　钢材热处理工艺条件试验

试验方案					试验结果
因子	A 淬火温度/℃		B 切削深度/℃	C 回火时间/min	强度/HB y_i/min
列号	1	2	3	4	
1	1　840	1	1　410	1　40	190
2	1	2	2　430	2　60	200
3	1	3	3　450	3　80	175
4	2　850	1	2	3	165
5	2	2	3	1	183
6	2	3	1	2	212
7	3　860	1	3	2	196
8	3	2	1	3	178
9	3	3	2	1	187
方差分析 K_{1j} K_{2j} K_{3j}					$K=$ $P=K^2/n=$ $S_{e1}=S_2=$
方差分析 Q S_j f_j $\bar{S}_j$ F F^Δ					$f_{e1}=f_2=$ $S_e^\Delta=$ $f_e^\Delta=$ $\bar{S}_e^\Delta=S_e^\Delta/f_e^\Delta$ $=$ $F_{0.1}(2,2)=$
极差分析 $R_j(K)$					$F_{0.05}(2,2)=$
极差分析 因子主次					$F_{0.05}(2,4)=$
极差分析 最优组合					$F_{0.01}(2,4)=$

注：1.试验指标强度，HB，越大越好。

2. F^Δ表示采用合并误差计算的F值。

主要参考文献

[1] 李庆东.软试验设计在多因素敏感性分析中的应用[J].西南农业大学学报,2000(4):372~374.

[2] 任露泉.试验优化设计与分析[M].北京:高等教育出版社,2003.

[3] 茆诗松.回归分析及其试验设计[M].上海:华东师范大学出版社,1986.

[4] 李庆东.多因素敏感性分析的建模研究[J].数量经济技术经济研究,1992(3):46~51.

[5] 田口玄一著.魏锡禄,王世芳译.实验设计法[M].北京:机械工业出版社,1987.

[6] 茆诗松.参数设计思想与方法的研究.应用概率统计[J].1993(4):438~448.

[7] 方开泰.在水平数不同的正交试验中决定因素主次关系的一种方法[J].数学的实践与认识,1978(1):33~36.

[8] 方开泰.均匀设计与均匀设计表[M].北京:科学出版社,1994.

[9] 袁振邦.关于水平数不同的正交试验[J].数学的实践与认识,1979(3):17~21.

[10] 李庆东.趣味试验在"试验设计"教学中的应用[J].农业教育研究,1992(2):42~43.

[11] Yang Mingjin, Li Qingdong, etc.Experimental Research on Dynamic Friction Coefficients of Coated Rice Seeds.AMA, WINTER 2003.

[12] V.N.Nair,王金玉译.关于田口参数设计的专家评论[J].数理统计与管理,1993(4):51~58.

[13] R.Bhote,陈忠琏译.实验设计(DOE):通向质量的高速公路[J].数理统计与管理,1990(6):45~52.

[14] 杨子胥.正交表的构造[M].济南:山东人民出版社,1978.

[15] 中国现场统计研究会三次设计组,全国总工会电教中心.正交法与三次设计[M].北京:科学出版社,1985.

[16] W.J.Welch. Computer Experiments for Quality Control by Parameter Desin. Journal of Quality Technoloy, 1990(22)-1:15~22.

[17] 崔玉洁,张祖立,等.秸秆颗粒饲料螺旋挤压加工性能的试验研究[J].农机化研究,2005(2):181~183.

[18] 张铁茂,丁建国.试验设计与数据处理[M].北京:兵器工业出版社,1990.

[19] 方开泰.均匀设计—数论方法在试验设计的应用[J].应用数学学报,1980(4):363~372.

[20] 方开泰.均匀设计及其应用[J].数理统计与管理,1994(1):57~63.

[21] Wang Y. and Fang K.T. A note on uniform distribution and experimental design.Kexue Tongbao, 1981(26):485~489.

[22] 丁元.均匀设计统计优良性初探.应用概率统计[J].1986(2):153~160.

[23] 蒋声,陈瑞琛.拉丁方型均匀设计[J].高校应用数学学报,1987(4):532~541.

[24] 徐中儒.全国高等农业院校教材:回归分析与试验设计[M].北京:中国农业出版社,1998.